理工系のための
離散数学

宮崎佳典
新谷誠
中谷広正
著

東京図書

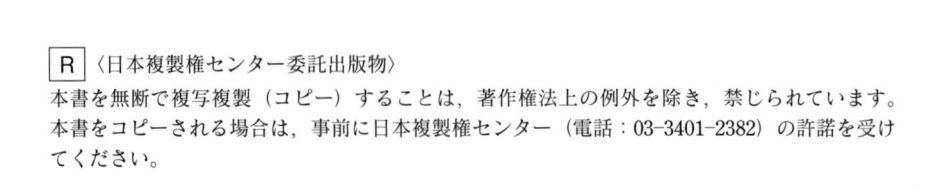

R〈日本複製権センター委託出版物〉
本書を無断で複写複製(コピー)することは,著作権法上の例外を除き,禁じられています。
本書をコピーされる場合は,事前に日本複製権センター(電話:03-3401-2382)の許諾を受けてください。

まえがき

　書名にある離散数学とは，どんな学問分野でしょうか？　他に有限数学などとも呼ばれますが，離散的とは，とびとびな，または連続的ではない，という意味です．高校までの学習内容では，集合，数列，組合せ，論理と証明，数学的帰納法と漸化式などが含まれます．一方で，解析学などは連続的な量を扱い，無限小や無限大といった極限の操作を行います．微分・積分や（連続）関数論などが中心的な話題となります．

　本書は理工系ならびに情報系学部生を対象とした離散数学を学ぶための本です．特にコンピュータ・サイエンスの分野では，コンピュータが0と1という限られた記号を使ってすべての情報を表現しており，離散数学から得られた知見の恩恵を受けることが多々あります．さらに，電気・電子，経営工学など，幅広く離散数学の知識が必要とされています．

　本書の特徴は以下のとおりです：

基礎的な単元に重きを置いた学習書　集合，関係，論理，写像，代数といった基礎的な単元に多くのページを割き，離散数学に必要な知識の土台を身につけていただくことを目的としています．その上に，グラフ理論，論理回路，オートマトンの入り口まで習得していただくことを到達目標としています．

情報系の独立した章立て　上述のように，離散数学分野は情報系分野で幅広く応用されており，本書では「情報系の話」と冠した独立した1章を設けています．各分野での応用事例について，具体例とともに簡単に紹介しています．読者が情報系か否かによって，本章の扱い方を変えていただければと思います．

丁寧な演習問題解答　本書では各単元の標準的な問題レベルを合い言葉に例題，練習問題，そして章末問題を用意しました．そしてその解答は巻末に割いているページ数からおわかりのように懇切丁寧に行っています．

定義・定理などには漏らさず名称付け　数学の学習には欠かせない定義や定理について，原則すべてにその名称を与えました．そうすることで読者がイメージしやすく，また他所から参照する際にも必要に応じてその名称を再掲することで理解の加速を心がけました．

著者のバックグラウンド　本書は3名の著者による共同執筆ですが，その出身は情報科学（宮崎），情報数学（新谷），情報工学（中谷）と三者三様です．この3分野の出身であることを"複眼的にコンテンツを俯瞰する"バランスの良さととらえ，基礎並びに応用の双方を学ぶに適した書を目指しました．

　本書はちょうど10章より構成されますが，3つに大別されます．1つ目は離散数学について基礎的な学習を行うための章の集まりで，1章から5章までで

す．1章「集合」では現代数学のすべての基礎として，ものの集まりを表す集合について学びます．2章「関係」は集合の要素間の結びつきを定義した関係について，その演算と性質を学びます．3章「論理・命題」では論理について学習するため，明確な主張を命題と定義し，複雑な事象の真偽について扱います．4章「関数・写像」は，関係の部分集合として定義される関数（写像）の，集合間の対応関係の特徴について掘り下げていきます．5章「代数」では数と演算の概念を抽象化してそれらの性質について論じます．2つ目のグループは1章から5章まで，学習内容を礎とした応用のための章で，本書では4つの章を割り当てています．6章「数学的帰納法，組合せ数学」では，離散的な対象を数える方法を考察します．7章「グラフ」では，関係の表現法とその性質や最短距離を求めるアルゴリズムを学びます．8章「論理回路」では入力と出力が0と1のみの回路に関する表現と実現について考察します．9章「オートマトン」では，同じ入力でも内部の状態によって結果を変えるオートマトンという仮想機械のしくみについて学びます．最後のグループは10章「情報系の話」です．離散数学の知識は0と1のみを扱うコンピュータの分野と非常に親和性が高く，情報系に幅広く応用されています．この章はその一端を話題提供という立場で紹介するものです．

　大学・高専の半期（15回）授業で講義される場合は，進行の目安として次のように構成されるのがよいのではないかと考えています．まず1章から5章は離散数学を学ぶために必要不可欠な章であり，ページ数も多めに設定してありますので，2回ずつ割り当てます．残りの5回分については，理工系の授業の場合は6，8，9章を1回ずつ，長めの7章を2回，情報系の10章はスキップし，情報系の場合は6章から10章を1回ずつ時間を割いていただく案です（7章は少々駆け足でお願いする感じです）．もちろん，重みを変えていただいても，教授する範囲に応じて適宜変えていただいてもよいかと思います．ご参考までに，節や項の見出しの右側に"OP"とある場合は，著者がオプション的な扱いにして頂いてよいと判断した節です．

　最後に，本書を執筆する機会を与えていただき，原稿に対して適切な指示を下さった東京図書編集部の松永智仁様に心より謝意を申し上げます．また，静岡大学大学院情報学研究科の渡部孝幸氏には，本文のみならず解答を含めた原稿の詳細チェックをいただきました．この場をお借りして，お礼申し上げます．

2013年3月　著者しるす

CONTENTS

まえがき iii

第1章 集合

- §1-1　集合と部分集合 002
- §1-2　集合演算 008
- §1-3　集合の濃度 012
- §1-4　無限集合の濃度 021
- 第1章の章末問題 028

第2章 関係

- §2-1　関係の定義と表現 032
- §2-2　関係の演算と性質 036
- §2-3　同値関係 048
- §2-4　半順序関係 053
- 第2章の章末問題 059

第3章 論理・命題

- §3-1　命題 062
- §3-2　命題関数または述語 065

§3-3　論理演算 067
§3-4　論理演算子の優先順位と複合命題 074
§3-5　トートロジー, コントラディクション 076
§3-6　命題代数 077
§3-7　論法 079
第3章の章末問題 083

第4章 関数・写像

§4-1　関数・写像の定義 086
§4-2　単射 091
§4-3　全射 093
§4-4　全単射 095
§4-5　いろいろな関数・写像 099
§4-6　関数・写像の合成 106
第4章の章末問題 107

第5章 代数

§5-1　代数系, 演算 112
§5-2　群 119
§5-3　環と体 131
§5-4　ブール代数 138
第5章の章末問題 141

第6章 数学的帰納法, 組合せ数学

- §6-1 数学的帰納法 ... 144
- §6-2 帰納的定義, 漸化式 ... 148
- §6-3 順列, 組合せ, 組合せのランク ... 152
- §6-4 母関数 ... 159
- 第6章の章末問題 ... 161

第7章 グラフ

- §7-1 グラフの定義 ... 164
- §7-2 グラフの例 ... 167
- §7-3 部分グラフとグラフの部分構造 ... 168
- §7-4 正則グラフ ... 171
- §7-5 木, 全域木 ... 173
- §7-6 隣接行列, 接続行列 ... 175
- §7-7 最短経路問題 ... 180
- §7-8 オイラーグラフとハミルトングラフ ... 185
- §7-9 平面グラフ ... 188
- §7-10 線形代数的グラフ ... 191
- 第7章の章末問題 ... 194

第8章 論理回路

- §8-1　論理関数 196
- §8-2　論理式の標準形 201
- §8-3　論理式の簡単化 207
- §8-4　組合せ回路の実現 214
- 第8章の章末問題 221

第9章 オートマトン

- §9-1　オートマトンとは？ 224
- §9-2　順序機械 226
- §9-3　有限オートマトン 231
- §9-4　非決定性有限オートマトン 235
- 第9章の章末問題 240

第10章 情報系の話

- 練習・章末問題の解答 263
- ブックガイド 297
- さくいん 299

第1章

集合

　集合は，数学のみならず多くの分野で，その考えを用いることができます．そこでは，あらゆるものの集まりを集合として扱い，集合を議論の対象とすることによって，記述や説明を簡潔・明快にできます．本書でも，この章だけでなく後の章でも集合の考えを使います．そこでこの章では，集合の記述法，演算，濃度など集合の基本について学びましょう．

§ 1-1 集合と部分集合

1 集合の記述法

　そもそも，日常でよく使う言葉が数学の専門用語として使われるとき，意味が限定されたり拡張されたりするので注意してください．この章で扱う**集合**という言葉も，日常ではどのような集まりに対しても使われますが，数学では与えられたものがその集まりに属するのかどうかを明確に判定できる集まりにしか使われません．

　そして，集合に属するものを**要素**あるいは**元**(げん)と呼びます．いま，A という集合が 3 つの要素 x, y, z からなるとき

$$A = \{x, y, z\}$$

のように書きます．このように，集合には大文字を使い，要素には小文字を使うことにします．なお集合を表すとき要素の順番は意味をもちません．例えば，$\{y, z, x\}$ と $\{x, y, z\}$ は同じ集合を表します．そして，x が集合 A の要素であることを

$$x \in A \quad \text{あるいは} \quad A \ni x$$

のように表します．また，$x \in A$ でないことを $x \notin A$ と表します．

　集合を表すとき，要素の個数が多くなると要素をすべてを列挙するのは大変です．そのときには，例えば $\{1, 2, \cdots, 99\}$ のように，並んでいる要素から誤解されずに集合を表せれば "$\cdots$" を使うこともできます．ある

いは，要素が満たすべき条件を書いて集合を表します．いま，条件を P とすると，P を満たす要素 x の集合は

$$\{x \mid P\}$$

のように表します．例えば，100 未満の自然数から成る集合は $\{n \mid n$ は自然数かつ $n<100\}$，あるいは $\{n \mid n$ は自然数, $n<100\}$ で表します．なお，条件の中では "," は "**かつ**" を意味します．

ちなみに，数を要素とする集合を表すときには，特別な記号，$\mathbb{N}$ が自然数全体，$\mathbb{Z}$ が整数全体，$\mathbb{Q}$ が有理数全体，$\mathbb{R}$ が実数全体，$\mathbb{C}$ が複素数全体の集合に用いられます．なお，ものを数えるときに使われる自然数は 1 以上の整数ですが，コンピュータの分野では 0 から数えることが多く，自然数に 0 を含めることもあります．本書では 1 以上の整数とします．

■練習問題 1-1

次の集合を，要素をすべて列挙して表しなさい．
$A = \{x \mid x^2 = 4$ または $x = 0\}$, $B = \{x \mid x$ は太陽系の惑星$\}$

2 論理記号

集合について話を進める前に，これから用いる用語や記号について説明します．なお，詳しくは 3 章（論理・命題）で説明します．

まず，真偽が明確に決まる主張を**命題**といいます．そして，真であるときの値を T，偽であるときの値を F で表します．例えば，「日本はアジアにある」の値は T であり，「1 = 10」の値は F です．なお，「x はアジアにある」のように主張が変数をもつこともあり，これを**述語**といいます．

また，「富士山が日本にあるならば，富士山はアジアにある」のような命題を条件命題といいます．すなわち，p, q を命題としたとき，「p なら

表1.1：条件命題の真理値表

p	q	$p \to q$
T	T	T
T	F	F
F	T	T
F	F	T

ばq」あるいは$\to$の記号を使って「$p \to q$」という形の命題が**条件命題**です．この条件命題$p \to q$の真偽は，pとqの値によって表1.1のように決めます．この表の各行には，pとqの値のすべての組合せについて，そのとき$p \to q$がとる値を表しています．なお，TとFを**真理値**と呼び，TとFの決まり方を示した表を**真理値表**といいます．

この"**ならば**"という言葉も，日常での使い方と数学での使い方の違いには注意が必要です．数学では$p \to q$の真偽を決める際にpやqの内容の関連性などを考慮しないで，その真偽だけを考慮します．例えば，「エベレストが日本にあるならば，1 = 10 である」を日常で聞くと首を傾げますが，数学では立派な真の条件命題です．なぜなら，「エベレストが日本にある」がFなので，表1.1にあるとおりpがFならばqの真偽にかかわらず$p \to q$はTだからです．

なお，$\to$向きの"ならば"と$\leftarrow$向きの"ならば"とがどちらも成り立つことは，$\leftrightarrow$で表します．例えば，$x \in \mathbb{R}$のとき$|x| = 1 \leftrightarrow x = \pm 1$です．

次に，$\forall$はAllのAをひっくり返したものであり，**全称記号**と呼ばれ，"**任意の**"あるいは"**すべての**"という意味を表します．例えば，xに関する述語を$p(x)$としたとき「$\forall x, p(x)$」と書くと，「任意のxに対して$p(x)$が成立する」ということを意味します．

一方，$\exists$は$Exist$のEをひっくり返したものであり，**存在記号**と呼ばれ，"（少なくとも1つ）存在する"という意味を表します．例えば，「$\exists x, p(x)$」と書くと，「$p(x)$を満たすxが存在する」あるいは「あるxに対して$p(x)$が成立する」ということを意味します．

例題 1-1：次の命題の意味と，真理値を求めなさい．

1　$\forall x \in \mathbb{R}, x \neq 0 \to \exists y \in \mathbb{R}, xy = 1$
2　$\exists x \in \mathbb{R}, x \neq 0 \to \forall y \in \mathbb{R}, xy = 1$

解：1　$\mathbb{R}$ の任意の要素 x が $x \neq 0$ ならば，$xy=1$ となる y が $\mathbb{R}$ に存在する，という意味です．この命題の真理値は T です．なぜなら，任意の要素 $x \neq 0$ に対して $xy=1$ となる実数 $y=1/x$ が存在するからです．

2　ある要素 x が $\mathbb{R}$ に存在し $x \neq 0$ ならば，$\mathbb{R}$ の任意の要素 y に対して $xy=1$ である，という意味です．この命題の真理値は F です．なぜなら，例えば $y=0$ に対して $xy \neq 1$ だからです．

なお，記号を使った式の書き方はいろいろな流儀があります．例えば 1 の式を「$\forall x \in \mathbb{R}(x \neq 0) \rightarrow \exists y \in \mathbb{R}(xy=1)$」などと書いたりもします．

③ 部分集合

集合に関して含む・含まれるという関係を**包含関係**といいます．包含関係について次のように定義します．

定義 1-1

部分集合

集合 A の任意の要素が B の要素であるとき，A は B の**部分集合**である，あるいは，A は B に含まれる，B は A を含むといいます．このとき，

$$A \subset B \quad \text{あるいは} \quad B \supset A$$

のように表します．すなわち，次の式が成り立ちます．

$$(\forall x \in A \rightarrow x \in B) \leftrightarrow A \subset B \qquad (1\text{-}1)$$

この定義から任意の集合 A について $A \subset A$ がわかります. そして,

$$(A \subset B \text{ かつ } B \subset A) \leftrightarrow A = B \tag{1-2}$$

です. また, $A \subset B$ かつ $A \neq B$ のときは A は B の**真部分集合**であるといいます. なお, 上の (1-1) と (1-2) は, 2つの集合 A, B が $A = B$ であることを証明するための定型:

まず $x \in A$ とすると, …であるから $x \in B$. よって, $A \subset B$.
次に $x \in B$ とすると, …であるから $x \in A$. よって, $B \subset A$.
したがって, $A \subset B$ かつ $B \subset A$ から $A = B$.

として使われます.

例題 1-2:集合 $A = \{a \mid a \text{ は奇数}\}$, 集合 $B = \{a + b \mid a \text{ は偶数}, b \text{ は奇数}\}$ であるとき, $A = B$ を証明しなさい.

解:$x \in A$ とします. すると, x は奇数なので $x = 2k - 1$ (k:整数) と表せます. よって, $x = (2k) + (-1)$ であり, $(2k)$ は偶数, (-1) は奇数なので $x \in B$ です. よって, $x \in A \to x \in B$ なので $A \subset B$ です.

次に, $x \in B$ とすると, $x = (2k) + (2h - 1)$ (k, h:整数) なので $x = 2(k + h) - 1$ と表せます. よって, x は奇数であり $x \in A$ です. よって, $x \in B \to x \in A$ なので $B \subset A$ です.

したがって, $A \subset B$ かつ $B \subset A$ なので $A = B$ です. □

なお, 解の最後にある□は証明終了の印です. 以降でも用います.

■練習問題 1-2

3つの集合 A, B, C について, $A \subset B$ かつ $B \subset C$ であるとき, $A \subset C$ であることを示しなさい.

 空集合

集合に属する要素が1つもないとき，集合は**空**であるといいます．そして，空である集合を**空集合**といい，$\emptyset$ で表します．すなわち，

$$\emptyset = \{\ \}$$

です．なお，任意の集合 A に対して $\emptyset \subset A$ です．ここで，次の疑問が生じるかも知れません．p.5 の部分集合の式（1-1）によると，$\forall x \in \emptyset \to x \in A$ がTでなくてはいけませんが，空集合 $\emptyset$ には要素が有りません．だから $\forall x \in \emptyset \to x \in A$ がFのように思えます．しかし，この条件命題はTです．なぜなら，$\forall x \in \emptyset$ はFであり，条件命題の真理値表（p.4，表1.1）から $\forall x \in \emptyset \to x \in A$ はTとなり $\emptyset \subset A$ がTだからです．

> **例題 1-3**：次の集合を，要素をすべて列挙して表しなさい．
> $$A = \{x \mid x \in \mathbb{Z},\ x^2 = 3\},\ B = \{X \mid X \subset \emptyset\}$$
>
> **解**：$A = \{\ \}$．（$A = \emptyset$ と書いても構いません．）
> $B = \{\emptyset\}$．（$B = \{\{\ \}\}$ と書いても構いません．）

■練習問題 1-3

次の式は正しいでしょうか誤りでしょうか．ただし，$X = \{-2, 2\}$ とします．

1. $\emptyset \in X$
2. $\emptyset \subset X$
3. $2 \subset X$
4. $\{2\} \subset X$
5. $X \in X$
6. $X \subset \{X\}$

§1-2 集合演算

1 集合演算の定義

考察対象である要素の全体を**全体集合**，あるいは**普遍集合**と呼び，U で表します．そして，U の部分集合に対する演算を考えます．いま，$A, B \subset U$ とします．

(1) 積

集合 A, B の両方に属している要素の全体を A, B の**積集合**，あるいは共通集合といい，$A \cap B$ で表します．すなわち，

$$A \cap B = \{x \mid x \in A \text{ かつ } x \in B\} \qquad (1\text{-}3)$$

です．なお，$A \cap B = \emptyset$ のとき，すなわち，A と B とに共通する要素がないならば，A と B とは**互いに素**であるといいます．

(2) 和

集合 A, B の一方，あるいは両方に属している要素の全体を A, B の**和集合**といい，$A \cup B$ で表します．すなわち，次のようになります．

$$A \cup B = \{x \mid x \in A \text{ または } x \in B\}. \qquad (1\text{-}4)$$

(3) 差

集合 A に属しているが B に属していない要素の全体を A, B の**差集合**といい，$A \backslash B$ で表します．すなわち，次のようになります．

$$A \backslash B = \{x \mid x \in A \text{ かつ } x \notin B\}. \tag{1-5}$$

(4) 補

U に属し，集合 A に属さない要素の全体を A の**補集合**といい，$\overline{A}$ で表します．すなわち，

$$\overline{A} = \{x \mid x \in U \text{ かつ } x \notin A\} \tag{1-6}$$

です．なお，A の補集合を $Complement$（補集合）の C を A の右肩に付けて A^c と書く本もあります．

図 1.1 は，集合 U, A, B の要素を長方形や曲線の内側で表し，演算結果を斜線領域で表しています．なお，この図を**ベン図**といいます．

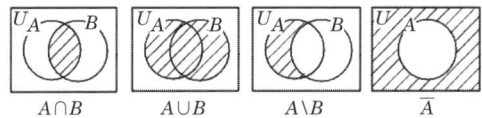

図 1.1：積集合・和集合・差集合・補集合のベン図

■**練習問題 1-4**

全体集合を $U = \{1, 2, 3, 4, 5\}$ として，$A = \{1, 2, 3\}$, $B = \{2, 4\}$ とします．このとき，$A \cap B$, $A \cup B$, $A \backslash B$, $\overline{A}$ を求めなさい．

2 集合代数

集合と集合演算を合わせて**集合代数**といいます．そして，集合代数では全体集合 U の部分集合に対して（1-3）から（1-6）で定義した演算は，表 1.2 で示す基本律を満たします．ここで，A, B, C は U の部分集合とします．

表 1.2：集合演算の基本律

名称	集合演算	
べき等律	$A \cap A = A$	$A \cup A = A$
交換律	$A \cap B = B \cap A$	$A \cup B = B \cup A$
結合律	$(A \cap B) \cap C = A \cap (B \cap C)$	$(A \cup B) \cup C = A \cup (B \cup C)$
分配律	$A \cap (B \cup C) = (A \cap B) \cup (A \cap C)$	$A \cup (B \cap C) = (A \cup B) \cap (A \cup C)$
吸収律	$A \cap (A \cup B) = A$	$A \cup (A \cap B) = A$
対合律	$\overline{\overline{A}} = A$	
空集合の性質	$A \cap \emptyset = \emptyset$	$A \cup \emptyset = A$
全体集合の性質	$A \cap U = A$	$A \cup U = U$
補元律	$A \cap \overline{A} = \emptyset$ $\overline{U} = \emptyset$	$A \cup \overline{A} = U$ $\overline{\emptyset} = U$
ド・モルガンの法則	$\overline{A \cap B} = \overline{A} \cup \overline{B}$	$\overline{A \cup B} = \overline{A} \cap \overline{B}$

例題 1-4：ド・モルガンの法則 $\overline{A \cup B} = \overline{A} \cap \overline{B}$ を証明しなさい．

解：$\forall x \in \overline{A \cup B}$ とします．(1-6) より $x \notin A \cup B$ です．よって，$x \notin A$ かつ $x \notin B$ なので (1-6) より $x \in \overline{A}$ かつ $x \in \overline{B}$，すなわち $x \in \overline{A} \cap \overline{B}$ です．よって，部分集合の定義式 p.5(1-1) より $\overline{A \cup B} \subset \overline{A} \cap \overline{B}$ です．$\overline{A} \cap \overline{B} \subset \overline{A \cup B}$ の証明は逆にたどればよいです．したがって，p.6(1-2) より $\overline{A \cup B} = \overline{A} \cap \overline{B}$ が成立します．□

それでは，ド・モルガンの法則をベン図でも確認しましょう．図 1.2 に領域に斜線を引いて，$\overline{A \cup B}$, $\overline{A}$, $\overline{B}$, $\overline{A} \cap \overline{B}$ を示しました．$\overline{A \cup B}$ と $\overline{A} \cap \overline{B}$ とは同じ領域で示されていますので，等しいことが分かります．

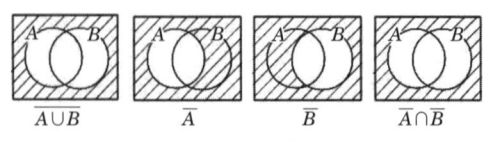

図 1.2：ド・モルガンの法則

■練習問題 1-5

$(A \cup B) \cap (\overline{A} \cup B) = B$ を集合演算の基本律（p.10，表 1.2）を用いて証明しなさい．

3 双対原理（そうつい）

集合演算の基本律の表 1.2 では対合律以外は 2 つの式が対になっています．そして，片方の式の $\cup$，$\cap$，U，$\emptyset$ をそれぞれ $\cap$，$\cup$，$\emptyset$，U に置き換えると，もう一方の式になっています．ただし，空集合の性質と全体集合の性質は行をまたいで対があります．このように，ある式の $\cup$，$\cap$，U，$\emptyset$ を $\cap$，$\cup$，$\emptyset$，U にそれぞれ置き換えて作った式を，元の式の**双対**と呼びます．なお，対合律の式のように，元の式とその双対が同一であれば**自己双対**であるといいます．

そして，元の式が成立すれば，その双対も成立します．このことは，表に挙げられた式だけでなく，集合間で成立する一般の式でも成り立ちます．このことを**双対原理**といいます．

■練習問題 1-6

$(\overline{A} \cup \emptyset) \cap (\overline{B} \cap U) = \overline{A \cup B}$ の双対を求めなさい．そして，元の式と双対とが成立することをベン図を描いて確かめなさい．

§ 1-3 集合の濃度

 要素数と濃度

　有限個の要素からなる集合を**有限集合**，そうでない集合を**無限集合**といいます．そして，A が有限集合なら，A の要素数を $|A|$ と表し**濃度**ともいいます．しかし，A が無限集合なら，$|A|$ を濃度といって要素数とはいいません．この無限集合の濃度については p.21，§1.4 で扱います．

　まずは，有限集合の要素数について考えていきます．要素数を求めるためにベン図を使うこともありますが，集合の個数が多くなるとベン図の扱いには注意が必要です．このことを以下の例題を通じて確認します．

例題 1-5：学生が4つの試験 A, B, C, D を受けました．A, B, C, D すべて合格した人は10人，3つ合格した人は A, B, C, D どの組合せでも10人，2つ合格した人はどの組合せでも10人，1つだけ合格した人は A, B, C, D どれも10人でした．このとき，A を合格した人は何人ですか．

解：A を合格した人の集合を A とし，同じように集合 B, C, D を定めて，図 1.3(a) のような図を描き，A の要素数を数えて 70 人と答えるのは間違いです．理由は次の通りです．

いま，集合は4つあるので，各要素がそれぞれの集合に属するのか属さないのかの組合せは $2^4 = 16$ 通りあり，それを図で表すには16個の領域が必要です．ところが，図1.3(a)で表されている領域は14個だけです．すなわち，$A \cap \overline{B} \cap \overline{C} \cap D$ に対応する領域と $\overline{A} \cap B \cap C \cap \overline{D}$ に対応する領域がありません．

このように，4つ以上の集合の要素数を計算するのに図を使うのは簡単ではありません．どうしても図を使って例題を解くのであれば，図1.3(b)のような図が必要です．

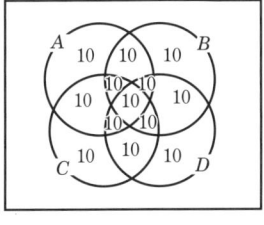 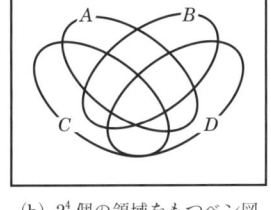

(a) 正しくないベン図　　(b) 2^4 個の領域をもつベン図

図1.3：4集合の図表示

あるいは，図を使わずに，次のように考えても解けます．A，B，C，D の合格か不合格かによって，全体集合を16分割できます．それらは，$\overline{A} \cap \overline{B} \cap \overline{C} \cap \overline{D}$，$\overline{A} \cap \overline{B} \cap \overline{C} \cap D$，$\overline{A} \cap \overline{B} \cap C \cap \overline{D}$，$\cdots$，$A \cap B \cap C \cap D$ の16個です．

この16個の集合のうち，$\overline{A} \cap \bigcirc \cap \bigcirc \cap \bigcirc$ ではなく $A \cap \bigcirc \cap \bigcirc \cap \bigcirc$ のように A との積集合であるものは，16個の半分の8個です．それらの集合に属す人が A に合格した人です．そして，問題文から8個の集合とも属する人数は10人であることがわかります．したがって，A に合格した人は80人です．

■練習問題 1-7

集合 A, B, C について，(1)，(2) がそれぞれ正しいか誤りかを示しなさい．
(1) $|A \cap B| = |A \cap C| = |B \cap C| = 0$ のとき $|A \cup B \cup C| = |A| + |B| + |C|$
(2) $|A \cap B| = |A \cap C| = |B \cap C| = 1$ のとき $|A \cup B \cup C| > 1$

2 包除原理

A と B が有限集合ならば，それらの和集合の濃度について

$$|A \cup B| = |A| + |B| - |A \cap B| \qquad (1\text{-}7)$$

が成立します．なぜならば，$|A \cup B|$ を求めるためには，$|A| + |B|$ だけでは積集合 $A \cap B$ の濃度分を 2 回足すことになるので，その分 $|A \cap B|$ を引けばよいからです（図 1.4）．

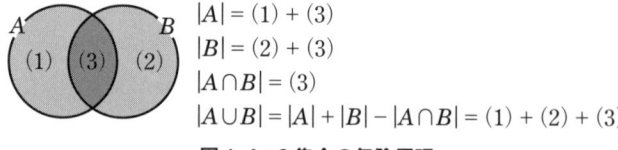

$|A| = (1) + (3)$
$|B| = (2) + (3)$
$|A \cap B| = (3)$
$|A \cup B| = |A| + |B| - |A \cap B| = (1) + (2) + (3)$

図 1.4：2 集合の包除原理

さらに，3 つの有限集合 A, B, C に対しては

$$\begin{aligned}|A \cup B \cup C| = &|A| + |B| + |C| - |A \cap B| - |A \cap C| - |B \cap C| \\ &+ |A \cap B \cap C|\end{aligned} \qquad (1\text{-}8)$$

が成立します．このとき $|A \cup B \cup C|$ を求めるために，$|A| + |B| + |C|$ では，$A \cap B$ や $A \cap C$ や $B \cap C$ の濃度を 2 回，$A \cap B \cap C$ の濃度を 3 回足してしまいます．そこで，$|A \cap B| + |A \cap C| + |B \cap C|$ を引きます．しかしそのとき，$|A \cap B \cap C|$ を 3 回引いてしまいますので，1 回分を足して戻します．なお参考までに，図 1.5 に集合と要素数（図中 (1) (2) など）の関係を示しま

す.

このように，包含（足すこと）と排除（引くこと）を繰り返して和集合の濃度を求める方式を，**包除原理**と呼びます.

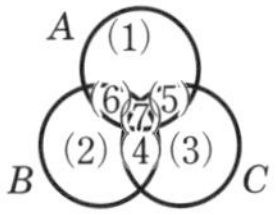

$|A| = (1) + (5) + (6) + (7)$ $|A \cap B| = (6) + (7)$
$|B| = (2) + (4) + (6) + (7)$ $|A \cap C| = (5) + (7)$
$|C| = (3) + (4) + (5) + (7)$ $|B \cap C| = (4) + (7)$
$|A \cap B \cap C| = (7)$

$|A \cup B \cup C| = |A| + |B| + |C| - |A \cap B| - |A \cap C| - |B \cap C| + |A \cap B \cap C| = (1) + (2) + (3) + (4) + (5) + (6) + (7)$

図 1.5：3 集合の包除原理

例題 1-6：100 以下の自然数で 2，3，5 の倍数の総数を求めなさい．

解：100 以下の自然数で，2 の倍数から成る集合を A，3 の倍数から成る集合を B，5 の倍数から成る集合を C とすると，$|A \cup B \cup C|$ が求める個数です．まず，$|A| = 50$，$|B| = 33$，$|C| = 20$ です．次に，$A \cap B$ は 6 の倍数から成る集合，$A \cap C$ は 10 の倍数から成る集合，$B \cap C$ は 15 の倍数から成る集合，$A \cap B \cap C$ は 30 の倍数から成る集合であり，$|A \cap B| = 16$，$|A \cap C| = 10$，$|B \cap C| = 6$，$|A \cap B \cap C| = 3$ です．したがって，（1-8）から

$$|A \cup B \cup C| = |A| + |B| + |C| - |A \cap B| - |A \cap C| - |B \cap C| + |A \cap B \cap C|$$
$$= 50 + 33 + 20 - 16 - 10 - 6 + 3 = 74.$$

それでは，有限集合の数を n として，集合 A_1，A_2，$\cdots$，A_n の和集合の濃度を求めましょう．ここでも（1-7）や（1-8）と同じように，包含と排除とを繰り返します．まず，A_1，A_2，$\cdots$，A_n 各集合の濃度の和を求めます．次に，A_1，A_2，$\cdots$，A_n から 2 つの集合の積集合となるすべての組合せについて濃度の和を求め，その値を引きます．次に，3 つの集合の積集合の濃度の和を求め，その値を足します．これを集合の数を 1 つずつ増やしながら続けます．それを式で表すと，

$$|A_1\cup\cdots\cup A_n| = |A_1|+|A_2|+\cdots+|A_n|-(|A_1\cap A_2|+|A_1\cap A_3|+\cdots+|A_{n-1}\cap A_n|)$$
$$+(|A_1\cap A_2\cap A_3|+|A_1\cap A_2\cap A_4|+\cdots+|A_{n-2}\cap A_{n-1}\cap A_n|)-\cdots$$
$$+(-1)^{k-1}(|A_1\cap A_2\cap\cdots\cap A_k|+\cdots+|A_{n-k+1}\cap\cdots\cap A_{n-1}\cap A_n|)+\cdots$$
$$+(-1)^{n-1}|A_1\cap A_2\cap\cdots\cap A_n|$$

です．この式をΣを使って書き直すと，

$$|A_1\cup\cdots\cup A_n| = \sum_{i=1}^{n}|A_i| - \sum_{1\leq i_1<i_2\leq n}|A_{i_1}\cap A_{i_2}| + \sum_{1\leq i_1<i_2<i_3\leq n}|A_{i_1}\cap A_{i_2}\cap A_{i_3}|$$
$$-\cdots + (-1)^{k-1}\sum_{1\leq i_1<\cdots<i_k\leq n}|A_{i_1}\cap\cdots\cap A_{i_k}| + \cdots$$
$$+(-1)^{n-1}|A_1\cap A_2\cap\cdots\cap A_n|$$

です．ここで，式中のΣの下にある式について説明します．例えば，$\sum_{1\leq i_1<i_2\leq n}|A_{i_1}\cap A_{i_2}|$は，$i_1$と$i_2$のすべての組合せについて$|A_{i_1}\cap A_{i_2}|$を合計する，ただし，同じものが，例えば$|A_1\cap A_2|$が$|A_2\cap A_1|$として何度も足されないように，$1\leq i_1<i_2\leq n$ という条件で合計する，という意味です．これは，$\sum_{i_1=1}^{n}\left(\sum_{i_2=i_1+1}^{n}|A_{i_1}\cap A_{i_2}|\right)$と書いても計算結果は同じです．また$|A_{i_1}\cap A_{i_2}\cap A_{i_3}|$や$|A_{i_1}\cap\cdots\cap A_{i_k}|$についた$\Sigma$の記法も同様です．

そして上の式は，

$$|A_1\cup\cdots\cup A_n| = \sum_{k=1}^{n}(-1)^{k-1}\sum_{1\leq i_1<\cdots<i_k\leq n}|A_{i_1}\cap\cdots\cap A_{i_k}| \quad (1\text{-}9)$$

とまとめられます．なお，この式で和集合の濃度を正しく求められることの証明は章末問題とします．

以上より，各条件を満たす集合を$A_i, i=1,\cdots,n$とすれば，いずれかの条件を満たす要素数は (1-9) で与えられます．一方，いずれの条件も満たさない要素を数えるためには，$A_1\cup\cdots\cup A_n$ の補集合の濃度，すなわち $\overline{A}_1\cap\cdots\cap\overline{A}_n$ の濃度を求めます．その値は，全体集合をUとして次の式で与えられます．

$$|\overline{A}_1\cap\cdots\cap\overline{A}_n| = |U| - |A_1\cup\cdots\cup A_n|. \quad (1\text{-}10)$$

| §1-3 |　　　　　　　　　　　　　　　　　　　　　　　　集合の濃度

例題 1-7：下の図のように1から4までの数字を4枚のカードに書きました．それらを並べ替え，1枚目，2枚目，3枚目，4枚目のカードの数字を x_1, x_2, x_3, x_4 とするとき，すべての $i = 1, \cdots, 4$ で $x_i \neq i$ となる並べ方は何通りありますか．なお，このような順列は**乱列**と呼ばれます．

$$\boxed{1}\ \boxed{2}\ \boxed{3}\ \boxed{4}$$

解：4枚のカードの並べ方を要素とする集合を U，4枚の並べ方のうち $x_1 = 1$ であるものから成る集合を A_1，同じように $x_2 = 2$, $x_3 = 3$, $x_4 = 4$ であるものから成る集合をそれぞれ A_2, A_3, A_4 とします．$x_i \neq i$, $i = 1, \cdots, 4$ となる並べ方から成る集合は $\overline{A_1} \cap \cdots \cap \overline{A_4}$ です．したがって，(1-10) から

$$|\overline{A_1} \cap \cdots \cap \overline{A_4}| = |U| - |A_1 \cup \cdots \cup A_4|$$
$$= |U| - \sum_{i=1}^{4} |A_i| + \sum_{1 \leq i_1 < i_2 \leq 4} |A_{i_1} \cap A_{i_2}|$$
$$- \sum_{1 \leq i_1 < i_2 < i_3 \leq 4} |A_{i_1} \cap A_{i_2} \cap A_{i_3}| + |A_1 \cap A_2 \cap A_3 \cap A_4|$$

です．ここで，$|U|$ は4枚の順列の数であり $|U| = 4!$ です．$|A_i|$ は，i 枚目は i に決まっていますので，残り3枚の並べ方の数なので $|A_i| = 3!$ です．そして，i の選び方が ${}_4C_1$ 通りあるので，$\sum_{i=1}^{4} |A_i| = {}_4C_1 \cdot 3!$ です．$\sum_{1 \leq i_1 < i_2 \leq 4} |A_{i_1} \cap A_{i_2}|$ の $|A_{i_1} \cap A_{i_2}|$ は i_1 と i_2 以外の2枚の順列の数であり $|A_{i_1} \cap A_{i_2}| = 2!$ です．そして，i_1 と i_2 との選び方が ${}_4C_2$ 通りあるので，$\sum_{1 \leq i_1 < i_2 \leq 4} |A_{i_1} \cap A_{i_2}| = {}_4C_2 \cdot 2!$ です．同様にして，

$\sum_{1 \leq i_1 < i_2 < i_3 \leq 4} |A_{i_1} \cap A_{i_2} \cap A_{i_3}|$ と $|A_1 \cap A_2 \cap A_3 \cap A_4|$ を求めると，

$|\overline{A}_1 \cap \cdots \cap \overline{A}_4| = 4! - {}_4C_1 \cdot 3! + {}_4C_2 \cdot 2! - {}_4C_3 \cdot 1! + {}_4C_4 \cdot 0! = 9$

です．したがって，求める並べ方は 9 通りです．

■練習問題 1-8

プレゼントを 1 つずつ 5 人が持ち寄り，各自が 1 つずつ無作為にとります．このとき，自分が持ってきたプレゼントを誰 1 人として自分がとらないとり方は何通りあるか求めなさい．

3 べき集合

集合 A のすべての部分集合を要素とする集合を A の**べき集合**といい 2^A で表します．すなわち，A のべき集合は，

$$2^A = \{X \mid X \subset A\}$$

であり，集合を要素としてもつ集合，すなわち集合の集合です．なお，集合の集合を**集合族**といいます．

例題 1-8：集合 $A = \{a, b, c, d, e\}$ のべき集合の濃度を求めなさい．

解：A のある部分集合に A の各要素が属しているとき 1，属していないときに 0 を対応付けます．例えば，A の部分集合 $\{a, c\}$ では a と c が 1，b，d，e は 0 です．それらを a，b，c，d，e の順に並べて書くと 10100 です．このようにすると，すべての部分集合と，00000 から 11111 までの 2 進数 5 桁の数とがもれなく 1 対 1 に対応

付けられます．したがって，2進数5桁の数は2^5個ありますので，$|2^A| = 2^5 = 32$です．

一般に，有限集合 A のべき集合の濃度$|2^A|$は次の式で求まります．

$$|2^A| = 2^{|A|}.$$

■**練習問題 1-9**

$\{\ \}$, $\{0\}$, $\{0, 1\}$, $\{0, 1, 2\}$ それぞれのべき集合とその濃度を求めなさい．

④ 直積集合

2つの集合 A, B があるとき，A と B から要素 $a \in A$, $b \in B$ を1つずつとり出し，a, b から作った対 (a, b) を**順序対**といいます．なお，集合では要素の順序は意味をもたず $\{a, b\} = \{b, a\}$ でしたが，順序対では要素の順序は意味をもちます．また，$a, a' \in A$, $b, b' \in B$ に対し

$$a = a' \text{ かつ } b = b' \leftrightarrow (a, b) = (a', b')$$

とします．そして，順序対 (a, b) をすべて集めた集合を A と B との**直積**，または直積集合といい，$A \times B$ で表します．すなわち，

$$A \times B = \{(a, b) \mid a \in A,\ b \in B\}$$

です．

さらに，n 個の集合 $A_1, \cdots, A_n$ の間でも直積が

$$A_1 \times \cdots \times A_n = \{(a_1, \cdots, a_n) \mid a_1 \in A_1, \cdots, a_n \in A_n\}$$

で定められます．また，$\underbrace{A \times A \times \cdots \times A}_{n \text{個}}$ は A^n とも書きます．

そして，2つの有限集合 A と B との直積集合の濃度は

$$|A \times B| = |A| \times |B|$$

です．なぜならば，A の要素は $|A|$ 個あり，各々と順序対を作る B の要素は $|B|$ 個あるからです．なお，$|A| \times |B|$ の×は直積でなく乗算を表します．

例題 1-9：集合 $A = \{太郎, 花子\}$, $B = \{国, 数\}$, $C = \{優, 良, 可\}$ について，次の問いに答えなさい．

1. 直積 $B \times C$ とその濃度 $|B \times C|$ を求めなさい．
2. 直積 $A \times B \times C$ とその濃度 $|A \times B \times C|$ を求めなさい．

解：1. $B \times C = \{(国, 優), (国, 良), (国, 可), (数, 優), (数, 良), (数, 可)\}$, $|B \times C| = |B| \times |C| = 2 \times 3 = 6$

2. $A \times B \times C = \{(太郎, 国, 優), (太郎, 国, 良), (太郎, 国, 可), (太郎, 数, 優), (太郎, 数, 良), (太郎, 数, 可), (花子, 国, 優), (花子, 国, 良), (花子, 国, 可), (花子, 数, 優), (花子, 数, 良), (花子, 数, 可)\}$, $|A \times B \times C| = |A| \times |B| \times |C| = 2 \times 2 \times 3 = 12$.

§ 1-4 無限集合の濃度

1 自然数の濃度

ものを数えるということは，すべてのものに1つずつ1から順に自然数を対応付けていくことです．しかし，無限にあるものに**もれなく1対1**[1]で自然数を対応付けられるかどうかは簡単にはわかりません．

まず，濃度に関して定義をします．

> **定義 1-2　同じ濃度**
> 集合 A の要素と集合 B の要素がもれなく1対1に対応付けられるときには，A と B は同じ濃度をもつといい，$|A|=|B|$ と書きます．

そして，自然数の集合 $\mathbb{N}$ の濃度を可算無限といい，$\aleph_0$（**アレフゼロ**と読みます）で表します．すなわち，

$$\aleph_0 = |\mathbb{N}|$$

です．そこで，

---

[1] 集合 A から集合 B に1対1に対応付けるとは，A の異なる2要素は，B の異なる2要素に対応付けることを意味します．また，A から B にもれなく対応付けるとは，B のいずれの要素も A の要素に対応付けられていることを意味します．

> **定義 1-3** **可算集合**
> 自然数の集合と同じ濃度をもつ集合を**可算集合**といい，その濃度は $\aleph_0$ です．

なお，もれなく1対1で自然数を対応付けるということは番号を付けられるということでもありますので，可算集合を**可付番集合**ともいいます．

ここで，可算集合の例として**ヒルベルトの無限ホテル**を紹介します．このホテルの客室には1, 2, 3, ... と番号が振られていますが，その数は無限です．ここは，いつも大繁盛で，今日も満室です．そこに新たに客1人が来ました．受付のあなたは，新たな客を泊まらせる方法を考えてください．ただし，"一番最後の部屋に入ってください"といっても，部屋数は無限ですから最後が見つけられませんので，泊めることはできません．

でも，次のようにすれば解決できます．滞在中の客全員に，いま居る部屋番号に+1した番号の部屋に移ってもらいます．すると，1番の部屋が空くので，新たな客を1番の部屋に泊めることができます．

$$
\begin{array}{c}
\overbrace{\text{部屋番号 } 1 \quad 2 \quad 3 \quad \cdots \quad n \quad \cdots}^{\aleph_0} \\
\text{客の移動} \searrow \searrow \searrow \quad \searrow \quad \cdots \\
\underbrace{\text{部屋番号 } 1 \quad 2 \quad 3 \quad \cdots \quad n \quad n+1 \cdots}_{\aleph_0}
\end{array}
$$

この例は，滞在中の客から成る集合の濃度が，客室から成る集合の濃度 $\aleph_0$ と等しかったところに，新たな客から成る集合の濃度1を加えて $\aleph_0+1$ としても客室の濃度 $\aleph_0$ と同じで，すなわち

$$\aleph_0 + 1 = \aleph_0$$

であることを示しています．このように，無限集合の世界では，ある集合の濃度とその集合の真部分集合の濃度とが同じであるという妙なことが起こります．

この例が示すように，A が可算集合，B が有限集合とすると，和集合 $A \cup B$ は可算集合です．そして

$$\aleph_0 + n = \aleph_0 \; (n \in \mathbb{N})$$

です．

■**練習問題 1-10**

奇数の集合と偶数の集合の濃度が同じであることを示しなさい．

❷ 整数の濃度

それでは，A，Bとも可算集合でも，$A \cup B$は可算集合でしょうか．その例として，無限の人数で満員になっている無限ホテルに，更に無限の人数が来たときのことを考えてください．

この状況では，例えば次のようにすれば全員を泊められます．今いる客に，各自の部屋番号をiとして$2i$番の部屋に移ってもらいます．そして，新たな客の集合も可算集合なので客に番号を付けられます．そこで，奇数番目の部屋は空いてますので，j番目の客に$2j-1$番の部屋に入ってもらいます．これで全員を収容できます．

この例でわかるように，自然数の真部分集合である正の偶数の集合の濃度も正の奇数の集合の濃度も，自然数の集合の濃度と同じ$\aleph_0$です．また，滞在中の客の集合と新たな客の集合を加えたものも，可算無限の客室に対応付けられたことから，可算集合と可算集合とを加えた集合も可算集合であることがわかります．すなわち，A，Bが可算集合であれば$A \cup B$は可算集合です．そして

$$\aleph_0 + \aleph_0 = \aleph_0$$

です．

■**練習問題 1-11**

自然数の集合$\mathbb{N}$と整数の集合$\mathbb{Z}$をもれなく1対1に対応付けることで整数の集合$\mathbb{Z}$は可算集合であることを示しなさい．［ヒント］次のように，自然数の偶数を正整数に対応付けて，奇数を非正整数に対応付ければ，自然数と整数をもれなく1対1に対応付けられます．

```
自然数  …  7   5   3   1   2   4   6  …
         …  ↕   ↕   ↕   ↕   ↕   ↕   ↕  …
整数    … -3  -2  -1   0   1   2   3  …
```

有理数の濃度

先ほどは，無限ホテルに無限の客が滞在しているところに無限の客が新たに来ましたが，奇数番と偶数番の部屋に振り分けて事無きを得ました．

それと同じ方法で，人数無限の団体が1組ではなく2組来た場合にも対処できます．滞在中の客の集合を1組の団体と考えれば団体は合わせて3組です．1組目の n 番目の客には $3n$ 番の部屋，2組目の n 番目の客には $3n-1$ 番の部屋，3組目の n 番目の客には $3n-2$ 番の部屋を割り当てることで全員を収容できます．同じようにして，新たに来た人数無限の団体数が有限であれば，全員を収容できます．こうすれば，空き部屋もでません．なお，このことは

$$n\aleph_0 = \aleph_0 \; (n \in \mathbb{N})$$

を意味します．

では，人数無限の団体の数が有限でなく無限なら，もう宿泊を断るしかないでしょうか．いいえ，この場合でも次のようにすれば全員に部屋を割り振りできます．まず，すべての客を（団体番号 m，団体内の番号 n）に従って行列にすると，次のようになります．

	1人目	2人目	3人目	…	n人目	…
団体1	$(1,1)$	$(1,2)$	$(1,3)$	…	$(1,n)$	…
団体2	$(2,1)$	$(2,2)$	$(2,3)$	…	$(2,n)$	…
団体3	$(3,1)$	$(3,2)$	$(3,3)$	…	$(3,n)$	…
⋮	⋮	⋮	⋮	⋱	⋮	⋮
団体m	$(m,1)$	$(m,2)$	$(m,3)$	…	(m,n)	…
⋮	⋮	⋮	⋮	…	⋮	⋱

これらすべてを1列に並べて番号を付ける方法を見つければ，その番

号を部屋番号に対応付けて問題解決です．しかし，$(1,1)$，$(1,2)$，$(1,3)$，…や $(1,1)$，$(2,1)$，$(3,1)$，…のように行方向（あるいは列方向）に番号を付けていってはだめです．団体1（あるいは1人目）の最後が何番かわからないので，団体2以降（あるいは2人目以降）の人はいつまで待っても部屋番号がわかりません．そこで，行方向や列方向ではなく，

	1人目	2人目	3人目	…	n 人目	…
団体1	1	2	4	7	…	…
団体2	3	5	8	…	…	…
団体3	6	9	⋱	…	…	…
⋮	10	⋮	⋮	⋱	⋮	⋮
団体m	⋮	⋮	⋮	…	$\frac{(m+n-2)(m+n-1)}{2}+m$	…
⋮	⋮	⋮	⋮	…	⋮	⋱

のように番号を付けることで，すべての客と自然数とを1対1に対応付けできます．これで，人数無限の団体が無限組来たとしても空き部屋もださずに全員を収容できます．この例から，

A_1, A_2, … が可算集合ならば，$A_1 \cup A_2 \cup \cdots$ も可算集合

です．また無限組の団体の客を（団体番号，団体内の番号）の対に従って並べた行列は，実際2つの可算集合の直積です．これより，

A, B が可算集合ならば，$A \times B$ も可算集合

です．これは $\aleph_0{}^2 = \aleph_0$ さらに

$$\aleph_0{}^n = \aleph_0 \ (n \in \mathbb{N})$$

を意味します．

それでは，有理数の集合 $\mathbb{Q}$ が可算集合であるか考えましょう．有理数とは，分数 $\dfrac{m}{n}$ で表される数です．ただし，$m, n \in \mathbb{Z}$, $n \neq 0$ です．まず，次のようにして，正の有理数に番号を付けていきます．上で示した（団体番号，団体内の番号）の行列の各要素 (m, n) を分数 $\dfrac{m}{n}$ に対応

させて，客に付けた番号の順に従って $(1,1)$，$(1,2)$，$(2,1)$，$(1,3)$，$(2,2)$，$(3,1)$，… と並べます．ただし，この順ですべてに番号（自然数）を付けてしまうと 1 つの有理数に複数の自然数が対応してしまいます．例えば，$(2,2)$，$(3,3)$，$(4,4)$，… は $(1,1)$ と同じく有理数 1 に対応し，$(2,4)$，$(3,6)$，$(4,8)$，… は $(1,2)$ と同じく有理数 $\frac{1}{2}$ に対応してしまいます．そこで，既に現れた有理数は番号付けしないようにします．こうすればすべての正の有理数にもれなく 1 つの番号を付けられます．そして，番号を付けた正の有理数を $q_1, q_2, \cdots$ とすると，負の有理数を加えたすべての有理数は，$0, q_1, -q_1, q_2, -q_2, \cdots$ と並べることによって番号を付けられます．したがって，有理数の集合 $\mathbb{Q}$ は可算集合です．

■**練習問題 1-12**

直積集合 $\mathbb{Q} \times \mathbb{Q}$ は可算集合であること，あるいは可算集合でないことを示しなさい．

 # 実数の濃度

実数の集合 $\mathbb{R}$ も可算集合でしょうか．$\mathbb{R}$ は可算無限よりも濃度が大きい[2]ことを**カントールの対角線論法**を使って示します．いま，$\mathbb{R}$ が可算集合であると仮定します．すると，すべての実数に番号をつけて，

$$\mathbb{R} = \{r_1, r_2, r_3, \cdots\}$$

のように並べられます．各 r_i について $d_{i,0}$ で r_i の整数部を表し，$d_{i,j}$(i

---

[2] 集合 A から集合 B の部分集合に 1 対 1 に対応付けられるとします．このとき，$|A|$ は $|B|$ より大きくないといい，さらに $|A| \neq |B|$ ならば，$|A|$ は $|B|$ より小さい，$|B|$ は $|A|$ より大きいといいます．

$= 1, 2, \cdots$)で r_i の小数第 j 位の数字を表します．そうすると各 r_i は，
$$r_1 = d_{1,0}.d_{1,1}d_{1,2}\cdots$$
$$r_2 = d_{2,0}.d_{2,1}d_{2,2}\cdots$$
$$r_3 = d_{3,0}.d_{3,1}d_{3,2}\cdots$$
$$\vdots$$
のように表せます．例えば，$d_{i,0}=3$, $d_{i,1}=1$, $d_{i,2}=4$, $\cdots$ は $r_i=3.14\cdots$ を表します．この表し方で，
$$r = 0.d'_1 d'_2 \cdots$$
という実数 r を作ります．ただし，$d'_i (i=1, 2, \cdots)$ は $d_{i,i} \neq 1$ なら $d'_i = 1$，$d_{i,i} = 1$ なら $d'_i = 2$ とします．すると，r は r_1 と小数第1位が違うので $r \neq r_1$ です．また，r は r_2 と小数第2位が違うので $r \neq r_2$ です．このようにして，$r \neq r_i (i=1, 2, \cdots)$ であることがわかり，自然数と1対1に対応付けたいずれの実数とも異なります．そして，r と新たに対応付けられる自然数はもう残っていません．これは矛盾であり，$\mathbb{R}$ は可算集合であるとした仮定が誤りです．

したがって，実数の集合 $\mathbb{R}$ は可算集合ではありません．$\mathbb{R}$ は，可算無限 $\aleph_0$ より大きい濃度をもちます．そして，

実数の集合 $\mathbb{R}$ は，連続体の濃度 $\aleph$（**アレフ**）をもつ

といいます．さらに，無限集合の濃度は，$\aleph$ よりも大きい濃度，さらに，それよりも大きい濃度，と果てしなく続きます．

■練習問題 1-13

a, b, c, d を任意の実数（ただし，$a<b$, $c<d$）として，$\{x \mid x \in \mathbb{R}, a<x<b\}$ の濃度と $\{y \mid y \in \mathbb{R}, c<y<d\}$ の濃度が等しいことを示しなさい．

第 1 章の章末問題

1. 要素を列挙して集合 A, B, C を表しなさい．そして，集合 A, B, C の間に成立する包含関係を示しなさい．
   $A = \{x \mid x \in \mathbb{N},\ 1 \leq x \leq 10\}$,
   $B = \{x \mid x \in \mathbb{N},\ 1 \leq x^2 \leq 10\}$,
   $C = \{x \mid x \in \mathbb{Z},\ 1 \leq x^2 \leq 10\}$.

2. 全体集合を $U = \{1, 2, 3, 4, 5, 6, 7\}$ として，$A = \{1, 2, 3\}$, $B = \{3, 4\}$, $C = \{2, 4, 5, 6\}$ とします．このとき，次の各集合を求めなさい．
   ① $A \cap B \cap C$　② $\overline{A} \cup \overline{B} \cup \overline{C}$
   ③ $A \setminus B$　④ $\overline{A} \cap B$

3. U を全体集合，$A, B \subset U$ として，$(A \cup B) \cap (A \cup \overline{B}) = A$ について，次の問いに答えなさい．
   ① 表 1.2 にある集合演算の各規則を用いて，この式を証明しなさい．
   ② この式の双対を求めなさい．
   ③ この式の双対が成立することを確かめなさい．

4. A, B を集合として，$A \cup B = A \cap B \leftrightarrow A = B$ を証明しなさい．

5. 各桁が 0 か 1 である 8 桁の数のうちで，00110110 のように 00 で始まるか，01000001 のように 01 で終わるか，01011110 のように 1 の数が 5 個の数は何個ありますか．

6. n 個の有限集合の和集合の濃度を求める p.16(1-9) 式が正しいことを証明しなさい．[ヒント] 任意の要素 $a \in A_1 \cup \cdots \cup A_n$ が，h 個の集合 A_{j_1}, $\cdots$, A_{j_h} に属し，残り $n-h$ 個の集合 $A_{j_{h+1}}$, $\cdots$, A_{j_n} には属さないとします．ただし，$\{j_1, \cdots, j_n\} = \{1, \cdots, n\}$，$1 \leq h \leq n$ です．この a が式の両辺で同じだけ数えられること示しなさい．

7. $A = \{x \mid x \in \mathbb{N},\ x$ は 10 の倍数$\}$，$B = \{x \mid x \in \mathbb{N},\ x$ は 2 の倍数$\}$ とします．次の式を証明しなさい．
    1. $A \subset B$
    2. $A \neq B$
    3. $|A| = |B|$

8. 次の集合が，有限集合か無限集合かを答えなさい．無限集合の場合は，可算集合かどうか答えなさい．
    1. C 言語で書くことのできるプログラム全体から成る集合
    2. 長さ 1cm の線分上にある点全体から成る集合

9. 集合 A, B に対して $A \times (B \cap C) = (A \times B) \cap (A \times C)$ であることを証明しなさい．

10. A, B を有限集合とします．次の式が成立すること，あるいは，成立しないことを証明しなさい．
    1. $2^{A \cup B} = 2^A \cup 2^B$
    2. $2^{A \cap B} = 2^A \cap 2^B$
    3. $2^{A \setminus B} = 2^A \setminus 2^B$

第2章

関係

　この章では，集合の要素間の関係について学んでいきます．関係という言葉は，「○○は□□と××の関係にある」のように日常で使われ，2つのものごと（○○と□□）の間に，ある条件（××）が成り立っていることを表します．ただし，□□は，暗黙で与えられていて略されることもあります．また，条件××は，暗黙で与えられているときなどには略されることもあります．いずれにしても，2つの要素の間に，ある条件が成り立てば関係があり，成り立たなければ関係がないということです．そこで，関係が決まれば，条件を満たす順序対の集合が決まり，逆に，順序対の集合が決まれば，関係が決まります．ここでは，関係の定義，関係の演算・性質，同値関係，半順序関係を学びます．

§ 2-1 関係の定義と表現

1 関係の定義

ここでは，p.19，§1-3 ④で学んだ順序対と直積を使って関係を定義します．例えば，集合 A と B を人の集合としたとき，その間にある親子関係は，A と B から 1 人ずつ，この人はこの人の子である，その人はその人の子である，というように条件に合うすべての対を集めることで示せます．これは，集合 A と B の要素のすべての順序対の中から，条件に合う順序対だけを選ぶことを意味します．ここで集合 A と B の要素のすべての順序対の集合は直積 $A \times B$ なので次のように関係を定義できます．

定義 2-1　**関係**

A, B を集合とします．
(1) $R \subset A \times B$ のとき，R を，A から B への**関係**
(2) $R \subset A \times A$ のとき，R を，A 上の関係
といいます．なお，$(x, y) \in R$ であるとき，x は y と関係 R にあるといい，xRy と書きます．また，$(x, y) \notin R$ であるとき，$x \not{R} y$ と書きます．

つまり，順序対は集合の直積の要素なので，関係は直積の部分集合です．

§2-1 関係の定義と表現

例えば，集合 $A=\{2,3\}$ から集合 $B=\{4,5,6\}$ への関係は，$A\times B=$ $\{(2,4),(2,5),(2,6),(3,4),(3,5),(3,6)\}$ の部分集合です．したがって，$R=\{(2,4),(2,6),(3,6)\}$，$S=\{(2,4),(3,5)\}$，$T=\{(2,5),(2,6),(3,4)\}$ としてもすべて関係です．ちなみに，$x\in A$，$y\in B$ としたとき，R は，x は y の約数であるという関係を表し，S は，$x+2=y$ という関係を表します．しかし，T は，わかりやすい言葉では表せませんが，れっきとした関係です．この T のように簡単な言葉（単語）で表せなくても順序対の集合であれば関係です．

また，任意の集合 A 上に存在する関係の例として，等号＝で表される関係，すなわち等しいという関係があります．この関係は，$\{(x,x)|x\in A\}$ であり，**恒等関係**と呼ばれ，I_A あるいは I で表されます．

次に，例題を解くにあたって，整数上の**整除関係**を関係の例としてあげます．$x,y\in\mathbb{Z}$ に対して $y=qx$ となる $q\in\mathbb{Z}$ が存在するとき，x は y を整除する，あるいは x は y の約数，あるいは y は x の倍数であるといいます．

例題 2-1：集合 $A=\{-1,0,1\}$ から集合 $B=\{1,2\}$ への整除関係 $R=\{(x,y)|(x,y)\in A\times B,\ x\text{ は }y\text{ を整除}\}$ を，要素をすべて列挙して表しなさい．

解：$R=\{(-1,1),(-1,2),(1,1),(1,2)\}$ です．

■練習問題 2-1

いくつかの都府県からなる集合を $P=\{$大阪府，京都府，奈良県，静岡県，神奈川県，東京都$\}$ とし，$x,y\in P$ に対して，x が y に陸で隣接しているとき xRy と定めます．この P 上の関係 R を，順序対の集合として表しなさい．

| 第2章 |　　　　　　　　　　　　　　　　　　　　　　　　　　　　関係

　これまで述べた関係は，2つの集合の間で定義されました．そのため，**2項関係**とも呼ばれます．単に関係といったときは2項関係を意味します．
　なお，集合の数をnとして，**n項関係**と呼ばれる関係を定めることもできます．つまり，集合$A_1, A_2, \cdots, A_n\,(n \geq 2)$の間の$n$項関係$R$は，

$$R \subset A_1 \times A_2 \times \cdots \times A_n$$

で定義されます．例えば，A_1を生徒名の集合，A_2を数学の成績の集合，A_3を国語の成績の集合とすると，{（山田, 100, 95），（川田, 90, 100），…}のように3項関係で成績表$R \subset A_1 \times A_2 \times A_3$を作成できます．

❷ 関係の表現

　ある集合からある集合への関係は次の1から5の方法で表現できます．方法1から方法5では例として，$A = \{1, 2, 3\}$，$B = \{4, 5, 6, 7\}$としたとき，$(x, y) \in A \times B$についてxがyの約数であるときxRyと定める関係Rを用います．

方法1（列挙）．順序対を列挙します．
$R = \{(1, 4), (1, 5), (1, 6), (1, 7), (2, 4), (2, 6), (3, 6)\}$です．

方法2（条件）．順序対に対する条件を書きます．
$R = \{(x, y) \mid (x, y) \in A \times B,\ x は y の約数\}$，あるいは，
$R = \{(x, y) \mid (x, y) \in A \times B,\ ある k \in \mathbb{Z} が存在して y = kx\}$などです．

方法3（行列）．Aの各要素を行列の各行に対応させ，Bの各要素を各列に対応させます．そして，関係に属する順序対に対応する行列成分は1，その他は0とします．この行列を**関係行列**といいます．Rの関係行列の外側に要素を書くと右のようになります．

$$\begin{array}{c} \,B\,4\,5\,6\,7 \\ A\begin{array}{c}1\\2\\3\end{array}\!\!\left(\begin{array}{cccc}1&1&1&1\\1&0&1&0\\0&0&1&0\end{array}\right) \end{array}$$

関係行列による表示

| §2-1 |　　　　　　　　　　　　　　　　　　　　関係の定義と表現

方法4（座標図）．集合の要素を横軸と縦軸に並べ，関係にある順序対に対応する座標上に印を付けます．この図を，**関係の座標図**といいます．

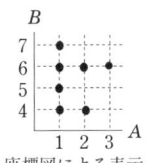

座標図による表示

方法5（矢線図）．集合の要素を左右に並べ，xRy であるとき x から y に矢印を書きます．この図を，**関係の矢線図**といいます．

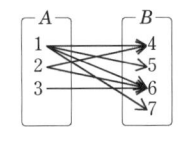

矢線図による表示

また，集合上の関係は方法1から5に加えて方法6でも表せます．

方法6（有向グラフ）．集合の要素を並べ，関係のある要素間に矢印を書きます．例えば，$A = \{1, 2, 3, 4\}$，$x, y \in A$ として，x が y の約数であるとき xRy と定める関係 R を右に示します．このような図を，**関係の有向グラフ**といいます．

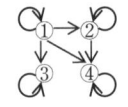

有向グラフによる表示

■練習問題 2-2

$A = \{1, 2, 3, 4\}$ 上の関係 $\leq$，すなわち $x, y \in A$ に対して $x \leq y$ であるとき xRy と定める関係 R を上の6つの方法で表しなさい．

§ 2-2 関係の演算と性質

1 演算の定義

　p.32, 定義2-1より関係は集合なので，集合に対する演算（p.8 §1-2）を関係にも適用できます．例えば，x は y と同じ町に住んでいるという関係を xRy, x は y と同じ学校で学んでいるという関係を xSy とします．このとき，x は y と同じ町に住んでいる，あるいは同じ学校で学んでいる，という新たな関係 $x(R \cup S)y$ を作れます．すなわち，

$$R \cup S = \{(x, y) | xRy \text{ または } xSy\}$$

であり，R と S の和といいます．

　同じようにして，x は y と同じ町に住んでいる，かつ同じ学校で学んでいる，という関係 $x(R \cap S)y$ を作れます．すなわち，

$$R \cap S = \{(x, y) | xRy \text{ かつ } xSy\}$$

であり，R と S の積といいます．

　次に，逆関係を定義しましょう．例えば，R が「子である」という関係ならば逆に「親である」という関係が考えられます．

> **定義 2-2** 逆関係
> 集合 A から集合 B への関係 R の**逆関係**は，R^{-1} で表され，$R^{-1} = \{(y, x) | (x, y) \in R\}$ で定義されます．

　すなわち，R に属するすべての順序対について，対となる要素の順序を逆にしたものが，R^{-1} です．したがって，

$$yR^{-1}x \leftrightarrow xRy$$

です．そして，R が A から B への関係であれば，R^{-1} は，B から A への関係です．なお，R の逆関係は，R の**逆**ともいいます．また，R の逆の逆は R です．すなわち，次式が成立します．

$$(R^{-1})^{-1} = R.$$

❷ 関係の合成

　集合 A から集合 B への関係と，集合 B から集合 C への関係とを用いて，集合 A から集合 C への関係を新たに定義します．

> **定義 2-3** 関係の合成
> 集合 A から集合 B への関係を R，集合 B から集合 C への関係を S とするとき，A から C への関係 $R \circ S$ を
> $$R \circ S = \{(x, z) | (x, y) \in R, \ (y, z) \in S\}$$
> で定義します．この $R \circ S$ を，関係 R と関係 S の**合成**といいます．

なお，$R \circ S$ を，$S \cdot R$ のように別の記号を使い，関係を逆の順に書く記法もあります．

ここで，関係の合成の例を矢線図で図 2.1 に示します．図 2.1(a) のように，人の集合 A = {カズオ，クニオ，リカ}，科目の集合 B = {数学，国語，理科，社会}，開講曜日の集合 C = {月，火，水，木，金} とします．そして，人 $x \in A$ が科目 $y \in B$ を受講していることを A から B への関係 R で表し，科目 $y \in B$ が曜日 $z \in C$ に開講されていることを B から C への関係 S で表します．この例では，R = {(カズオ，数学)，(カズオ，理科)，(クニオ，国語)，(クニオ，社会)，(リカ，理科)}，S = {(数学，月)，(数学，火)，(国語，水)，(理科，火)，(社会，金)} です．

そして，$R \circ S$ は，人 x の受講科目が曜日 z に開講されているという関係を表します．例えば，(カズオ，数学)$\in R$ かつ (数学，月)$\in S$ ですので，(カズオ，月)$\in R \circ S$ が成り立ち，カズオの受講科目が月曜日に開講されていることがわかります．

同じようにして，関係 $R \circ S$ にある要素の順序対をすべて求めると，$R \circ S$ = {(カズオ，月)，(カズオ，火)，(クニオ，水)，(クニオ，金)，(リカ，火)} です．そして，それらを矢線図で示したのが図 2.1(b) です．

(a) 関係 R と関係 S　　　(b) 関係 $R \circ S$

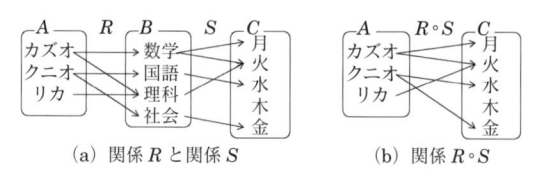

図 2.1：関係の合成

このように，関係 R と関係 S の合成は，順序対の組合せを調べるか，矢線図のつながりを調べると求められます．でも，もっと機械的に求める方法があります．それは，関係行列を用いる方法です．すなわち，関係 R の関係行列と関係 S の関係行列の積を求め，得られた行列の 0 でない成分を 1 とした行列が，求める関係 $R \circ S$ の関係行列です．

この方法を同じ図 2.1 の例で説明します．関係 R の関係行列を M_R，関係 S の関係行列を M_S とすると，

§2-2 関係の演算と性質

$$M_R = \begin{matrix} \\ \text{カズオ} \\ \text{クニオ} \\ \text{リカ} \end{matrix} \begin{pmatrix} \text{数学} & \text{国語} & \text{理科} & \text{社会} \\ 1 & 0 & 1 & 0 \\ 0 & 1 & 0 & 1 \\ 0 & 0 & 1 & 0 \end{pmatrix}, \quad M_S = \begin{matrix} \\ \text{数学} \\ \text{国語} \\ \text{理科} \\ \text{社会} \end{matrix} \begin{pmatrix} \text{月} & \text{火} & \text{水} & \text{木} & \text{金} \\ 1 & 1 & 0 & 0 & 0 \\ 0 & 0 & 1 & 0 & 0 \\ 0 & 1 & 0 & 0 & 0 \\ 0 & 0 & 0 & 0 & 1 \end{pmatrix}$$

です．なお，ここでは，行と列にそれぞれ対応する要素の名前を，参考のために書き込みました．そして，M_R と M_S の積 $M_R M_S$ は，

$$\begin{pmatrix} 1 & 0 & 1 & 0 \\ 0 & 1 & 0 & 1 \\ 0 & 0 & 1 & 0 \end{pmatrix} \begin{pmatrix} 1 & 1 & 0 & 0 & 0 \\ 0 & 0 & 1 & 0 & 0 \\ 0 & 1 & 0 & 0 & 0 \\ 0 & 0 & 0 & 0 & 1 \end{pmatrix} = \begin{pmatrix} 1 & 2 & 0 & 0 & 0 \\ 0 & 0 & 1 & 0 & 1 \\ 0 & 1 & 0 & 0 & 0 \end{pmatrix}$$

です．この $M_R M_S$ の 0 でない成分を 1 とすると $R \circ S$ の関係行列 $M_{R \circ S}$ が求まります．すなわち，

$$M_{R \circ S} = \begin{matrix} \\ \text{カズオ} \\ \text{クニオ} \\ \text{リカ} \end{matrix} \begin{pmatrix} \text{月} & \text{火} & \text{水} & \text{木} & \text{金} \\ 1 & 1 & 0 & 0 & 0 \\ 0 & 0 & 1 & 0 & 1 \\ 0 & 1 & 0 & 0 & 0 \end{pmatrix}$$

です．この $M_{R \circ S}$ が図 2.1(b) と合致することを確かめてください．

では，合成した関係の関係行列がこの方法で求まる理由を説明します．

まず，$A = \{x_1, x_2, \cdots, x_{|A|}\}$，$B = \{y_1, y_2, \cdots, y_{|B|}\}$，$C = \{z_1, z_2, \cdots, z_{|C|}\}$ に対して関係 R，S の関係行列をそれぞれ M_R，M_S とします．そうすると，$M = M_R M_S$ の i 行 j 列目の成分 $M(i, j)$ は，

$$M(i, j) = \sum_{k=1}^{|B|} M_R(i, k) M_S(k, j)$$

です．すなわち，M_R の第 i 行の各成分と M_S の第 j 列の対応する成分との積の和を求めています．この式は，人と曜日の対 (x_i, z_j) に対して人 x_i が科目 y_k を受講していて，科目 y_k が曜日 z_j に開講しているという条

件を満たす科目 y_k の個数を求めています．例えば，(カズオ，火) に対応する $M(1, 2)$ の値は，

$$M(1, 2) = M_R(1, 1)M_S(1, 2) + M_R(1, 2)M_S(2, 2) + M_R(1, 3)M_S(3, 2) \\ + M_R(1, 4)M_S(4, 2)$$

です．今，(カズオ，数学)，(カズオ，理科)$\in R$ で $M_R(1, 1) = M_R(1, 3) = 1$，(カズオ，国語)，(カズオ，社会)$\notin R$ で $M_R(1, 2) = M_R(1, 4) = 0$，(数学，火)，(理科，火)$\in S$ で $M_S(1, 2) = M_S(3, 2) = 1$，(国語，火)，(社会，火)$\notin S$ で $M_S(2, 2) = M_S(4, 2) = 0$ ですので，$M(1, 2) = 1 \times 1 + 0 \times 0 + 1 \times 1 + 0 \times 0 = 2$ です．これは，(カズオ，y)$\in R$ かつ (y，火)$\in S$ となる y が数学と理科の 2 個あることを表します．なお，このことは図 2.1 の矢線図の上では，カズオから火へ矢印をたどるとき，B の要素をいくつ経由できるかを表しています．

このように，$M(i, j)$ は $(x_i, y) \in R$ かつ $(y, z_j) \in S$ となる y の個数を表します．すなわち，$M(i, j) \neq 0$ であれば x_i と z_j は関係 $R \circ S$ にあるので i 行 j 列目の成分を 1 とした行列 $M_{R \circ S}$ は $R \circ S$ の関係行列です．

■練習問題 2-3

集合 $\{1, 2, 3, 4, 5\}$ 上の関係 $R = \{(1, 2), (2, 3), (4, 3), (5, 2)\}$ に対して $R \circ R^{-1}$ の関係行列を求めなさい．

さて，2 つの関係を合成した関係に新たな関係の合成を繰り返せば，3 つ以上の関係も合成できます．ただ，このとき合成する順で，結果が異なるのか，すなわち R, S, T を関係としたとき，$(R \circ S) \circ T$ と $R \circ (S \circ T)$ とは異なるのかが気になります．

> **定理 2-1　合成の結合律**
> 集合 A, B, C, D に対し，A から B，B から C，C から D への関係をそれぞれ R, S, T とするとき，
> $$(R \circ S) \circ T = R \circ (S \circ T)$$
> です．

したがって，$(R \circ S) \circ T$ や $R \circ (S \circ T)$ と書かずに，$R \circ S \circ T$ と書いてもよいことにします．なお，定理 2-1 の証明は章末問題とします．

③ 関係の性質

集合 A 上の関係には次の性質をもつものがあります．これらの性質によって，特別な関係を後の節で定めます．

> **定義 2-4　関係の性質**
> 集合 A 上の関係 R に関して 4 つの性質を定めます．
> **反射律**：任意の $x \in A$ に対して xRx
> **対称律**：任意の $x, y \in A$ に対して，$xRy \to yRx$
> **反対称律**：任意の $x, y \in A$ に対して，xRy かつ $yRx \to x = y$
> **推移律**：任意の $x, y, z \in A$ に対して，xRy かつ $yRz \to xRz$
>   なお R が，反射律・対称律・反対称律・推移律を満たすとき，それぞれ **反射的・対称的・反対称的・推移的** であるといいます．

上の定義では次のことを注意してください．反射律から xRx でない x が1つでもあれば R は反射律を満たしません．一方，他の3つの規則は □□→○○ の形の条件であり，□□ の真理値が F ならば条件命題の真理値表 1.1 (p.4) から □□→○○ の真理値は T です．したがって，たとえば，xRy である要素対がないときには「$xRy \to yRx$」，「xRy かつ $yRx \to x=y$」，「xRy かつ $yRz \to xRz$」はすべて真理値が T であるので，R は対称律も反対称律も推移律も満たします．

例題 2-2：次の関係は反射的，対称的，反対称的，推移的か調べなさい．
1. 任意の集合 A 上の関係 $R = \{(x, y) | (x, y) \in A \times A, x = y\}$
2. 人の集合の上の関係 $R = \{(x, y) | x\ は\ y\ の子\}$
3. $\mathbb{Z}$ 上の関係 $R = \{(x, y) | (x, y) \in \mathbb{Z} \times \mathbb{Z}, x \geq y\}$

解：1. これは，p.33 の恒等関係です．$\forall x \in A$ に対して $x = x$ だから反射的です．$x = y \to y = x$ だから対称的です．$(x = y$ かつ $y = x) \to x = y$ だから反対称的です．$(x = y$ かつ $y = z) \to x = z$ なので推移的です．

2. $x\cancel{R}x$ だから，反射的でないです．$xRy \to y\cancel{R}x$ だから，対称的でないです．$(xRy$ かつ $yRx)$ を満たす x, y はないので，反対称的です．$(xRy$ かつ $yRz) \to xRz$ でないので，推移的でないです．

3. $x \geq x$ だから反射的です．例えば $2 \geq 1$ ですが $1 \not\geq 2$ ゆえ，対称的でないです．$(x \geq y$ かつ $y \geq x) \to x = y$ だから，反対称的です．$(x \geq y$ かつ $y \geq z) \to x \geq z$ だから，推移的です．

■ **練習問題 2-4**

次の関係は反射的，対称的，反対称的，推移的か調べなさい．
1. $\mathbb{Z}$ 上の関係 $R = \{(x, y) | (x, y) \in \mathbb{Z} \times \mathbb{Z}, \ x > y\}$
2. 任意の集合のべき集合上の包含関係 $R = \{(A, B) | C$ は任意の集合, $A, B \in 2^C, \ A \subset B\}$
3. $\mathbb{N}$ 上の関係 $R = \{(x, y) | (x, y) \in \mathbb{N} \times \mathbb{N}, \ x$ は y の約数$\}$
4. $\mathbb{Z}$ 上の関係 $R = \{(x, y) | (x, y) \in \mathbb{Z} \times \mathbb{Z}, \ x$ は y の約数$\}$

4 関係のべき乗

§2-2 で関係の合成を学んだので，例えば，友達という関係を使って，友達の友達も扱えるようになりました．ではさらに，友達の友達の友達の…といった関係についても考えましょう．

> **定義 2-5　関係のべき乗**
>
> 集合 A 上の関係 R のべき乗は，
> $$R^0 = I_A = \{(x, x) | x \in A\}$$
> $$R^n = \underbrace{R \circ R \circ \cdots \circ R}_{n \text{ 個}} (n \in \mathbb{N})$$
> として定義します．

そして，集合 A 上の任意の関係 R と恒等関係 $I_A = \{(x, x) | x \in A\}$（p.33）との間には，次の式が成り立ちます．

$$R \circ I_A = I_A \circ R = R. \tag{2-1}$$

例題2-3：$\{1, 2, 3, 4\}$ 上の関係 $R = \{(1, 2), (1, 3), (2, 1), (2, 2), (3, 4)\}$ について，R^n, $n \geq 0$ を求めなさい．

解：まず，$R^0 = I = \{(1, 1), (2, 2), (3, 3), (4, 4)\}$，$R^1 = R = \{(1, 2), (1, 3), (2, 1), (2, 2), (3, 4)\}$ です．次に

R の関係行列 $M_R = \begin{pmatrix} 0 & 1 & 1 & 0 \\ 1 & 1 & 0 & 0 \\ 0 & 0 & 0 & 1 \\ 0 & 0 & 0 & 0 \end{pmatrix}$ から，$(M_R)^2 = \begin{pmatrix} 1 & 1 & 0 & 1 \\ 1 & 2 & 1 & 0 \\ 0 & 0 & 0 & 0 \\ 0 & 0 & 0 & 0 \end{pmatrix}$

です．この行列の正の成分を1にすると R^2 の関係行列

$M_{R^2} = \begin{pmatrix} 1 & 1 & 0 & 1 \\ 1 & 1 & 1 & 0 \\ 0 & 0 & 0 & 0 \\ 0 & 0 & 0 & 0 \end{pmatrix}$ が求まります．

よって $R^2 = \{(1, 1), (1, 2), (1, 4), (2, 1), (2, 2), (2, 3)\}$ です．次に，$M_{R^2} M_R$ または $(M_R)^3$ を求めて正の成分を1にすると R^3 の関係行列 M_{R^3} が求まり，M_{R^3} から $R^3 = \{(1, 1), (1, 2), (1, 3), (2, 1), (2, 2), (2, 3), (2, 4)\}$ です．同じ要領で，$R^4 = \{(1, 1), (1, 2), (1, 3), (1, 4), (2, 1), (2, 2), (2, 3), (2, 4)\}$ が求まります．そして，$M_{R^n} = M_{R^4}$，$n \geq 4$ となり，$R^n = R^4$，$n \geq 4$ です．

■練習問題 2-5

恒等関係の関係行列を求めなさい．

5 関係の閉包

§2-2③で定義した性質をもたない関係 R に，いくつかの要素を追加してその性質をもたすようにすることができます．そして，追加した要素数が最小のものを，R のその性質に関する**閉包**といいます．

例えば，R の**推移閉包**は R^+ と書き，

$$R^+ = R \cup R^2 \cup \cdots \cup R^n \cup \cdots = \bigcup_{n=1}^{\infty} R^n$$

で与えられます．また，R の**反射推移閉包**は R^* と書き，

$$R^* = R^0 \cup R \cup R^2 \cup \cdots \cup R^n \cup \cdots = \bigcup_{n=0}^{\infty} R^n$$

で与えられます．

いま xRy が，y は x の親であるという関係ならば，推移閉包 xR^+y は，y は x の先祖であるという関係を表します．また，反射推移閉包 xR^*y は，y は x の先祖，あるいは自分自身であるという関係を表します．

他にも，R の**反射閉包**は，R を含み反射的な関係で要素数が最小のものであり，$R \cup R^0$ で与えられます．また，R の**対称閉包**は，R を含み対称的な関係で要素数が最小のものであり，$R \cup R^{-1}$ で与えられます．

■練習問題 2-6

$R^+ = \bigcup_{n=1}^{\infty} R^n$ が推移的であることを示しなさい．

例題 2-4：$A = \{a, b, c, d, e, f\}$ をホームページの集合，$x, y \in A$ として，x から y にリンクが張られているとき，xRy と定義します．今，xRy が，下の有向グラフで表した関係であるとき，推移閉包 R^+ と反射推移閉包 R^* を求めなさい．

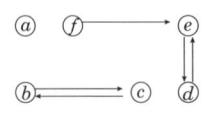

解：$R^0 = \{(a, a), (b, b), (c, c), (d, d), (e, e), (f, f)\}$，$R^1 = \{(b, c), (c, b), (d, e), (e, d), (f, e)\}$ です．そして，$R^2 = \{(b, b), (c, c), (d, d), (e, e), (f, d)\}$，$R^3 = \{(b, c), (c, b), (d, e), (e, d), (f, e)\} = R$．したがって，

$$R^n = \begin{cases} \{(b, c), (c, b), (d, e), (e, d), (f, e)\} & (n \text{ は正の奇数}) \\ \{(b, b), (c, c), (d, d), (e, e), (f, d)\} & (n \text{ は正の偶数}) \end{cases}$$

です．したがって，この場合は，次のとおりです．

$$R^+ = \bigcup_{n=1}^{\infty} R^n = R \cup R^2$$
$$= \{(b, b), (b, c), (c, b), (c, c), (d, d), (d, e), (e, d), (e, e), (f, e), (f, d)\},$$

$$R^* = \bigcup_{n=0}^{\infty} R^n = R^0 \cup R \cup R^2$$
$$= \{(a, a), (b, b), (b, c), (c, b), (c, c), (d, d), (d, e), (e, d), (e, e), (f, e), (f, d), (f, f)\}.$$

ちなみに，この推移閉包 R^+ は，各ホームページと，そこからリンクでたどり着けるホームページとの順序対の集合です．そして，反射推移閉包 R^* は各ホームページとそれ自身との順序対を R^+ に加えた集合です．

■練習問題 2-7

直前の例題 2-4 で求めた R, R^+, R^* がそれぞれ，反射的か，対称的か，推移的か示しなさい．また，R^+ と R^* を有向グラフで表しなさい．

■練習問題 2-8

$A = \{1, 2, 3, 4\}$ 上の関係 $R = \{(1, 2), (1, 3), (2, 3)\}$ の反射閉包と対称閉包を求めなさい．

§ 2-3 同値関係

1 同値関係の定義

例えば人の集合に対し同じ月に生まれたという関係のように，要素どうしが同じ性質をもつという関係を考えます．

定義 2-6　同値関係

集合 A 上の関係 R が，次の3つの条件を満たすとき，R は**同値関係**といいます．
反射律：任意の $x \in A$ に対して xRx
対称律：任意の $x, y \in A$ に対して，$xRy \to yRx$
推移律：任意の $x, y, z \in A$ に対して，xRy かつ $yRz \to xRz$

また，同値関係を表す記号としては $\equiv$ がよく使われます．そして，$x \equiv y$ であるとき，x と y は同値関係 $\equiv$ に関して**同値**であるといいます．

同値関係の例として，自然数 m を法として合同という関係を定めます．$x, y \in \mathbb{Z}$ に対して $m \in \mathbb{N}$ が $x-y$ の約数であるとき，x と y は m **を法として合同**であるといい，$x \equiv y \pmod{m}$ と書きます．

この関係が同値関係であることを証明します．まず，m は $x-x=0$ の約数なので $x \equiv x \pmod{m}$ です．さらに，$x \equiv y \pmod{m}$ ならば m は x

§2-3

同値関係

$-y$ の約数であるので $y-x$ の約数です．よって $y \equiv x \pmod{m}$ です．さらに，$x \equiv y \pmod{m}$ かつ $y \equiv z \pmod{m}$ ならば，m は $x-z = (x-y) + (y-z)$ の約数です．よって，$x \equiv z \pmod{m}$ です．ゆえに m を法として合同という関係は反射律・対称律・推移律を満たすので同値関係です．

例題 2-5：次の関係が同値関係であることを確かめなさい．
1. 三角形の合同　　2. 直線の平行

解：1. まず，すべての三角形は自分自身と合同だから反射的です．さらに，x と y を任意の三角形すると（x は y と合同）→（y は x と合同）だから対称的です．さらに，x, y, z を任意の三角形とすると（x は y と合同）かつ（y は z と合同）→（x は z と合同）だから推移的です．したがって，三角形全体の集合上の合同関係は，同値関係です．

ちなみに，x は y と合同でも $x=y$ とは限らないので反対称的でないです．すなわち，合同であっても，同一の三角形である必要はなく別の三角形であっても構わないのです．このことが，同値関係と関係 = との違いです．

2. 平面上の直線全体からなる集合を L とし，$l_1, l_2 \in L$ として，l_1 と l_2 とが交点をもたないか同一の直線であるとき l_1 と l_2 は平行といい $l_1 \mathbin{/\mkern-3mu/} l_2$ と書きます．このとき L 上の関係 $/\mkern-3mu/$ は同値関係です．なぜなら，すべての $l \in L$ に対し $l \mathbin{/\mkern-3mu/} l$ より反射的，$l_1, l_2 \in L$ として $l_1 \mathbin{/\mkern-3mu/} l_2 \to l_2 \mathbin{/\mkern-3mu/} l_1$ より対称的，$l_1, l_2, l_3 \in L$ として ($l_1 \mathbin{/\mkern-3mu/} l_2$ かつ $l_2 \mathbin{/\mkern-3mu/} l_3$) → $l_1 \mathbin{/\mkern-3mu/} l_3$ より推移的だからです．

■練習問題 2-9

次の関係が同値関係であるかないか示しなさい．

1. 三角形全体の集合上の相似関係
2. 任意の集合のべき集合上の包含関係⊂

2 同値類

例えば，同じ月に生まれたという同値関係によって人の集合を12個の部分集合に分けられます．このとき，各部分集合を同値類といいます．

> **定義 2-7　同値類**
> R を集合 A 上の同値関係とします．$x \in A$ と同値である要素全体の集合を，x の **同値類** といい，$[x]$ で表します．すなわち，$[x] = \{y \mid xRy\}$ です．

このとき，x は $[x]$ の **代表元** といいます．なお，同じ同値類に属していれば，どの要素を代表元としても構いません．

> **例題 2-6**：$\mathbb{Z}$ 上の，2 を法とした合同関係に関して，同値類 $[1]$ を求めなさい．
>
> ---
>
> **解**：定義から，$[1] = \{x \mid x \equiv 1 \pmod{2}\}$ です．これは，$x - 1 = 2k$，$k \in \mathbb{Z}$ である x の集合だから，$[1] = \{\cdots, -5, -3, -1, 1, 3, 5, \cdots\}$ はすべての奇数から成る集合です．

また，$[-1]$ や $[3]$ なども $[1]$ と同じ集合です．そして $[0]$ や $[2]$ などは偶数の集合です．よって 2 を法とした合同関係に関する同値

類は，奇数の集合（… = [−1] = [1] = [3] = …）と偶数の集合（… = [−2] = [0] = [2] = …）との2個だけです．

次に，同値類どうしでは重なりがなく，もとの集合をきれいに分けていることを示します．そのために，同値類の性質に関する例題を解きます．

例題 2-7：R を集合 A 上の同値関係，x, y を A の要素，$[x]$，$[y]$ を R に関する同値類とします．このとき，$[x] \cap [y] = \emptyset$，あるいは $[x] = [y]$ のいずれかが成立することを証明しなさい．

解：$[x] \cap [y] = \emptyset$，あるいは $[x] \cap [y] \neq \emptyset$ のいずれかが成立するので，$[x] \cap [y] \neq \emptyset$ ならば，$[x] = [y]$ であることを示せば十分です．$[x] \cap [y] \neq \emptyset$ ならば $z \in [x] \cap [y]$ となる z が存在します．

いま $x' \in [x]$ とすると xRx'，また $z \in [x]$ より xRz，そして R は対称的なので zRx，さらに，R は推移的なので zRx かつ xRx' から zRx'，また $z \in [y]$ より yRz，さらに，R は推移的なので yRz かつ zRx' から yRx'，よって，$x' \in [y]$，これで $x' \in [x] \to x' \in [y]$ が示せたので，部分集合の定義（1-1）から $[x] \subset [y]$ です．

同様にして，$[y] \subset [x]$ を示せます．よって，$[x] \subset [y]$ かつ $[y] \subset [x]$ であり，式（1-2）から $[x] = [y]$ です． □

このことから，同値関係 R によって集合 $A \neq \emptyset$ を，互いに共通集合をもたない同値類に分けられます．

そして，同値類は，空でない，互いに素，すべての和は A，という3つの条件を満たします．この3条件を満たす分け方を A の**分割**といいます．また，この同値類の集合を，R による A の**商集合**といい，A/R で表します．すなわち，次のように書くことができます．

$$A/R = \{[x] | x \in A\}.$$

> **例題 2-8**：集合 $A = \{1, 2, 3, 4, 5, 6\}$ の，関係 $R = \{(1, 1),$
> $(1, 2), (1, 3), (2, 1), (2, 2), (2, 3), (3, 1), (3, 2),$
> $(3, 3), (4, 4), (5, 5), (5, 6), (6, 5), (6, 6)\}$ による商集合 A/R を求めなさい．
>
> **解**：要素 1 と同値である要素を求めることによって，$[1] = [2] = [3] = \{1, 2, 3\}$ です．残った要素は 4，5，6 ですが，4 と同値である要素は 4 以外にはなく，$[4] = \{4\}$ です．次に，5 と同値である要素を求めることによって，$[5] = [6] = \{5, 6\}$ です．よって，$A/R = \{\{1, 2, 3\}, \{4\}, \{5, 6\}\}$ です．
>
> なお，A の分割を図示すると
>
> | 1, 2, 3 | 4 | 5, 6 |
> | --- | --- | --- |
>
> です．

■練習問題 2-10

R を集合 A 上の同値関係，$[x]$ を R に関する同値類とするとき，すべての $x \in A$ の $[x]$ の和は A であること，すなわち，次式を示しなさい．

$$\bigcup_{x \in A} [x] = A.$$

2-4 半順序関係

1 半順序関係の定義

x は y より大きい，重たい，速い，若いなどの2つのものの比較に関する関係を抽象化したものが半順序関係です．

> **定義 2-8 半順序関係**
> 集合 A 上の関係 R が，次の3つの条件を満たすとき，
> R は**半順序関係**といいます．
> 反射律：任意の $x \in A$ に対して xRx
> 反対称律：任意の $x, y \in A$ に対して，xRy かつ $yRx \to x = y$
> 推移律：任意の $x, y, z \in A$ に対して，xRy かつ $yRz \to xRz$
> 　　また，このとき，A は**半順序集合**といいます．

ここで，順序ではなく半順序と半がつくのは，2つの要素をとってきたとき，順序がつかない場合があっても構わないからです．

なお，半順序関係のことを単に**順序関係**ともいいます．また，要素が数でないときでも，xRy の代わりに $x \leq y$ または $x \geq y$ で半順序関係を表すことがよくあります．そして，$x \leq y$ かつ $x \neq y$ の代わりに $x < y$，$x \geq y$ かつ $x \neq y$ の代わりに $x > y$ も使われます．

例題 2-9：任意の集合 A のべき集合 2^A 上の包含関係⊂が半順序であることを示しなさい．

解：$X, Y, Z \in 2^A$ とします．包含関係⊂は，$X \subset X$ だから反射的，$(X \subset Y$ かつ $Y \subset X) \to X = Y$ だから反対称的，$(X \subset Y$ かつ $Y \subset Z) \to X \subset Z$ だから推移的です．よって，反射的かつ反対称的かつ推移的であるので，⊂は半順序関係です．

なお，半順序関係を表すときに，包含関係⊂など元の記号を使うほうが R や≤を使うよりもわかりやすいときは，元の記号をそのまま使います．

■練習問題 2-11

次の関係が半順序であるかないかを示しなさい．
1. $\mathbb{N}$ 上の関係≤
2. $\mathbb{N}$ 上の関係<
3. $\mathbb{N}$ 上の整除関係（p.33）
4. $\mathbb{Z}$ 上の整除関係

半順序集合では，$x, y \in A$ の対によっては，xRy も yRx も満たさないときがあります．そのとき，x と y とは**比較不可能**であるといいます．一方，xRy か yRx のいずれかを満たすとき，x と y とは**比較可能**であるといいます．

定義 2-9　全順序関係

集合 A 上の半順序関係を R とするとき，すべての $x, y \in A$ に対して x と y とが比較可能であれば，R を**全順序関係**といい，A を**全順序集合**といいます．

R が全順序関係であれば，A の全要素を R によって順序付けられます．

> **例題 2-10**：A を 32 の正の約数から成る集合とします．このとき整除関係により A は全順序集合であることを示しなさい．
>
> ---
>
> **解**：$A = \{2^m | m = 0, 1, 2, 3, 4, 5\}$ です．A 上の整除関係は反射律，反対称律，推移律を満たし，$2^x, 2^y \in A$ とすると，$x \geq y$ のとき 2^y は 2^x の約数，$x < y$ のとき 2^x は 2^y の約数なので $\forall 2^x, 2^y \in A$ が比較可能です．よって，A は全順序集合です．

② 辞書式順序

ここでは，集合 A 上および集合 B 上の半順序関係を $\leq$ とし，(x, y), $(x', y') \in A \times B$ とします．そして，$A \times B$ 上の関係 $\leq$ を

$$(x, y) \leq (x', y') \leftrightarrow x \leq x' \text{ かつ } y \leq y' \tag{2-2}$$

と定義します．このとき，$A \times B$ 上の関係 $\leq$ は半順序関係です．

> **例題 2-11**：(2-2) の $\leq$ は半順序関係であることを証明しなさい．
>
> ---
>
> **解**：$A \times B$ 上の関係 $\leq$ が反射的，反対称的，推移的であることを示して，半順序関係であることを証明します．
> まず，A, B は半順序集合だから，$x \leq x$, $y \leq y$, より $(x, y) \leq (x, y)$，よって，反射的です．
> また，$(x, y) \leq (x', y')$ かつ $(x', y') \leq (x, y)$ ならば，$x \leq x'$ かつ

$x' \leq x$ かつ $y \leq y'$ かつ $y' \leq y$，さらに，A, B は半順序集合だから $x = x'$ かつ $y = y'$ となるので，$(x, y) = (x', y')$ です．よって，反対称的です．

また，$(x'', y'') \in A \times B$ として，$(x, y) \in (x', y')$ かつ $(x', y') \leq (x'', y'')$ ならば，$x \leq x'$ かつ $x' \leq x''$ かつ $y \leq y'$ かつ $y' \leq y''$，さらに，A, B は半順序集合だから $x \leq x''$ かつ $y \leq y''$ となるので定義より，$(x, y) \leq (x'', y'')$ です．よって，推移的です． □

例題 2-12：A 上および B 上の関係 $\leq$ を全順序関係としても，(2-2) のように $(x, y) \leq (x', y') \leftrightarrow x \leq x'$ かつ $y \leq y'$ と定義したときには，$A \times B$ 上の関係 $\leq$ は全順序関係でないこと示しなさい．

解：例えば，$x < x'$ かつ $y' < y$ のとき，(x, y) と (x', y') とは比較不可能だから，全順序関係ではありません．

■**練習問題 2-12**

集合 A 上および集合 B 上の半順序関係を $\leq$ とし，(x, y), $(x', y') \in A \times B$ とします．このとき，

$$(x, y) \leq (x', y') \leftrightarrow x \leq x' \text{ または } y \leq y' \quad (2\text{-}3)$$

と定義すると，$A \times B$ 上の関係 $\leq$ は半順序関係かどうかを示しなさい．

また，順序対の全順序関係として，次の定義がよく使われます．

| §2-4 |　　　　　　　　　　　　　　　　　　　　　　　　　半順序関係

> **定義 2-10　順序対の全順序関係（辞書式順序）**
>
> A 上および B 上の全順序関係を $\leq$ とし，(x, y)，(x', y') $\in A \times B$ とします．そして，$A \times B$ 上の関係 $\leq$ を
>
> $$(x, y) \leq (x', y') \leftrightarrow x < x' \text{ または } (x = x' \text{ かつ } y \leq y')$$
>
> と定義します．ただし，$x < x'$ は $(x \leq x'$ かつ $x \neq x')$ の意味です．この $A \times B$ 上の関係 $\leq$ を**辞書式順序**といいます．

例題 2-13：定義 2-10 で定義した $A \times B$ 上の関係 $\leq$ は全順序関係であることを証明しなさい．

解：最初に，$\leq$ が反射的，反対称的，推移的であることを示すことによって半順序関係であることを示します．

　まず，A, B は全順序集合だから，すべての x, y について $x = x$ かつ $y \leq y$ であるので $(x, y) \leq (x, y)$ です．よって，$\leq$ は反射的です．

　また，$(x, y) \leq (x', y')$ かつ $(x', y') \leq (x, y)$ ならば $x \leq x'$ かつ $x' \leq x$ なので $x = x'$ です．すると $y \leq y'$ かつ $y' \leq y$ なので $y = y'$ です．ゆえに $(x, y) = (x', y')$ です．よって，$\leq$ は反対称的です．

　また，$(x'', y'') \in A \times B$ として，$(x, y) \leq (x', y')$ かつ $(x', y') \leq (x'', y'')$ ならば $x \leq x'$ かつ $x' \leq x''$ なので $x \leq x''$ です．$x < x''$ のとき $(x, y) \leq (x'', y'')$ です．$x = x''$ のとき $x = x' = x''$ となり $y \leq y'$，$y' \leq y''$ なので $y \leq y''$ から $(x, y) \leq (x'', y'')$ です．よって，$\leq$ は推移的です．

　次に，任意の 2 要素 (x, y)，$(x', y') \in A \times B$ が比較可能であることを示します．$x, x' \in A$ の取り得る関係は $x < x'$ か $x = x'$ か $x' < x$ かのいずれかの 3 通りであり，$y, y' \in B$ の取り得る関係も同様に 3 通り，それらの組合せは 9 通りです．そのいずれの組合せでも，(x, y)

と (x', y') との間に，定義に従って表2.1のように順序関係が定まります．したがって，≤は全順序関係です． □

表2.1：定義2-10による順序対の全順序関係

	$x<x'$	$x=x'$	$x'<x$
$y'<y$	$(x, y) \leq (x', y')$	$(x, y') \leq (x, y)$	$(x', y') \leq (x, y)$
$y'=y$	$(x, y) \leq (x', y)$	$(x, y) \leq (x, y)$	$(x', y) \leq (x, y)$
$y<y'$	$(x, y) \leq (x', y')$	$(x, y) \leq (x, y')$	$(x', y') \leq (x, y)$

　この全順序関係を辞書式順序といいます．なぜなら，紙に印刷された国語辞典などの項目の順序の付け方と，この定義に基づいた次の方法とが同じだからです．

　いま，(x, y) と (x', y') とを2つの文字列，それぞれの先頭文字を x と x'，残りの文字列を y と y' とします．そして，あ＜い＜う＜え＜お＜…のように，各文字には順序が付いているとします．このとき，2つの文字列の先頭文字を比較して，$x<x'$ ならば $(x, y)<(x', y')$，$x'<x$ ならば $(x', y')<(x, y)$，$x=x'$ ならば残りの文字列についてこの比較を繰り返せば，(x, y) と (x', y') との順序が決まります．ただし，文字列の長さが異なり，相手と比較する文字がなくなったときには空の文字をもつとみなし，空の文字＜空でない文字とします．

■練習問題 2-13

　$A=\{0, 1, 2\}$ 上の全順序関係≤によって，A の要素は $0 \leq 1 \leq 2$ と順序付けられているとし，$(x, y), (x', y') \in A \times A$ の順序を，$(x, y) \leq (x', y')$ ↔ $x<x'$ または $(x=x'$ かつ $y \leq y')$ で定義します．このとき，$A \times A$ の全要素を≤によって一列に並べなさい．

第2章の章末問題

1. A を人の集合，R と S を A 上の関係とし，$R = \{(x, y) | x \text{ は } y \text{ の子}\}$，$S = \{(x, y) | x \text{ と } y \text{ とは親子}\}$ とします．

   (1) 次の関係では順序対に対する条件が空欄です．条件を日本語で書きなさい．
   - $R^2 = \{(x, y) | \qquad\qquad\qquad\qquad \}$
   - $S^2 = \{(x, y) | \qquad\qquad\qquad\qquad \}$

   (2) 次の式は正しいか誤りか答えなさい．
   - $R^2 \subset S^2$
   - $R \circ S = S \circ R$

2. 集合 A, B, C, D に対し，A から B，B から C，C から D への関係をそれぞれ R, S, T とするとき，$(R \circ S) \circ T = R \circ (S \circ T)$ であること（p.41, 定理 2-1）を証明しなさい．

3. 関係 R は対称的 $\leftrightarrow R = R^{-1}$ であることを示しなさい．

4. 「対称的かつ推移的である関係 R は反射的です．なぜならば，対称的だから $(x, y) \in R$ ならば $(y, x) \in R$，かつ推移的だから $(x, y), (y, x) \in R$ から $(x, x) \in R$，よって，すべての $x \in R$ に対して $(x, x) \in R$ だからです．」は正しいか誤りか示しなさい．

5. A を人の集合とし，$x, y \in A$ に対して，x は y と 1 歳違いであるとき xRy と定義します．このとき，R^0, R^1, R^2, R^+, R^* をそれぞれ求めなさい．

6. A 上の関係 R について、$\forall x \in A$ に対して $x\not{R}x$ ならば、R は非反射的といいます．では、「R が反対称的ならば、R は非反射的です．」は正しいか誤りか示しなさい．

7. A 上の関係 R から成る集合族を S としたとき、次のことを示しなさい．

　・すべての $R \in S$ が反射的ならば $\bigcap_{R \in S} R$ は反射的です．

　・すべての $R \in S$ が対称的ならば $\bigcap_{R \in S} R$ は対称的です．

　・すべての $R \in S$ が推移的ならば $\bigcap_{R \in S} R$ は推移的です．

8. $X = \{a, b, c, d, e, f\}$ 上の関係
$R = \{(a, a), (a, d), (b, b), (b, c), (b, f), (c, b), (c, c), (c, f),$
$\quad (d, a), (d, d), (e, e), (f, b), (f, c), (f, f)\}$
について、次の問いに答えなさい．
　(1) 有向グラフで表しなさい．
　(2) 同値関係であることを示しなさい．
　(3) 商集合 X/R を求めなさい．

9. $\mathbb{N}$ 上の関係 $R = \{(x, y) | x, y \in \mathbb{N}, k \in \mathbb{N} \cup \{0\}, |x - y| = 3k\}$ による商 $\mathbb{N}/R$ を求めなさい．

10. A 上および B 上の半順序関係を $\leq$ とし、2つの順序対 $(x, y), (x', y') \in A \times B$ の関係を、
$(x, y) \leq (x', y') \leftrightarrow x \leq x'$ かつ $y \leq y'$（p.55（2-2））で定めた場合と
$(x, y) \leq (x', y') \leftrightarrow x \leq x'$ または $y \leq y'$（p.56（2-3））で定めた場合と、それぞれ、(x, y) と (x', y') の順序がどのようになるか、p.58、表2.1 の形式で表しなさい．

第3章

論理・命題

　本章のタイトルである論理そして命題という言葉は，我々の日常でもよく耳にする表現です．例えば，"話は論理的でなければならない"とか，"この命題は正しいでしょうか"などと使ったりします．幸いなことに，いまから学ぶ，これらの数学上の概念は，日常会話で使用される言葉の意味にある程度近いといってよいでしょう．また，数学を学ぶ目的は論理的思考能力を身につけるためといわれたりもします．もちろん，数学はその文字通り，数を学ぶ学問ではありますが，計算力を身につけることが1つの数学学習の目的とするならば，きっともう1つの大事な目的として，この"論理的思考能力を身につける"ことも挙げられるでしょう．いや，前者はその大多数がコンピュータで解決され，人間の比ではない高い処理能力なども考えると，我々の出番はあまりなさそうです．そもそも人間は頻繁に計算ミスを犯します．本章では論理演算の基本について学び，数学における計算問題と双璧をなす，証明問題についても考察します．

§ 3-1 命題

まず**命題**とは，明確に正しさの是非を定められる主張のことをいいます．§1-1②（論理記号）でもすでに定義していますが，正しいか否かを明確に定めるために，**真理値**と呼ばれる2種類の値をとらせることとし，正しいときの値をT（または**真**），正しくないときの値をF（または**偽**）と表現することにします．なお，TはTrue，FはFalseの頭文字から来ています．本書では便宜上，時に1つの命題を「　」で囲うことにします．例えば p =「日本一高い山は富士山である」のように表記することも可能で，ここに p は命題です．

> **定義 3-1　命題**
>
> **命題**は明確に正しさの是非を定められる主張のことをいい，T（真）またはF（偽）の2値のみをとります．

この2値のいずれをとるかが明確に切り分けられないとならないわけですから，主観によったり，または曖昧さが含まれるような主張は命題とみなすことはできません．例えば「この料理は美味い」（美味いかどうかは多分に主観に基づく）や「大勢の人が会場を埋め尽くしている」（大勢の定義が明確にされないとならない）などです．これらに明確にT，またはFの値を与えることはできず，ここが日常で用いる用語との違いといえるでしょう．また，命題の中には，§1-1②で学んだ**全称記号**や**存在記**

号を使ったものも存在します．

> **定義 3-2　全称命題，存在命題**
> 命題の中で，全称記号や存在記号を使ったものを，それぞれ**全称命題**，**存在命題**といいます．

　すでに学んだように，全称記号，存在記号にはそれぞれ"すべての"，"存在する"という意味がありますが，そもそもその判断を下すもととなる対象範囲を示す必要があります．その範囲を集合として表したものを**領域**，あるいは**ドメイン**といいます．つまり全称命題では，領域内のすべての要素について成立するかを調べることになります．このとき，1つでも成立しなければそれはFとなります．そのような例のことを**反例**と呼びます．逆に存在命題では，領域内に少なくとも1つ成立する要素があればTとなります．

命題，全称命題，存在命題の例：

- $p=$「絶対零度は$-273.15℃$である」（$p=$T．一般的に教科書等で教えられている内容です）
- $p=$「カブトムシは鳥類である」（$p=$F．カブトムシは飛びますが，その生物学的定義より鳥類ではありません）
- $p=$「$\forall x \in \mathbb{R},\ |\sin x| \leq |x|$」（$p=$T．常に成り立ちます）
- $p=$「$\exists x \in \mathbb{R},\ \sin x + \cos x = 1$」（$p=$T．$x=2n\pi,\ \dfrac{\pi}{2}+2n\pi$（$n$: 整数）のときに成り立ちます）
- $p=$「微分可能な関数 $f(x)$ は $f'(x)=0$ を満たすxで極値をと

る」（$p=$F. 反例：$f(x)=x^3$ は $x=0$ で極値をとりません）

また全称記号，存在記号は 1 つの命題の中で複数使われることもあります．

- $p=$「$\exists x \in \mathbb{R}, \ \forall y \in \mathbb{R}, \ xy=0$」（"ある $x \in \mathbb{R}$ が存在し，それはすべての $y \in \mathbb{R}$ に対して $xy=0$ たらしめるものである"の意味．$p=$T で，実際に $x=0$ の時に成立します）
- $p=$「$\forall x \in \mathbb{R}, \ \exists y \in \mathbb{R}, \ xy=1$」（"すべての $x \in \mathbb{R}$ に対し，ある $y \in \mathbb{R}$ が存在し，$xy=1$ を満たす"の意味．$x=0$ では成立しませんから，$p=$F です）

■**練習問題 3-1**

次の主張が命題であるかどうか判別しなさい．また，命題である場合，T か F かを判定しなさい．

1. 「うさぎは亀より速い」
2. 「円周率は $3\dfrac{1}{7}$ より小さく，$3\dfrac{10}{71}$ より大きい」
3. 「$\forall x \in \mathbb{R}, \ \sin^2 x + \cos^2 x = 1$」
4. 「$\forall x \in \mathbb{R}, \ \sin x + \cos x = 1$」

■**練習問題 3-2**

次の命題の真偽を判定しなさい．

1. $p=$「$\forall n \in \mathbb{N}, \ \exists m \in \mathbb{N}, \ n-m=0$」
2. $p=$「$\forall n \in \mathbb{R}, \ \exists m \in \mathbb{N}, \ n-m=0$」
3. $p=$「$\forall a \in \mathbb{R}, \ \exists b \in \mathbb{R}, \ \sin b > a$」
4. $p=$「$\exists a \in \mathbb{R}, \ \forall b \in \mathbb{R}, \ \sin^2 b > a$」
5. $p=$「$\exists a \in \mathbb{R}, \ \forall b \in \mathbb{R}, \ b^2+4b < a$」

| §3-2 |

3-2 命題関数または述語

　命題の定義（p.62，定義3-1）で定義した命題のうち，変数に値を代入すると真偽が決定するような主張を関数（関数については4章で詳しく学びます）ととらえ，命題関数，または述語と呼びます．

> **定義 3-3**　**命題関数**
> 変数に値を代入すると真偽が決定する主張を**命題関数**
> （または**述語**）といいます．

　また，関数の表記に倣い，命題関数を $p(x)$ と表します（ここに x は変数）．もちろん，変数 x の値を入力しても $p(x)$ が命題にならないときは $p(x)$ は命題関数とは呼びません．例えば，$p(x)=$「x 年は長い」は年の長さの感じ方は人によって異なるため，$p(x)$ は命題関数ではありません．

> **例題 3-1**：以下の命題関数に対し，$p(x)=\mathrm{T}$, $p(x)=\mathrm{F}$ となる x の例を1つずつ示しなさい．
> 1. $p(x)=$「x は昆虫である」
>   （ただし，$x\in$生物全体の集合）
> 2. $p(x)=$「$x>0$」（ただし，$x\in\mathbb{R}$）
> 3. $p(x)=$「$\forall y\in\mathbb{R}, y^2>x$」（ただし，$x\in\mathbb{R}$）

解：1. $p(バッタ) = T$, $p(クモ) = F$.
2. $p(3) = T$, $p(-1) = F$.
3. $p(-1) = T$, $p(3) = F$. $x = -1$ のときは任意の $y \in \mathbb{R}$ に $y^2 > -1$ は成り立ち，$p(-1) = T$ です．同様に $x = 3$ とすると，例えば $y = 1$ のときには $y^2 < 3$ となるため，$p(3) = F$ です．

■練習問題 3-3

次の $p(x)$ が命題関数かを判定し，命題関数の場合に，TおよびFとなる x の例を1つずつ与えなさい．

1. $p(x) = $「西暦 x 年から西暦 $(x+3)$ 年の間にうるう年は一度やってくる」（ただし，日本でも採用されているグレゴリオ暦を仮定する）
2. $p(x) = $「$f(y) = x \sin y$ の最大値と最小値の差は十分大きい」
3. $p(x) = $「$a^x + b^x = c^x$ を満たす自然数 a, b, c は存在しない」

§3-3 論理演算

　§1-2では，集合演算を学びました．集合では，集合に属しているか否かを判断することをその基本としているため，本章で（真または偽という）真理値をもつ命題に対して定義される演算（論理演算）とは多くの共通点があります．集合演算において補集合，積集合や和集合があったように，それに類する演算が定義され，それぞれ**否定**，**論理積**，**論理和**との呼称が付いています．また集合演算を定義する際にも一般的な集合（A, B, C など）を用いたように，論理演算を定義するにも，T, F をとる，一般の命題（p, q, r などを使います）を用いると便利です．これらは変数としての役目ももつため，命題変数と呼びます．さらに，命題（変数）や命題関数に演算を施した式を**論理式**と呼ぶことにします．

　また，論理式 s, t のとる値が常に一致するとき s と t は**同値**といい，"$\equiv$" で表します．同値関係については，定義2-6を参照下さい．いい換えれば，$s \equiv t$ とは論理式 s や t を構成する命題すべての組合せについて，その真理値が同じ値をとることを指します．本書では，簡便に表記するために，単に $s = t$ と書くことも許すこととします．

① 否定

命題 p の**否定**を $\neg p$ で表します[1]．なお，p の否定は**論理否定**や **NOT**

---

[1] p の否定を $\sim p$ や p', $\overline{p}$ のように表記することもあります．

演算とも呼びます．"否定"の言葉からわかるように，もともとの命題に対し"…ではない"という意味を与えて否定します．また二重否定を，¬（¬p）=¬¬p と表現します[2]．なお，¬¬$p=p$ が成立し，これを**対合律**といいます．集合演算で習った対合律（$\bar{\bar{A}}=A$，ここに A は集合）によく似ています．

表 3.1：否定演算の真理値表

p	¬p
T	F
F	T

論理否定¬は単項演算子ですから，真理値表は $2^1=2$ 種類の組合せについて作成されます．左の表 3.1 を参照して下さい．

> **定義 3-4　否定**
> 否定は命題がTのときにFを，命題がFのときにTを返す演算とします．

> **例題 3-2**：次の命題を否定しなさい．
>   1. $p=$「日本の首都は東京である」　2. $p=$「1＞2」
>
> ─────────────────────────
>
> **解**：1. $p=$T ですから ¬$p=$F＝「日本の首都は東京ではない」となります．
> 2. $p=$F ですから ¬$p=$T＝「1＞2 ではない」，つまり¬$p=$「1≦2」となります．

全称命題，あるいは存在命題を否定するときには，"…である"を"…ではない"に変えることに加えて，全称記号を存在記号に，存在記号を全称記号に置き換える必要があります．例として，$p=$「すべてのメンバー

---
[2] 同様に p の二重否定は〜〜p や p''，$\bar{\bar{p}}$ で表すことがあります．

が男性である」の否定は「あるメンバーが男性でない」，すなわち，¬p＝「男性でない人が（1名は）存在する」になります．これを全称記号，存在記号を用いて記述すれば，次のようになります．

- p ＝「$\forall x \in$ メンバーの集合，$x =$ 男性」
- $\neg p$ ＝「$\exists x \in$ メンバーの集合，$x \neq$ 男性」

同様に，p ＝「メンバーの中に男性が（1名は）いる」の否定は「メンバーの中に男性が（1名も）いない」，すなわち，¬p＝「すべてのメンバーは男性ではない」になります．これを全称記号，存在記号を用いて記述すれば，次のようになります．

- p ＝ 「$\exists x \in$ メンバーの集合，$x =$ 男性」
- $\neg p$ ＝ 「$\forall x \in$ メンバーの集合，$x \neq$ 男性」

■練習問題 3-4

次の命題を否定しなさい．
1. p ＝「$\forall x \in \mathbb{R}$，$|\sin x| \leq |x|$」（＝T）
2. p ＝「$\forall x \in \mathbb{R}$，$x^2 > 0$」（＝F）
3. p ＝「$\forall x \in \mathbb{R}$，$\exists y \in \mathbb{R}$，$x + y = 1$」（＝T）

❷ 論理積・論理和・排他的論理和

2つの命題変数 p，q に対し，その両方の値がTであるときのみTを返す演算を**論理積**といい，$p \wedge q$ と書きます．なお，**連言**，**AND演算**などと呼ばれることもあります．"p かつ q" と読みます．

また，2つの命題 p，q に対し，そのどちらかの命題（あるいは両方）がTであればTを返す演算を**論理和**といい，これを $p \vee q$ と書きます．なお，**選言**，**OR演算**などとも呼ばれます．"p または q" と読みます．

> **定義 3-5　論理積・論理和**
> 論理積は2つの命題の両方がTであるときのみTを返す演算，論理和は2つの命題のいずれか（または両方）がTであるときにTを返す演算とします．

表3.2，表3.3に，論理積，論理和演算の真理値表を示します．

表3.2：論理積演算の真理値表

p	q	$p \wedge q$
T	T	T
T	F	F
F	T	F
F	F	F

表3.3：論理和演算の真理値表

p	q	$p \vee q$
T	T	T
T	F	T
F	T	T
F	F	F

> **例題 3-3**：次の2命題 $p =$「リンゴは果物である」，$q =$「キャベツは果物である」に対し，論理積演算，論理和演算の真理値を求めなさい．
>
> ――――――――――――――――――――
>
> **解**：$p \wedge q =$「リンゴもキャベツも果物である」，$p \vee q =$「リンゴかキャベツ（またはその両方）は果物である」となります（もちろん，$p \wedge q = $F，$p \vee q = $T）．

上の例では，p，q が共に，果物か否かを問う命題という意味で関連性がありますが，一般には p，q には何の関連もなくても構いません（例えば $p =$「リンゴは果物である」，$q =$「関ヶ原の戦いがあったのは1600年である」は $p \wedge q = p \vee q = $T です）．

また，論理和に似た演算に**排他的論理和**というものがあります．この排他的という言葉は，片方が成り立てばもう一方は成り立たないことを意味しています．例えば，「会員，あるいはお子様は入場無料」とあればお客が会員，あるいは子どもの一方，あるいは両方（会員でかつ子ども）が成立すれば入場無料，の意味ですが，例えば「お子様，あるいはご老人は入場無料」とあれば，両方（子どもであり，かつ老人）であることはありません．このように論理学では，論理和と排他的論理和を区別しています．なお，**排他的選言**，**X O R**（eXclusive OR）**演算**と呼ばれることもあります．$p \veebar q$，あるいは $p \oplus q$ と書きます．表3.4に，排他的論理和演算の真理値表を示します．

表3.4：排他的論理和演算の真理値表

p	q	$p \veebar q$
T	T	F
T	F	T
F	T	T
F	F	F

> **定義 3-6**
>
> **排他的論理和**
> **排他的論理和**は2つの命題のいずれか一方がTであるときのみにTを返します．

■練習問題 3-5

以下の命題関数 $p(x)$, $q(x)$ が与えられたとき，各 $x \in \mathbb{R}$ に対して (1) 論理積 $p(x) \wedge q(x)$, (2) 論理和 $p(x) \vee q(x)$, (3) 排他的論理和 $p(x) \veebar q(x)$ の各演算について，真理値を求めなさい．

1. $p(x) =$「$x > -1$」, $q(x) =$「$x < 1$」
2. $p(x) =$「$y = x$ のとき $y^2 = x^2$」, $q(x) =$「$y^2 = x^2$ のとき $y = x$」

3 含意（条件命題）

含意は**条件（付き）命題**ともいいます．条件という言葉からも，ある条件が成立する場合の論理を定義するものです．ある（条件としての）命題 p が成立するならば命題 q が成り立つ，ということを $p \to q$ と表すこととします．ここで p を**条件**や**前件**，q を**結論**や**後件**と呼びます．

実は含意は論理学の初学者を悩ます代表例でもあります．含意の真理値表は表 1.1 で紹介しましたが，ここに再掲します（表 3.5）．

p, q ともに T または F の値をとるため，4 つのケースがあります．ではこの 4 つのケースについて，説明用に p =「天気が晴れである」，q =「ピクニックに出かける」として考えてみましょう．まず $p = q = $ T の場合です．この場合は「晴れているからピクニックに出かける」という論理ですから，$(p \to q) = $ T となるのは納得がいくかと思います．次は $p = $ T, $q = $ F の場合ですが，「晴れているからピクニックには行かない」ですから，論理的に正しい主張とはいえず，$(p \to q) = $ F の値をとるのもご理解頂けるのではないでしょうか？ 問題は共通点としてともに $p = $ F となる残りの 2 のケースですが，どちらも $p \to q$ の値は T となっています．なぜ，そもそも条件 p が成り立たないのに T となるのでしょう？ 腑に落ちないかもしれませんが，こう考えてください．論理としては条件 p が成り立たなければ，その含意としてのルールは適用されないわけで，その結論 q の真偽を決定付ける他の論理があったはずである，と．よって q の真偽にかかわらず，$p \to q$ の真理値を T と設定するわけです[3]．こうすることで，例えば任意の集合 A に対して $\emptyset \subset A$ であることを説明することができる（§1-1 ④（空集合））ようになります．

実はこの含意 $p \to q$ は次のように，すでに習った否定演算と論理和演算の組合せで表せます．

---

[3] 誤解を恐れずなぞらえれば，"疑わしきは罰せず（潔白，無罪）" のようなものでしょうか．

$$p \to q = \neg p \vee q \quad (3\text{-}1)$$

実際，$\neg p \vee q$ の真理値表が表 3.6 です．条件が付随した命題と論理和が同じである，というのもなかなか頭にスッと入りづらいかもしれません．

表 3.5：含意演算の真理値表

p	q	$p \to q$
T	T	T
T	F	F
F	T	T
F	F	T

表 3.6：$\neg p \vee q$ の真理値表

p	q	$\neg p$	$\neg p \vee q$
T	T	F	T
T	F	F	F
F	T	T	T
F	F	T	T

なお，$p \to q$ が T であるときに p は q の十分条件，q は p の必要条件ということがあります．さらに $p \to q$ に加え，同時に $q \to p$ が T のとき，p は q の必要十分条件（そして q は p の必要十分条件）といい，$p \leftrightarrow q$ と書きます．このとき p と q は同値（$p \equiv q$）です．

> **定義 3-7　含意**
>
> 含意（$\to$）は，ある条件が成立するとき，結論が成り立つかどうかを表す演算です．
> 条件が成り立たないときは，その演算結果を T とします．

■練習問題 3-6

次の含意の真理値表を作成しなさい．
1. $p \to (p \to q)$
2. $(p \to q) \to (q \to r)$

§3-4 論理演算子の優先順位と複合命題

今まで論理演算子として，否定，論理積，論理和，排他的論理和，含意，そして同値を学びました．これら基本的な演算を組み合わせることで複雑な論理式を構成していくことが可能になります．このような命題を**複合命題**と呼びます．さて，そんなとき忘れてはならないことは，それら演算子による演算の優先順位について熟知しておくことです．みなさんが，例えば $3+6\div 3$ が $(3+6)\div 3=3$ ではなく，$3+(6\div 3)=5$ となることを知っているのも，四則演算子の優先順位を学んでいるからであって，逆にそれを理解していないと，一意に式を解釈できなくなることになります．

演算子には，**算術演算子**（四則演算子など），**関係演算子**（$=$，$\geq$，$\leq$，$\neq$ など），**論理演算子**などがありますが，その優先順位は一般にこの紹介順に高くなります．論理演算子内の順序は

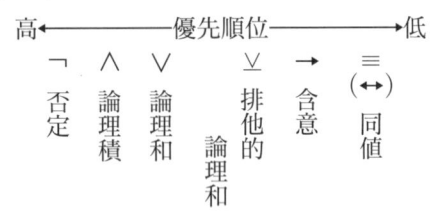

$$\text{高} \longleftarrow \text{優先順位} \longrightarrow \text{低}$$

$\neg$	$\wedge$	$\vee$	$\underline{\vee}$	$\rightarrow$	$\equiv$ ($\leftrightarrow$)
否定	論理積	論理和	排他的論理和	含意	同値

（※同じ論理演算子が連続で出てくるときは左から演算します）

のようになっています[4]．その優先順位に逆らいたい場合は，（　）（括弧）を付ければよく，それは算術演算子（四則演算）の場合と同様です．つまり論理式 $\neg p \wedge q \vee r \rightarrow s \underline{\vee} t$ と $(((\neg p)\wedge q)\vee r)\rightarrow(s\underline{\vee} t)$ は同値です．

---
[4] この優先順位の定義に対し，他著では若干その順序が異なる場合もあるようです．

§3-4 論理演算子の優先順位と複合命題

例題 3-4：次の 2 つの論理式が同値かどうか判断しなさい．
1. $((p\vee(\neg q))\vee(r\wedge s)\to t)\to(u\vee v)$ と $p\vee\neg q\vee r\wedge s\to t\to u\vee v$
2. $(p\veebar q)\wedge(p\to q)$ と $p\veebar q\wedge p\to q$

解：1. 優先順位の高い順に（ ）がついているので同値です．
2. 同値ではありません．後者は $(p\veebar(q\wedge p))\to q$ と同値です．

複合命題は真理値表に，その論理式の一部を組み込むことで，理解の助けになります．一例に $\neg p\wedge q\to r$ の真理値表を示します．

表 3.7： 複合命題 $\neg p\wedge q\to r$ の真理値表

p	q	r	$\neg p$	$\neg p\wedge q$	$\neg p\wedge q\to r$
T	T	T	F	F	T
T	T	F	F	F	T
T	F	T	F	F	T
T	F	F	F	F	T
F	T	T	T	T	T
F	T	F	T	T	F
F	F	T	T	F	T
F	F	F	T	F	T
①	②	③	④	⑤	⑥
			¬①	④∧②	⑤→③

表 3.7 の下から 2 段目に名付けたラベル①〜⑥を用いて，最下段でその命題を使って次の命題を導く演算の様子を示しています．

■練習問題 3-7

次の複合命題（例題 3-4 の 2 の論理式）の真理値表を作成しなさい．
1. $(p\veebar q)\wedge(p\to q)$　　2. $p\veebar q\wedge p\to q$

3-5 トートロジー, コントラディクション

トートロジーは**恒真命題**ともいい，常に T となる命題を指します．コントラディクションはその逆で，**矛盾命題**とも呼ばれ，常に F となる命題です．いずれも，真理値表を作成するとその論理式を構成する命題変数の真偽によらず，不変の値をとります．

> **定義 3-8** トートロジー，コントラディクション
> トートロジーは常に T となる命題を指し，コントラディクションは常に F となる命題を指します．

トートロジーの一番簡単な例は，$p \vee \neg p$ でしょう．p が T であったとしても F だったとしても，p または $\neg p$ が T となるため，常に論理式の値は T だからです（表 3.8）．一方，後者については $p \wedge \neg p$ がその一例となります．p が T であったとしても F だったとしても，p または $\neg p$ のどちらかは F となるため，論理式の値は常に F となってしまいます（表 3.9）．

表 3.8：トートロジーの例

p	$\neg p$	$p \vee \neg p$
T	F	T
F	T	T

表 3.9：コントラディクションの例

p	$\neg p$	$p \wedge \neg p$
T	F	F
F	T	F

3-6 命題代数

§1-2②で集合の演算に関する性質について述べていますが,同様に論理演算についても類似の基本律が成立します.これらは命題代数と呼ばれ,表3.10にそれらを列挙します.集合演算に関する基本律の表(表1.2, p.10)に対応する形で表を作成しましたので,ぜひ見比べてみてください.なお,表内の p, q, r は命題を表しますが,p, q, r, $\neg$, $\wedge$, $\vee$, T, F をそれぞれ A, B, C, $\overline{}$, $\cap$, $\cup$, U, $\emptyset$ に読み替えれば,表1.2の対応する式にぴったり一致することがわかります.

命題代数は,複雑な論理式を簡単な形に変形するときに役立ちますし,ド・モルガンの法則などはさまざまな場面で力を発揮しますから覚えておきましょう.これらの証明は真理値表を作成することで行えます.ここでは省略しますが,各基本律が成り立つかどうか検算してみて下さい.

表 3.10：論理演算の基本律

名称	論理演算	
べき等律	$p \wedge p = p$	$p \vee p = p$
交換律	$p \wedge q = q \wedge p$	$p \vee q = q \vee p$
結合律	$(p \wedge q) \wedge r = p \wedge (q \wedge r)$	$(p \vee q) \vee r = p \vee (q \vee r)$
分配律	$p \wedge (q \vee r) = (p \wedge q) \vee (p \wedge r)$	$p \vee (q \wedge r) = (p \vee q) \wedge (p \vee r)$
吸収律	$p \wedge (p \vee q) = p$	$p \vee (p \wedge q) = p$
対合律	$\neg \neg p = p$	
偽（F）の性質	$p \wedge F = F$	$p \vee F = p$
真（T）の性質	$p \wedge T = p$	$p \vee T = T$
補元律	$p \wedge \neg p = F$ $\neg T = F$	$p \vee \neg p = T$ $\neg F = T$
ド・モルガンの法則	$\neg (p \wedge q) = (\neg p) \vee (\neg q)$	$\neg (p \vee q) = (\neg p) \wedge (\neg q)$

■練習問題 3-8

次の論理式を簡単にしなさい.

1. $\neg (p \vee \neg q) \wedge (q \vee r)$
2. $(p \to q) \to (p \wedge q)$
3. $(p \to q) \leftrightarrow p$

§3-7 論法

これまでに，論理の記法や演算を学びました．それでは論法について学びましょう．例えば証明問題に取り組むとき，みなさんはどうしますか？出発点となる命題が与えられている場合もあれば，自分で考えないといけないときもあります．場合によっては，出発点を変えて始めた方が証明しやすいこともあるでしょう．そんなときのために，ここでは**論法**や**証明の方法**について考えていきます．

❶ 逆，裏，対偶

与えられた命題 $p \to q$ に対して，$p \to q$ そのものを**順**命題といいます．これに対し，p と q を入れ替えたもの，すなわち，$q \to p$ を**逆**命題，さらに p と q を共に否定した $\neg p \to \neg q$ を**裏**命題といいます．この"逆"と"裏"の操作を同時に行った形の，$\neg q \to \neg p$ を，**対偶**命題といいます．

さて，ここで順，逆，裏そして対偶について真理値表を作成してみます（表3.11）．すると，順命題と対偶命題が完全に一致，つまり同値であることがいえます．元の命題を証明するにはその対偶を証明してもよいというわけです．さらに付言すれば，逆命題と裏命題も同値であることがわかります．そもそもこの2つはどちらかを順命題としたときにもう一方が対偶命題となるという関係を持ちます．また，順命題（$p \to q$）と逆命題（$q \to p$）の論理積が論理同値（$p \leftrightarrow q$）であるという関係もあります．

表 3.11：順，逆，裏，対偶の真理値表

p	q	$\neg p$	$\neg q$	$p \to q$（順）	$q \to p$（逆）	$\neg p \to \neg q$（裏）	$\neg q \to \neg p$（対偶）
T	T	F	F	T	T	T	T
T	F	F	T	F	T	T	F
F	T	T	F	T	F	F	T
F	F	T	T	T	T	T	T

■ **練習問題 3-9**

次の命題の逆，裏，対偶を求め，かつそれらの真偽を判定しなさい．

1. 「$x=1$」 $\to$ 「$x^2=1$」
2. 「実数 a，b に対して $a^2+b^2=0$ が成り立つ」 $\to$ 「$a=b=0$」

2 背理法

背理法はある命題 q を証明するために，その否定（$\neg q$）を仮定し，与えられた条件 p をもとに矛盾（F）が起きることを示す証明の手法です．これを論理式で表すと次のように書くことができます．

$$(p \land \neg q = F) \to (p \to q). \tag{3-2}$$

仮に $q=$「犯人ではない」，$p=$「正当なアリバイがある」とすると，(3-2) の前件は「犯人だと（仮定）したところ，その容疑者には正当なアリバイがあり矛盾が生じた」，後件は「正当なアリバイがある場合，犯人とはならない」となり，刑事ドラマの犯人捜しの一コマのようです．

さて，(3-2) が論法的にも正しいことを確かめてみましょう．
表 3.12 の最右列がすべて真理値 T をとっているため，トートロジーであることが示されました．

表 3.12：背理法がトートロジーであることを確認するための真理値表

p	q	¬q	p∧¬q	p∧¬q=F	p→q	(3-2)
T	T	F	F	T	T	T
T	F	T	T	F	F	T
F	T	F	F	T	T	T
F	F	T	F	T	T	T

③ 三段論法

　三段論法も我々が日常でよく使う論法の1つでしょう．例えば，「日本では自転車は左側通行です」，「ここは日本です」，「（だから）今走っている道路は左側通行です」のように，大前提（普遍的な法則であることが多い）と小前提（眼前の事実であることが多い）から結論を導き出す論法です．これは命題 p, q, r と論理演算子を用いると

$$(p \to q) \land (q \to r) \to (p \to r) \qquad (3\text{-}3)$$

のように書くことができます．やはり（3-3）が論法として正しいことを，真理値表を作成することで確かめてみましょう．

表 3.13：三段論法がトートロジーであることを確認するための真理値表

p	q	r	p→q	q→r	(p→q)∧(q→r)	p→r	(3-3)
T	T	T	T	T	T	T	T
T	T	F	T	F	F	F	T
T	F	T	F	T	F	T	T
T	F	F	F	T	F	F	T
F	T	T	T	T	T	T	T
F	T	F	T	F	F	T	T
F	F	T	T	T	T	T	T
F	F	F	T	T	T	T	T

4 証明・論法

証明は，与えられた命題 $p_1, p_2, \cdots, p_n$ に対し，結論と称される命題 q を導き出すことと定義できます．これは $p_1, p_2, \cdots, p_n \models q$ と表記され，$p_1 \land p_2 \land \cdots \land p_n \to q$ がトートロジーであることを示せばよいことになります[5]．例えば，$\neg p \to \neg q, q \models p$ を示すには，$\neg p \to \neg q$ と q が T のとき常に p も T となることを示せばよいわけです．ここで真理値表を生成すると次の表 3.14 ようになり，最右列が常に T，つまりトートロジーであることが示されるので，真であることが証明されます．

表 3.14：証明の真理値表

p	q	$\neg p$	$\neg q$	$\neg p \to \neg q$	$(\neg p \to \neg q) \land q$	$(\neg p \to \neg q) \land q \to p$
T	T	F	F	T	T	T
T	F	F	T	T	F	T
F	T	T	F	F	F	T
F	F	T	T	T	F	T

■練習問題 3-10

次のように3つの命題（a），（b），（c）が与えられたとき，彼は離散数学の単位取得に成功することを証明しなさい．
- （a）「離散数学の知識獲得に失敗するならば，それは離散数学の勉強をしていないことを示している」
- （b）「離散数学の知識獲得に失敗しなければ，離散数学の単位を取得することができる」
- （c）「彼は離散数学の勉強をする」

---

[5] 実際は，$p_1, p_2, \cdots, p_n$ のうち1つでもFがあれば，$p_1 \land p_2 \land \cdots \land p_n \to q$ の前件がFになりますから含意の真理値表よりこの命題はTとなることは明らかです．よって $p_1, p_2, \cdots, p_n$ すべての真理値がTのときに q がTになれば十分ということになります．

第3章の章末問題

1. 次の命題の真偽を判定しなさい．
   (1) $p=$「ある有限集合の要素の最大値を x とすると，どの要素も x を超えることができない」
   (2) $p=$「$\exists x \in \mathbb{R}, \ x^2+x+1<0$」
   (3) $p=$「1 と $0.9999\cdots = 0.\dot{9}$ とでは，1 のほうが大きい」

2. 次の命題の真偽を判定しなさい．
   (1) $p=$「連続した 4 年間の間に訪れるうるう年の回数は 1 回である」
   (2) $p=$「ある実数 a ともう 1 つの実数 $b\,(b \neq a)$ の間には実数が無限に存在する」
   (3) $p=$「一番小さい完全数は 6 である」［ヒント］完全数とは，その数自身を除く約数の和がその数自身と等しい自然数をいいます．
   (4) $p=$「$\forall x \in \mathbb{R}, \ x^2>0$」

3. 次の全称命題，存在命題を全称記号や存在記号を用いて表しなさい．
   (1) 「任意の実数 x について，$x^2 \geq 0$ が成り立つ」
   (2) 「ある実数 x について，$x^2 \leq 0$ が成り立つ」
   (3) 「任意の実数 x について，$x^y=1$ を満たす実数 y が存在する」
   (4) 「任意の正の数 ε に対し，ある適当な正の数 δ が存在して，$0<|x-a|<\delta$ を満たすすべての実数 x に対し，$|f(x)-b|<\varepsilon$ が成り立つ」（ε-δ 論法による，極限の式 $\lim_{x \to a} f(x)=b$ の記述）

4. 次の命題を全称記号や存在記号を使わず，ことば（日本語）で表しなさい．また，各命題の真偽を答えなさい．なお，(c)，(d) 内の A，B は n 次実正方行列を表し，同様に 0 は n 次零行列を表すものとします．
   (1) 「$\forall x \in \mathbb{R}, \ \exists y \in \mathbb{R}, \ x+y=1$」

(2) 「$\exists x \in \mathbb{R}$, $\forall y \in \mathbb{R}$, $x+y=1$」

(3) 「$\forall A, B$, $(AB=0) \to (A=0) \lor (B=0)$」

(4) 「$\forall A, B$, $(A=0) \lor (B=0) \to (AB=0)$」

5. 次の命題を否定しなさい．

(1) 「円周率は $3\dfrac{1}{7}$ より小さく，$3\dfrac{10}{71}$ より大きい」

(2) 「$\exists x \in \mathbb{R}$, $\forall y \in \mathbb{R}$, $x+y=1$」

6. 以下の命題 p, q に対し，(1) 論理積 $p \land q$，(2) 論理和 $p \lor q$，(3) 排他的論理和 $p \veebar q$ の各演算について，真理値を求めなさい．
$p=$「コインを投げたときの結果が表である」，$q=$「（その同一の試行の結果が）裏である」

7. 以下の命題を含意（$\to$）を使わずに書き表し，かつ簡単にしなさい．
(1) $(p \to q) \to p$ 　　(2) $(\neg p \to \neg q) \to (q \to r)$

8. p, q をそれぞれ命題とするとき，次を示しなさい．
(1) 排他的論理和 $p \veebar q$ は $(p \land \neg q) \lor (\neg p \land q)$ と同値であること．
(2) 同値 $p \leftrightarrow q$ は $(p \to q) \land (q \to p)$ と同値であること．

9. 次の主張を否定するとどんな主張になるか，示しなさい．
(1) 「晴れたらピクニックに行く」
(2) 「1限目の授業がないか，あるいは晴れていたら，徒歩かあるいは自転車で大学に行く」
(3) 「トラとライオンのどちらもが現れなければ，戦いに勝つことができる」

10. 命題 p, q, r に対し，次の論法が真であることを示しなさい．
$$p \to q,\ \neg r \to \neg q,\ r \to p \models r \to q.$$

第4章

関数・写像

　関数，または写像とは何でしょうか？　関数という言葉ならば，中学や高校の数学ですでに $f(x)=ax+b$（1次関数）や $f(x)=cx^2$（2次関数）（ここに a, b, c は定数で $a\neq 0, c\neq 0$）などを学ぶことでなじみ深い方もいるかもしれません．しかし，これだけでは当然，関数とは何かをきちんと理解したことにはなりません．関数は2章で学んだ関係の部分集合として定義されます．さらに，今まではきっと，区間や実数全体などを相手にしてきたかと思いますが，とびとびの値をとる場合にも関数は定義できます．写像は多くの場合，関数と同じ概念を指す言葉ですが，関数がその名称からも数を対象とするのに対し，より一般的な対象に定義するときに使われる言葉です．やはり同様にして，関係の中の一部が写像とみなされます．それでは親子関係や友人関係は果たして写像と呼べるでしょうか？

§ 4-1 関数・写像の定義

まずはみなさんが高校まで慣れ親しんだ関数から考えてみましょう．前述のように，$f(x)$ に対して入力できる x の範囲として，$(-1, 1)$ であったり[1]，$[0, 1]$ であったり[2]，$(-\infty, \infty)$ であったり[3]，いずれも連続的な量が与えられていたことがほとんどでしょう．なお，このxの範囲を**定義域**と呼びます．ただ，関数とはこのように定義域が連続量を扱う場合のみを扱うのではなく，もっと広く定義されるものです．例えば，この定義域が自然数の集合であったり，$\{1, 5, 12\}$ のように，有限個の要素から成る集合かもしれませんが，集合であれば何の問題もありません．

入力する範囲に定義域という言葉があるため，逆に，出力の範囲にも言葉があり，これを**像**といいます．つまり，像とは，定義域内のとりうるすべての入力に対し，得られた出力の集合のことで，$f(A) = \{y | y = f(x), x \in A\}$ のように定義されます．ここに定義域の集合を A としています．ただ，より頻繁に定義域と対で用いられる術語に値域があります．**値域**とは，出力のいわば受け皿のようなものであって，すべての入力に対し，得られた出力が必ず（もれのないように）含まれる集合を指します．当然，像は値域の部分集合になっています．

さて，今まで取り扱ってきたのは，定義域，値域が連続的なものであ

---

[1] $(a, b) = \{x | x \in \mathbb{R}, a < x < b\}$ と定義します．このように連続するある2点の間を**区間**といいます．特に，その端の点を含まない場合を**開区間**と呼びます．

[2] 開区間の時と同様，$[a, b] = \{x | x \in \mathbb{R}, a \leq x \leq b\}$ と定義し，これを**閉区間**と呼びます．**半開区間**と呼ばれる区間もあり，$(a, b]$ や $[a, b)$ と表記されます．それぞれ $\{x | x \in \mathbb{R}, a < x \leq b\}$, $\{x | x \in \mathbb{R}, a \leq x < b\}$ のことです．ちなみに通常半閉区間とは呼びません．

[3] $(-\infty, \infty) = \{x | x \in \mathbb{R}, -\infty < x < \infty\} = \mathbb{R}$ を指します．

| §4-1 |　　　　　　　　　　　　　　　　　　　　　　　関数・写像の定義

　れ，離散的なものであれ，いずれも数です．ただ，我々は日常生活で数し
か使わないわけではなく，言葉や文字も使えば，日付や画像，動画など，
ありとあらゆるデータを扱っています．例えばじゃんけんで"グーに勝て
るものは？"と聞けば誰しもパーと答え，グーをパーやチョキに置き換え
れば，答えはそれぞれチョキ，グーとなります．入力に対して"勝つ"と
いう，立派な関数を定義できています．でも，扱っているのは数ではあり
ませんからこれを関「数」というのは若干の違和感を覚えます．関数と同
様の概念を表す言葉に写像があります．一般的には，扱うデータが多様な
ときは，写像という言葉の方を使うことのほうが多いようです（よって
本書でも，以降このように2つの用語を使い分けます）．写像と関数は同
様の概念を表す言葉で，多くの場合読み替えが可能です．

　関数，または**写像**とは一般的に，1つの入力に対し，1つのみの出力結
果を返すような対応関係とします．ここでいう1つの入力とは，1つの数
であってもよいし，複数の数の組合せであっても構いません（よって
$f(x, y) = x^2 + y^2$ も当然，関数です）．もちろん，入力は数でなく，文字
であっても先のグー，チョキ，パーであってもよいわけです．出力結果が
複数返ってくる場合に多価関数と呼び，関数の1つとして捉えることも
ありますが，本書では取り扱いません．

　次に，入力 x に対し，$\cos y = x$ となる y を求める場合を考えます．$x = 1$ に対し，解は $y = 0$，$\pm 2\pi$，$\pm 4\pi$，…と無限に存在してしまい，関数で
はありませんが，y の範囲を制限することで1つのみの出力とすることが
できます．例えば，$0 \leq y \leq \pi$ とすれば $-1 \leq x \leq 1$ を満たす x に対して，1
つだけ y が得られることになるため，関数としての条件を満たします．

　これは写像を考えるときも同様で，つまり1つの入力に対し，複数の
出力結果を返すようなものは，（2章で学んだように，関係とは呼ぶこと
ができますが）写像の定義に反することとします．

　それでは厳密に定義してみましょう．関数はその対応関係，定義域，そ
して値域の三点セットで議論され，これらを f，A，B とすると，$f:$
$A \to B$ と書くことにします．ここに A，B は，関係が集合に対して定義さ
れたように，それぞれ集合である必要があります．本章の最初に，関数は

関係の部分集合として定義される，と書きましたが，集合と集合の対応を定義する関係に制限が加わっている（1つの入力に対し，1つのみの出力でなければならない）という意味で部分集合なわけです．

> **定義 4-1　関数・写像**
> 関数，または写像 $f: A \to B$ は関係 $R \subset A \times B$ の部分集合であり，かつ $a \in A$ に対して 1 つのみの $b \in B$ が存在して $(a, b) \in f$ を満たすものです．

　つまり，f も集合です．集合の章（1 章）で学びましたが，有限集合であれば，先ほどのジャンケンの例のように，"勝つ" という関数 f は $f = \{(グー，パー)，(パー，チョキ)，(チョキ，グー)\}$ と列挙して書けますし，そうでなければ，$f(x) = ax + b$ のように順序対の代わりに対応関係を記述しますが，これは実際，$f = \{(x, ax+b) | x \in A\}$ のことです．

　またここには前述のように，f, A, B の間に，$f(A) \subset B$ が満たされることになります．つまり関数・写像は，ついその対応関係 f のみで議論されそうですが，f, A, B の役者がそろってはじめて体をなすわけです．前に示した "入力 x に対し，$\cos y = x$ となる y を求める" がよい例で，この 3 つが決まらないと，関数かどうかを議論することができません．なお，関数が特に定義域，値域の表記なく，単に f と書かれることがありますが，そのときは $f: \mathbb{R} \to \mathbb{R}$ と考えて差し支えありません（または定義域については，f が意味をもつ $\mathbb{R}$ の最大部分集合のこともあります）．

　もう少し用語の説明すると，$x \in A$ は A の要素であるということ以外，制約を受けることはなく，この x を**独立変数**といい，逆に $y \in B$ は x の制約を受ける（$y = f(x)$ という関係がある）ため，**従属変数**と呼ばれます．

§4-1 関数・写像の定義

> **例題 4-1**：次の f, A, B に対し，$f: A \to B$ が写像かどうか判別しなさい．
> 1. $f(x) = 2x$, $A = B = \mathbb{N}$
> 2. $f(x) = x/2$, $A = \{m \mid m \text{ は偶数}\}$, $B = \{n \mid n \text{ は奇数}\}$
> 3. $f(x) = \sin x$, $A = \mathbb{R}$, $B = [-1, 1]$
> 4. $f = \{(1, X), (2, Y), (3, Z)\}$, $A = \{1, 2, 3\}$, $B = \{X, Y, Z\}$
> 5. $f = \{(1, X), (2, Y)\}$, $A = \{1, 2, 3\}$, $B = \{X, Y, Z\}$
> 6. $f = \{(月曜, バイト), (火曜, サークル), (水曜, フリー), (木曜, サークル), (金曜, 飲み会), (土曜, バイト), (土曜, 飲み会), (日曜, バイト)\}$,
> $A = \{月曜, 火曜, 水曜, 木曜, 金曜, 土曜, 日曜\}$,
> $B = \{バイト, サークル, フリー, 飲み会\}$．

> **解**：1. 定義域内の各要素に対し，値域内の要素が1つだけ対応しているので，写像です．
> 2. $4 \in A$ に対し $f(4) \notin B$ のため，写像ではありません．
> 3, 4. 1. と同様の理由より，写像です．
> 5. $3 \in A$ に対して $f(3)$ が存在しないため，写像ではありません．
> 6. 土曜 $\in A$ に対して $f(土曜)$ が1つに定まらないため，写像ではありません．

以上より，f, A, B が与えられたときに，$f: A \to B$ が関数・写像であるためには，以下の項目が満たされる必要があることがわかります．

・定義域 A のすべての要素 x に対して，$f(x) \in B$ が1つ定まる．

最後に，写像や関数と同等の意味をもつ用語として，作用素，変換などが使用されることも多いことを付記しておきます[4]．

■練習問題 4-1

次の $f: A \to B$ が関数かどうか判定しなさい.
1. $f(x) = x^2$, $A = (0, 1)$, $B = (0, 1)$
2. $f(x) = x^2$, $A = (0, 2)$, $B = (0, 1)$
3. $f(x) = \pm\sqrt{x}$, $A = (0, 2)$, $B = (-2, 2)$
4. $f(x) = \sqrt{x}$, $A = (-1, 1)$, $B = (0, 1)$

■練習問題 4-2

次の $f: A \to B$ が関数かどうかを判定しなさい.
1. $f = \{(1, 2), (2, 3)\}$, $A = \{1, 2, 3\}$, $B = \{1, 2, 3\}$
2. $f = \{(1, 2), (2, 3), (3, 1), (3, 2)\}$, $A = \{1, 2, 3\}$, $B = \{1, 2, 3\}$
3. $f = \{(1, 2), (2, 3), (3, 3)\}$, $A = \{1, 2, 3\}$, $B = \{1, 2, 3\}$
4. 入力された月に対してその月の日数を返す対応関係 f, $A = \{1, 2, \cdots, 12\}$, $B = \{28, 29, 30, 31\}$

■練習問題 4-3

次の関数 $f: A \to B$ に対し, その像 $f(A)$ を求めなさい.
1. $f(x) = \sqrt{x}$, $A = [0, \infty)$, $B = [0, \infty)$
2. 自然数 n で割った余りを返す関数 $f: \mathbb{N} \to \mathbb{Z}$
3. $f = \{(1, 2), (2, 2), (3, 2)\}$, $A = \{1, 2, 3\}$, $B = \{1, 2, 3\}$

---

[4] 関数を関数に移す写像のことを作用素といい, 定義域 A が像 $f(A)$ と同じ数学的構造をもつときに A 上の f を変換ということが多いですが, 本書内ではあまり気にする必要はありません.

§ 4-2 単射

単射は写像の性質を表現する用語です．よって，単射な写像は当然，写像の条件を満たさなければならず，写像の条件を満たさないにもかかわらず単射であるかを議論することに意味はありません．

> **定義 4-2**
>
> **単射**
> 写像 $f: A \to B$ が単射とは，A の任意の要素 $x_1, x_2, x_1 \neq x_2$ に対し，$f(x_1) \neq f(x_2)$ であることをいいます．

ここに，f は写像なので x_1, x_2 は必ずしも数である必要はありません．この式の表すことは定義域内の異なる2つの要素を入力とした場合に，出力が同じ値をとることはない，ということです．この対偶をとれば「$f(x_1) = f(x_2)$ ならば $x_1 = x_2$」であり，出力が同じになるような2つの入力 x_1, x_2 を見てみたら，何のことはない，その2つは同一のものだった，ということです．つまり，出力の値が与えられれば，入力が何であったか一意に定まるということです．このように，入力と出力が1対1の関係にあることから，単射という言葉は **1対1** と置き換えられることも多々あります．また，A, B が有限集合だった場合，単射になるための必要条件として $|A| \leq |B|$ が成り立つことはその性質から明らかです．

グラフによる解釈では値域内の各要素 b に対して $y = b$（直線）を引き，関数 $y = f(x)$ を表すグラフとの交点が高さ1つにおさえられること

に相当します．下図の左が単射，右が単射でない例です．

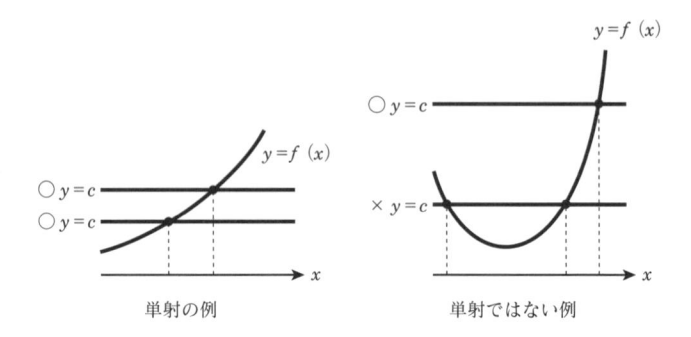

単射の例　　　　　単射ではない例

写像 f が単射の例：

- $f(x) = 2x$, $A = B = \mathbb{R}$
- $f = \{(1, 1), (2, 3), (3, 2)\}$, $A = B = \{1, 2, 3\}$
- $f = \{(x, y) \mid 国名 x \in A \text{ の国番号が } y \in B\}$, $A = $ 国名の集合, $B = $ 国番号の集合

いずれも任意の $x_1, x_2 \in A$, $x_1 \neq x_2$ に対し $f(x_1) \neq f(x_2)$（異なる入力に対し，異なる出力）という，単射の条件を満たしています．

■**練習問題 4-4**

次の $f: A \to B$ が単射かどうかを答えなさい．
1. $f(x) = x^2$, $A = (-1, 1)$, $B = [0, 1)$
2. $f(x) = x^2$, $A = (0, 1)$, $B = (0, 2)$
3. $f(x) = x^2$, $A = (-2, 0)$, $B = (-1, 3)$

§4-3 全射

前節の単射同様，全射も写像の性質を表します．先に示したように，写像 $f: A \to B$ に対し，像 $f(A)$ は B の部分集合です．

> **定義 4-3　全射**
> $f(A) = B$ が成立するとき，f を**全射**といいます．

つまり全射でない写像には，A 内のどの入力 x をもってしても $y = f(x)$ となりえない $y \in B$ が存在しますが，全射な写像は，どの $y \in B$ をとっても出力が y となるような入力 $x \in A$ が少なくとも1つ存在することを意味します．いい方を変えれば，受け皿には少しの隙間もないこととなり，全射な写像は**上への写像**とも呼ばれます．写像は，定義域内のすべての要素に対して対応する値域内の要素を順序対として保証しますが，一方で値域内の要素に対してはそれを要求していません．全射はそれを保証するものであり，これによって，定義域内かつ値域内のすべての要素に"対応するペアリング"が用意されることになったわけです．また，A, B が有限集合だった場合，全射になるための必要条件は $|A| \geq |B|$ です．

グラフによる解釈では，値域内の各要素 b に対して直線 $y = b$ を引き，関数 $y = f(x)$ を表すグラフとの交点が常に少なくとも1つあることに相当します．図の左が全射，右が全射ではない例です．値域を $B = [b_1, b_2]$ ($b_1 < b_2$) としています．

全射の例　　　　　　　　　　全射ではない例

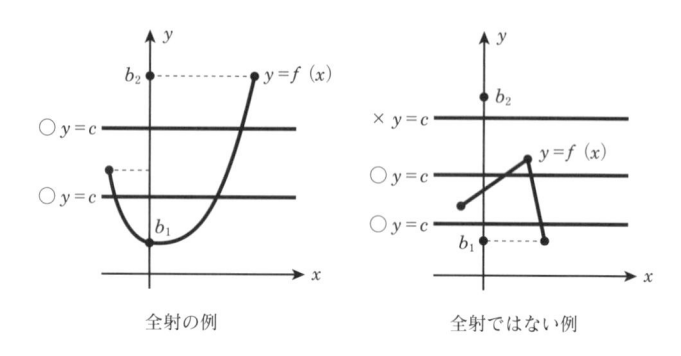

写像 f が全射の例：

- $f = \{(x, y) | x \in A,$ 円周率 π の小数点第 x 位の数 $y \in B\}$, $A = \mathbb{N}$, $B = \{0, \cdots, 9\}$
- $f = \{(x, y) | x \in A,$ x 月の日数 $y \in B\}$, $A = \{1, 3, 4, 5, 6, 7, 8, 9, 10, 11, 12\}$, $B = \{30, 31\}$

いずれも $f(A) = B$ という，全射の条件を満たしています．

■練習問題 4-5

次の $f : A \to B$ が全射かどうかを答えなさい．

1. $f = \{(x, y) | x \in A, \dfrac{2}{7}$ の小数点第 x 位の数 $y \in B\}$, $A = \mathbb{N}$, $B = \{0, 1, 2, \cdots, 9\}$
2. $f = \{(x, y) | x \in A, x$ を自然数 n で割った余り $y \in B\}$, $A = \mathbb{Z}$, $B = \{0, 1, \cdots, n\}$

§ 4-4 全単射

f が前2節で定義した，単射および全射の条件を満たすとき，f を全単射と呼びます[5].

定義 4-4

全単射
写像 $f: A \to B$ が単射であり，かつ全射である場合に，f は**全単射**であるといいます．

グラフによる解釈では，単射ならびに全射の節（§4.2 および §4.3）の説明からわかるように値域内のすべての要素 b に対して，$y = b$ と $y = f(x)$ のグラフがちょうど1回だけ交わることに相当します．

それでは全単射の特徴を見てみましょう．

対応関係 f，定義域 A，値域 B の3つの組が写像かどうかは，前述のように，

・定義域 A のすべての要素 x に対して，$f(x) \in B$ が1つ定まるか

で判定されます．いま，仮に $f: A \to B$ が全単射であったときに，入力と出力を入れ替えてみましょう．f の逆向きの対応関係を g とすると，つま

---

[5] §1-4①（自然数の濃度，p.21）に，同じ濃度をもつ集合とは「もれなく1対1で対応付けることができる」こととありますが，まさにここで定義した全単射のことです．

り $g: B \to A$ が写像になるかどうかを調べるわけです．すると

・定義域 B のすべての要素 y に対して，$g(y) \in A$ が1つ定まるか

となりますが，これは f が全単射であったことにより成立することになります．なぜならば，f が全射であることですべての要素 y に対して対応する A の要素 x の存在が，単射であることで $g(y)$ が唯一定まることが保証されます．

以上より，$g: B \to A$ も写像となることが保証され，このとき f は**可逆**であるといいます．また，g を逆写像（関数の場合は逆関数）といい，通常 $f^{-1} = g$ と表します．同時に g もまた可逆であり，さらに全単射であることが示されます．

> **定理 4-1　写像の可逆性**
>
> 写像 $f: A \to B$ が全単射であるとき，f は可逆であり，逆写像（逆関数）を $g = f^{-1}$ とすれば，写像 $g: B \to A$ もまた全単射であり，可逆です．

このように，写像が全単射である場合，逆写像が定義され，元の写像 f と逆写像 f^{-1} が対等の性質をもつことが最大の特徴となります．加えて，A, B が有限集合だった場合，全単射となるための必要条件は，前述の単射そして全射が成立するための必要条件より，$|A| = |B|$ です．

> **定理 4-2　有限集合，単射と全単射に関する定理**
>
> A が有限集合のとき，写像 $f: A \to A$ が単射であるならば，f は全単射です．

証明 $f: A \to A$ は単射であるから，$|f(A)| = |A|$ となる．また f は写像であるから $f(A) \subset A$ でなければならず，これを満たすには $f(A) = A$ でなければならない．つまり f は全射です．ゆえに，f は全単射となります． □

また同様に次も成立することが知られています．

定理 4-3 有限集合，全射と全単射に関する定理
A が有限集合のとき，写像 $f: A \to A$ が全射であるならば，f は全単射です．

証明 f は全射であるから，$f(A) = A$，つまり $|A| = |f(A)|$．いま，f が単射でないとき，ある異なる $x_1, x_2 \in A$ に対して $f(x_1) = f(x_2) \in f(A)$ が成り立つことになる．さらに f が写像であることを考えれば，$|f(A)|$ は $|A|$ より小さい値をとることになり，矛盾が生じます． □

例題 4-2：$\mathbb{Z}$ から $\mathbb{Z}$ への写像 f を考えるとき次の f について，単射，全射，全単射，またはどれでもない写像か，答えなさい．
 1. $f(n) = -n$ 2. $f(n) = 2n$ 3. $f(n) = n^2$

解：1. $n_1 \neq n_2$ のとき $f(n_1) = -n_1 \neq -n_2 = f(n_2)$ なので単射です．また，$f(\mathbb{Z}) = \mathbb{Z}$ ですから，全射の性質も満たし，よって全単射であることがわかります．

2. $n_1 \neq n_2$ のとき $f(n_1) = 2n_1 \neq 2n_2 = f(n_2)$ なので単射です．しかし，$f(\mathbb{Z})$ は偶数の集合になりますから，全射ではありません．よって単射です．

3. $n_1 \neq n_2$ だったとしても，$|n_1| = |n_2|$ であれば $f(n_1) = f(n_2)$ が成立してしまいます．よって単射ではありません．また，例えば $2 \in \mathbb{Z}$ ですが $f(n) = 2$ を満たす $n \in \mathbb{Z}$ は存在しません．よって全射でもありません．以上より，単射，全射どちらでもない写像です．

■練習問題 4-6

次の関係集合 f に対し，順序対の追加や削除を行うことで $f: A \to B$ が全単射になるようにしなさい．

1. $f = \{(1, a), (2, b)\}$, $A = \{1, 2, 3\}$, $B = \{a, b, c\}$
2. $f = \{(1, a), (2, b), (3, a), (3, c)\}$, $A = \{1, 2, 3\}$, $B = \{a, b, c\}$
3. $f = \{(1, a), (2, b), (3, b)\}$, $A = \{1, 2, 3\}$, $B = \{a, b, c\}$

■練習問題 4-7

次の関数 $f: \mathbb{R} \to \mathbb{R}$ が，単射，全射，全単射のいずれの性質を有するか答えなさい．また，その理由も示しなさい．

(1) $f(x) = x^2$　　(2) $f(x) = 2^x$
(3) $f(x) = x^3 - x$　　(4) $f(x) = x^3$

§4-5 いろいろな関数・写像

この節では，特徴ある関数・写像について紹介します．その多くは，定義域そして値域が数の集合であることを前提とした特徴となるため，一般には関数と呼ばれます（恒等写像を除く）．

1 恒等写像

定義 4-5　恒等写像
定義域，値域が共に集合 A のとき，任意の $x \in A$ に対して $f(x)=x$ となる写像を**恒等写像**と呼び，id_A と書きます．

入力と出力が一致するため，オウム返しのような写像です．id_A は明らかに単射かつ全射となるため，逆写像が存在し，それもまた恒等写像となります．

2 単調関数

> **定義 4-6** 単調増加関数
> $f: A \to B$ が与えられたとき，任意の $x_1, x_2 \in A$，$x_1 < x_2$ に対し $f(x_1) < f(x_2)$ が成立する場合，f を**単調増加関数**（または狭義の単調増加関数）といいます．

また，$<$ を $\leq$ に置き換えた場合（つまり $f(x_1) \leq f(x_2)$）を広義の単調増加関数ということもあります．

> **定義 4-7** 単調減少関数
> 同様にして，任意の $x_1 < x_2 \,(x_1, x_2 \in A)$ の組合せに対し $f(x_1) > f(x_2)$ が成立する場合，f を**単調減少関数**（または狭義の単調減少関数）といいます．

$>$ を $\geq$ に置き換えた場合を広義の単調減少関数ということもあります．単調増加関数と単調減少関数を合わせて**単調関数**といいます．

狭義の単調関数は明らかに単射です．よって全射ならば，狭義の単調関数は逆関数をもつことになります．

■練習問題 4-8

次に定義する関数の中で，以下の 1, 2 に該当するものをすべて選びなさい．なお，$\lfloor x \rfloor$ は床関数と呼ばれており，実数 x に対して x 以下の最大

の整数として定義されます．

$f_1(x)=1$, $f_2(x)=x^2$, $f_3(x)=x^5$, $f_4(x)=2^x$, $f_5(x)=\log x$, $f_6(x)=1/x$, $f_7(x)=\lfloor x \rfloor$, $f_8=\{(1,2), (2,2), (3,3)\}$, $f_9=\{(1,2), (2,3), (3,4)\}$．

1. 狭義の単調関数　　2. 広義の単調関数

3 偶関数と奇関数

定義 4-8

偶関数と奇関数

$f: A \to B$ が与えられ，任意の $x \in A$ に対して $f(-x)=f(x)$ が成立するとき，f を**偶関数**といいます．同様に $f(-x)=-f(x)$ が成立するとき，f を**奇関数**といいます．

偶関数は単射にはなりえませんし，狭義の単調関数でもありません．これは §4-5②の「単調関数は単射である」の対偶をとってもわかります．

例題 4-3：次の関数が偶関数か奇関数かを判別しなさい．
1. $f(x)=x^2$　2. $f(x)=\sin x$　3. $f(x)=|x|+\cos x$
4. $f=\{(1,2), (-1,-2)\}: \{1,-1\} \to \{2,-2\}$

解：1. $f(x)=x^2$ は常に $f(-x)=(-x)^2=x^2=f(x)$ が成り立つので偶関数です．
2. $f(x)=\sin x$ は常に $f(-x)=\sin(-x)=-\sin x=-f(x)$ が成り立つので奇関数です．
3. $f(x)=|x|+\cos x$ は常に $f(-x)=|-x|+\cos(-x)=|x|+\cos x=f(x)$ が成り立つので偶関数です．
4. $f=\{(1,2), (-1,-2)\}: \{1,-1\} \to \{2,-2\}$ は $f(1)=2=$

$-(-2) = -f(-1)$，逆に $f(-1) = -f(1)$ より奇関数です．

■練習問題 4-9

次の関数は偶関数か奇関数か，またはどちらでもないか判別しなさい．
1. $f(x) = \tan x$
2. $f = \{(1, 2), (-1, 2), (2, 1), (-2, 1), (0, 0)\} : A = \{-2, -1, 0, 1, 2\} \to A$
3. $f(x) = \text{sign}(x)$

$$\left(\text{ここに } \text{sign}(x) \text{ は符号関数 } \text{sign}(x) = \begin{cases} 1 & (x \geq 0 \text{ のとき}) \\ -1 & (x < 0 \text{ のとき}) \end{cases} \right)$$

4 周期関数

定義 4-9 周期関数

$f : A \to B$ に対し，ある定数 $a \neq 0$ が与えられ，任意の $x \in A$ に対して $f(x+a) = f(x)$ が成立するとき，f を**周期関数**といい，また a を**周期**といいます．

周期関数は単射にはなりえません．これは，定数 $a \neq 0$ に対し，$x \neq x+a$ が成立しますが，そのときに $f(x+a) = f(x)$ を満たすこととなり，単射の定義に反することから示すことができます．

| §4-5 |　　　　　　　　　　　　　　　　　　　　　　　　いろいろな関数・写像

周期関数の例：

- 正弦関数 $f(x) = \sin x$ は任意の $x \in \mathbb{R}$ に対して $f(x+2\pi) = f(x)$ が成立するため，周期関数で，周期は 2π です．
- 定数関数 $f(x) = c$（c は定数）は任意の $a \in \mathbb{R}$, $a \neq 0$ に対して $f(x+a) = f(x)$ が成立するため，周期関数といえます．

例題 4-4：次の周期関数の周期を求めなさい．
1. 偶数ならば 0，奇数ならば 1 を返す関数 $f: \mathbb{Z} \to \{0, 1\}$
2. 自然数 n で割った余りを返す関数 $f: \mathbb{Z} \to \{m | m \in \mathbb{Z}, 0 \leq m < n\}$

解：1. $x \in \mathbb{Z}$ に対して $f(x+2) = f(x)$ が成立するため，周期は 0 以外の偶数です．
2. $x \in \mathbb{Z}$ に対して $f(x+n) = f(x)$ が成立するため，周期は 0 以外の n の倍数です．

⑤ 逆三角関数

　前述したように，$y = \sin x$ は周期関数であり，つまり単射にはなりえないため，当然，逆関数をもちません．これは，$\cos x$, $\tan x = \sin x / \cos x$, $\operatorname{cosec} x = 1/\sin x$, $\sec x = 1/\cos x$, $\cot x = 1/\tan x$ についても同様にいえることです．それでは標題の逆三角関数とはどういうことでしょう？　これは三角関数の逆関数ということなのではないでしょうか？逆関数をもつということは単射，かつ全射でなければなりません．
　すでに何度も繰り返し述べているように，関数は f, A, B の 3 つの組

で決まります．つまり，A や B に適宜制限を加えることで，例えば周期性をなくし，単射の性質をもたせることも可能になるということです．

具体的に逆正弦関数（正弦関数の逆関数）を求めてみましょう．まずは関数 $y = \sin x$ は図 4.1 の通りです．その逆関数ですから，x と y の役割を逆転させて，図 4.2(a) のようになります．いま，単射の性質をもたせるためには，$y = \sin x$ の定義域を $[(2n-1)\pi/2, (2n+1)\pi/2]$（ただし，$n$ を整数とする）ととれば良いことがわかります．そこで，仮に $n = 0$ とした $[-\pi/2, \pi/2]$ として，あとは値域を $[-1, 1]$ とすれば，単射，かつ全射が成り立つ，つまり逆関数をもつことになります．これを $y = \sin^{-1} x$，または $y = \arcsin x$ などと表記します．

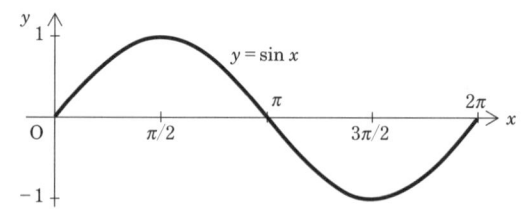

図 4.1：$y = \sin x$ のグラフ

同様にして，$y = \cos x$，$y = \tan x$ についても逆関数を求めることができ，それぞれ $y = \cos^{-1} x$，$y = \tan^{-1} x$ と表記されます[6]（図 4.2(b)，図 4.2(c)）．なお，定義域 A と値域 B はそれぞれ次のようになります．

- $y = \cos^{-1} x : A = [-1, 1],\ B = [0, \pi]$
- $y = \tan^{-1} x : A = (-\infty, \infty),\ B = (-\pi/2, \pi/2)$

このように，定義域，値域を変化させることで逆関数をもたせることは，離散的な定義域，値域をもつような関数にも適用が可能です．

---

[6] arcsin 同様，それぞれ $y = \arccos x$，$y = \arctan x$ とも書くことがあります．

逆三角関数の例：

- $\sin^{-1} 0 = 0$, $\cos^{-1} 0 = \pi/2$, $\tan^{-1} 1 = \pi/4$

■練習問題 4-10

次の関数 $f : A \to B$ の像 $f(A)$ を求めなさい．

1. $f(x) = \sin^{-1} x$, $A = \{-1, 0, 1\}$, $B = [-\pi/2, \pi/2]$
2. $f(x) = \cos^{-1} x$, $A = \{-1, -1/2, 0, 1/2, 1\}$, $B = [0, \pi]$

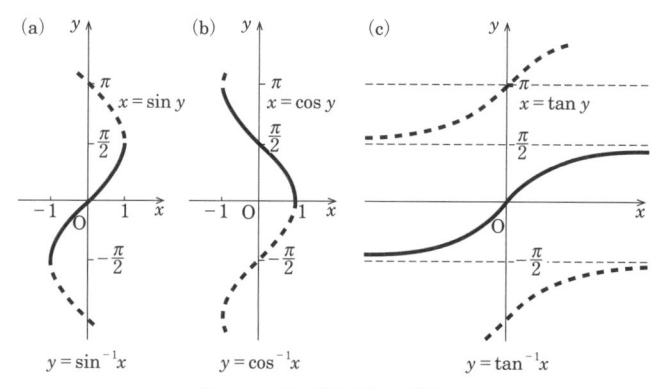

図 4.2：逆三角関数のグラフ

4-6 関数・写像の合成

　写像 $f: A \to B$ と写像 $g: B \to C$ を考えましょう．ここに両者は写像ですから，前述の写像の条件をすべて満たしていることになります．今，f の値域と g の定義域は共に B となっているため，f の出力をそのまま g の入力にすることは可能です．これを f と g の合成と呼び，$g \cdot f$ と書いたり単に gf と書いたりします．またこの写像 $g \cdot f$ を合成写像と呼びます．つまり $x \in A$ に対し $(g \cdot f)(x) = g(f(x))$ ということになります．また，この合成写像 $g \cdot f$ は定義域が A，値域が C となりますから，$g \cdot f: A \to C$ と表記されます．

■練習問題 4-11

　次の図 4.3 の各図は定義域と値域がともに $\{1, 2, 3\}$ であるような関数 f, g, h を表しています．このとき，次の合成関数を求めなさい．

1. $f \cdot g$　　2. $h \cdot h$　　3. $f \cdot g \cdot h$

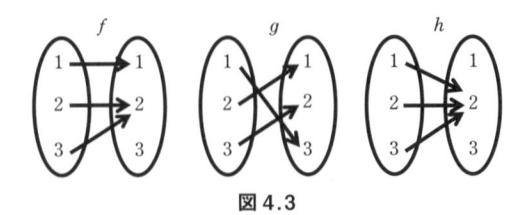

図 4.3

第4章の章末問題

1. $A = \{1, 2, 3\}$ とするとき,次の各関係 f が A から A への関数かどうか判定しなさい.
   (1) $f_1 = \{(1, 2), (2, 3), (3, 1)\}$
   (2) $f_2 = \{(1, 2), (1, 3), (3, 1)\}$
   (3) $f_3 = \{(1, 2), (2, 3), (2, 3), (3, 1)\}$

2. 対応関係 f がそれぞれ下の図で示され,また定義域 A, 値域 B を次のように定義するとき, f が関数か,(関数ならば)単射か,全射か,全単射か,判定しなさい.
   (1) $f =$ 図 4.4(i) の対応関係, $A = B = \mathbb{R}$
   (2) $f =$ 図 4.4(i) の対応関係, $A = (-1, 1)$, $B = \mathbb{R}$
   (3) $f =$ 図 4.4(ii) の対応関係, $A = [-1, 1]$, $B = \mathbb{R}$
   (4) $f =$ 図 4.4(ii) の対応関係, $A = \{-1, 1\}$, $B = \{0\}$
   (5) $f =$ 図 4.4(iii) の対応関係, $A = [-1, 1]$, $B = [0, 1)$
   (6) $f =$ 図 4.4(iii) の対応関係, $A = [0, 1]$, $B = [0, 1]$
   (7) $f =$ 図 4.4(iii) の対応関係, $A = \{0\}$, $B = \mathbb{R}$

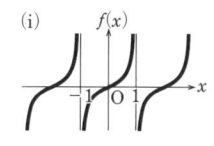

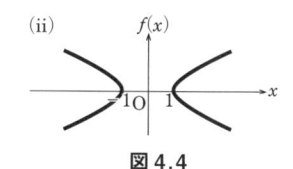

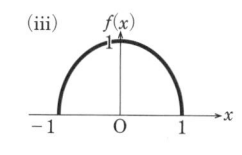

図 4.4

3. $f : A \to B$ とするとき, $f(x)$, A, B の3つの組合せ $(f(x), A, B)$ がそれぞれが関数か,(関数ならば)単射か,全射か,全単射か,判定しなさい.
   (1) $(x^2, (-1, 1), [0, 1))$ (2) $(\sqrt{x}, [0, 1], [0, 1])$

(3) $(\log x, [-1, 1], [0, \infty))$ (4) $(e^x, (0, 1), (-e, e))$
(5) $(x^2, [-1, 1], (-\infty, \infty))$ (6) $(\sqrt{x}, [0, 2], [0, 1])$

4. $f = \{(1, 2), (2, 1), (3, 3)\}$ とするとき，$A = \{1, 2\}$，$B = \{1, 2, 3\}$，$C = \{1, 2, 3, 4\}$ とすると，次は関数か，関数ならば単射か，全射か，全単射か，判定しなさい．

(1) $f : A \to C$ (2) $f : B \to A$ (3) $f : B \to B$
(4) $f : B \to C$ (5) $f : C \to B$

5. 次の図 4.5 より，f, g, h がそれぞれ全単射か，単射か，全射か，いずれの性質ももたない関数か，そもそも関数ではないのか，判定しなさい．

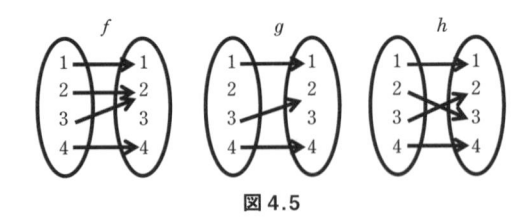

図 4.5

6. 自然数 m, n, k に対し，$A_m = \{l \mid l$ は m 以下の自然数$\}$，$B_n = \{0, 1, 2, \cdots, n-1\}$，$f_k(x) = |x - k|$ とするとき，$f_k : A_m \to B_n$ がそれぞれ全単射か，単射か，全射か，いずれの性質ももたない関数か，そもそも関数ではないのか，判定しなさい．

(1) $f_3 : A_5 \to B_3$ (2) $f_5 : A_5 \to B_3$ (3) $f_m : A_m \to B_n$

7. $A = \{1, 2, 3\}$，$B = \{x, y\}$ に対し，次の問いに答えなさい．
(1) A から B への写像はいくつ存在しますか．
(2) A から B への単射はいくつ存在しますか．
(3) A から B への全射はいくつ存在しますか．

8. $A = \{1, 2\}$, $B = \{x, y, z\}$ に対し，次の問いに答えなさい．
   (1) A から B への写像はいくつ存在しますか．
   (2) A から B への単射はいくつ存在しますか．
   (3) A から B への全射はいくつ存在しますか．

9. 単射，全射に関し，次を示しなさい．
   (1) 写像 f, g がともに単射であるとき，合成写像 $g \cdot f$ も単射である．
   (2) 写像 f, g がともに全射であるとき，合成写像 $g \cdot f$ も全射である．

10. 逆関数に関して次を示しなさい．
    (1) 関数が狭義の単調，かつ全射のとき，逆関数をもつこと．
    (2) 逆関数をもつ関数は必ずしも単調，かつ全射とは限らないこと（反例を1つ示しなさい）．

11. (1) $|(-\pi/2, \pi/2)| = |\mathbb{R}|$ であることを $f(x) = \tan x$ を用いて示しなさい．
    (2) $|(0, 1)| = |\mathbb{R}|$ であることを示しなさい．

12. 関数 f, g, h を，$f(x) = \log|x|$, $g(x) = e^x$, $h(x) = x^2$ と定義するとき，次の値を求めなさい．
    (1) $(f \cdot g)(1)$ (2) $(g \cdot f \cdot h)(2)$ (3) $(f \cdot h \cdot g)(3)$

第5章

代数

　私たちは算数・数学の授業で，個数を数えるための自然数から始まり整数，有理数，実数そして複素数を学んできました．これらの集合の包含関係は $\mathbb{N} \subset \mathbb{Z} \subset \mathbb{Q} \subset \mathbb{R} \subset \mathbb{C}$ となっています．また，自然数に対して使用した＋，－，×，÷といった演算記号を整数，有理数，実数や複素数だけではなく多項式，行列に対しても拡張して使用してきました．

　この章では，今まで習ってきた数と演算の概念をさらに抽象化して半群，モノイド，群，環，体と呼ばれる代数系として定義し，性質を調べます．情報分野での代数の応用例としては RSA 暗号があげられます．

| 第5章 |　　　　　　　　　　　　　　　　　　　　　　　　　代数

§ 5-1 代数系, 演算

1　演算

　私たちは四則演算＋，－，×，÷を習い，たくさん計算問題を解いてきました．次のように演算は集合に対して定義される用語です．演算を定義するので，この章で扱う集合は空ではないとします．

> **定義 5-1　演算**
> 集合 S に対し，写像 $f: S \times S \to S$ のことを S 上の**演算**といいます．

　演算とは各 $(a, b) \in S \times S$ に対して S の要素 $f((a, b))$ がただ一つ定まる対応関係のことです．$f((a, b))$ は a と b の演算結果です．以降では 2 つの要素に対する演算を

$$(要素)(演算記号)(要素)$$

と並べて書きます．例えば，$S = \mathbb{Z}$ のとき $(a, b) \in \mathbb{Z} \times \mathbb{Z}$ に対して加法＋の演算結果である和 $f((a, b)) = a + b$ を対応させる写像を考えると，$a + b$ はただ 1 つに定まるので，f（つまり＋）は $\mathbb{Z}$ 上の演算です．

　次のように最初の行と列に集合の要素をすべて並べて書き，対応する演

算結果を書いた表を，**演算表**といいます．

+	⋯	b	⋯
⋮		⋮	
a	⋯	$a+b$	⋯
⋮		⋮	

例題 5-1：集合 $\mathbb{Z}_3 = \{[0], [1], [2]\}$ の要素 $[a]$, $[b]$ に対して $[a+b$ を3で割った余り$]$ を演算結果とする加法＋を定義します．同様に，$[a \times b$ を3で割った余り$]$ を演算結果とする乗法×を定義します．つまり，

$$[a]+[b] = [a+b \text{ を3で割った余り}],$$
$$[a] \times [b] = [a \times b \text{ を3で割った余り}].$$

このとき，$\mathbb{Z}_3$ の演算表を作成しなさい．

解：注意をしなければいけないのは $[a]$ と $[b]$ に対して，$a+b$ や $a \times b$ が3を超える $[1]+[2], [2]+[1], [2]+[2], [2] \times [2]$ の場合です．演算表は次のようになります．

+	[0]	[1]	[2]
[0]	[0]	[1]	[2]
[1]	[1]	[2]	[0]
[2]	[2]	[0]	[1]

×	[0]	[1]	[2]
[0]	[0]	[0]	[0]
[1]	[0]	[1]	[2]
[2]	[0]	[2]	[1]

同値関係（p.48, §2-3）より自然数 n を法とした合同は同値関係で，同値類は $[0], [1], \cdots, [n-1]$ の n 個です．同値関係は $\mathbb{Z}$ の分割を与えて，$\mathbb{Z} = [0] \cup [1] \cup \cdots \cup [n-1]$, $[i] \cap [j] = \emptyset$ $(i \neq j, 0 \leq i, j < n)$ となります．ここで，

$$\cdots = [0-n] = \quad [0] \quad = [0+n] = [0+2n] = \cdots,$$
$$\cdots = [1-n] = \quad [1] \quad = [1+n] = [1+2n] = \cdots,$$
$$\vdots$$
$$\cdots = [(n-1)-n] = \quad [n-1] \quad = [(n-1)+n] = [(n-1)+2n] = \cdots$$

に注意します.

$[a]=[a']$, $[b]=[b']$ とすると $a+b \equiv a'+b' \pmod{n}$, $a \times b \equiv a' \times b' \pmod{n}$ より,$[a+b]=[a'+b']$,$[a \times b]=[a' \times b']$ なので $\mathbb{Z}_n = \{[0], [1], \cdots, [n-1]\}$ に加法と乗法を次のように定義できます.

・**加法** $[a]+[b]=[a+b]$ ・**乗法** $[a] \times [b] = [a \times b]$

■練習問題 5-1

$\mathbb{Z}_4$ に対して,加法と乗法の演算表を作成しなさい.

2 代数系

系はシステムのことで,システムは要素どうしが関係しあってまとまった,まとまりのことをいいます.

> **定義 5-2　代数系**
> 演算が定義されている集合を,その演算に関して**代数系**といいます.

演算[1] $\cdot$ に関して代数系の S に対し,p.112 の「演算の定義(定義 5-1)」より,

§5-1

代数系, 演算

$$\forall a, b \in S \rightarrow a \cdot b \in S \quad (5\text{-}1)$$

となります．この（5-1）が成立するとき，S は演算・に関して**閉じてい**るといいます．以降では，演算が乗法×のとき $a \times b$ から×を省略して ab と書いてもよいことにします．例えば，整数の集合 $\mathbb{Z}$ と実数の集合 $\mathbb{R}$ はそれぞれ加法＋に関して閉じています．また，$\mathbb{Z}$ と $\mathbb{R}$ はそれぞれ乗法×に関して閉じています．したがって，次のことが証明できます．

例題 5-2：$\mathbb{C} = \{a+bi \,|\, a, b \in \mathbb{R}\}$（ただし，$i$ は虚数単位で $i^2 = -1$）に注意して，$\mathbb{C}$ は加法＋に関して閉じていること，つまり代数系であることを証明しなさい．

解：任意に $x, y \in \mathbb{C}$ とすると，ある実数 a, b, c, d に対して $x = a+bi$，$y = c+di$ と書けます．よって，$\mathbb{R}$ は＋に関して閉じていることより $a+c, b+d \in \mathbb{R}$ なので $x+y = (a+c)+(b+d)i \in \mathbb{C}$ です．したがって，$\mathbb{C}$ は加法＋に関して閉じています． □

■練習問題 5-2

次を証明しなさい．
1. 有理数の集合 $\mathbb{Q}$ は，加法＋に関して閉じています．
2. 自然数の集合 $\mathbb{N}$ は，減法－に関して閉じていません．

---

[1] 演算記号を・と書いたときは，演算を特定していないときです．乗法×として読み進めて下さい．

3 半群とモノイド

ここでは半群, モノイドと呼ばれる代数系の定義をします.

> **定義 5-3**
> **半群**
> 集合 A は演算 $\cdot$ に関して代数系とします. 次の結合律を満たすとき, A を**半群**といいます.
> **結合律** 任意の $a, b, c \in A$ に対して $(a \cdot b) \cdot c = a \cdot (b \cdot c)$ が成立します.

結合律は演算の順番に関係なく演算結果が等しいことを意味します.

> **定義 5-4**
> **単位元, モノイド**
> 半群 A の要素 e が, 任意の $a \in A$ に対して $a \cdot e = e \cdot a = a$ となるとき, e を**単位元**といいます. 単位元をもつ半群を**モノイド**といいます.

演算が加法 $+$ のとき単位元を 0 と書き, 演算が乗法 $\times$ のとき単位元を 1 と書きます. 例えば, $\mathbb{Z}$ と $\mathbb{R}$ はそれぞれ加法 $+$ に関して 0 を単位元とするモノイドです. また, $\mathbb{Z}$ と $\mathbb{R}$ はそれぞれ乗法 $\times$ に関して 1 を単位元とするモノイドです.

> **定理 5-1**
> **単位元の一意性**
> モノイド A の単位元はただ 1 つ存在します.

§5-1 代数系, 演算

> **証明**
> $e, e' \in A$ を単位元とします。e が単位元なので，単位元の定義（定義5-4）より e' に対して，$e' \cdot e = e'$ です。e' が単位元なので，単位元の定義より e に対して，$e' \cdot e = e$ です。したがって，$e = e'$ なので単位元はただ1つ存在します。 □

それでは，例題を通してモノイドを理解してみましょう．

> **例題 5-3**：集合 X から X への写像の全体を M とします．つまり，$M = \{f | 写像\ f : X \to X\}$ です．M は写像の合成・に関してモノイドであることを証明しなさい．

解：任意に $f, g, h \in M$ とします．写像の合成 $f \cdot g$ は X から X への写像なので $f \cdot g \in M$ です．任意の $x \in X$ に対して，$((f \cdot g) \cdot h)(x) = (f \cdot g)(h(x)) = f(g(h(x))) = f((g \cdot h)(x)) = (f \cdot (g \cdot h))(x)$ なので M は半群です．また，id を X 上の恒等写像とすると $(f \cdot id)(x) = f(id(x)) = f(x) = id(f(x)) = (id \cdot f)(x)$ なので id は半群 M の単位元です．ゆえに，M はモノイドです． □

■練習問題 5-3

次を証明しなさい．
1. 自然数 n に対して $\mathbb{Z}_n$ は乗法に関してモノイドです．
2. $\mathbb{Q}$ は乗法×に関してモノイドです．
3. 半群 A の要素 a, b, c, d に対して，次の等式が成立します．

$$((a \cdot b) \cdot c) \cdot d = (a \cdot (b \cdot c)) \cdot d = a \cdot ((b \cdot c) \cdot d) = a \cdot (b \cdot (c \cdot d)) = (a \cdot b) \cdot (c \cdot d)$$

4. 整数の集合 $\mathbb{Z}$ は減法 − に関して半群ではありません．

§5-2 群

1 群の定義

群は対称性の研究に利用されます．ここでは，基本的な事項を学びます．

> **定義 5-5**
>
> **群**
> 集合 G は演算・に関して代数系とします．次の条件を満たすとき，G を**群**といいます．
> **結合律** 任意の $a, b, c \in G$ に対して $(a \cdot b) \cdot c = a \cdot (b \cdot c)$ が成立します．
> **単位元の存在** G の要素 e で，任意の $a \in G$ に対して $a \cdot e = e \cdot a = a$ となるものが存在します（e を単位元といいます）．
> **逆元の存在** 任意の $a \in G$ に対して $a \cdot a' = a' \cdot a = e$ となる a' が G に存在します（a' を a の**逆元**といいます）．

演算が $+$ のとき a の逆元を $-a$ と書き，演算が $\times$ のとき a の逆元を a^{-1} と書きます．群 G が有限集合のとき G を有限群，群 G が無限集合のとき G は無限群といいます．群 G の濃度 $|G|$ を G の**位数**といいます．

> **定義 5-6**
>
> **アーベル群**
> 群 G が次の交換律を満たすとき，G を**アーベル群**，または**可換群**といいます．
> **交換律** 任意の $a, b \in G$ に対して $a \cdot b = b \cdot a$ が成立します．

　G がアーベル群のとき演算を加法 + で表すことが多く，加法に関してアーベル群のとき G を加法群といいます．

> **定理 5-2**
>
> **逆元の一意性**
> 群 G の各要素の逆元はただ 1 つ存在します．

> **証明**
>
> $a \in G$ とし，$a', a'' \in G$ を a の逆元とします．群の定義（定義 5-5）の逆元の存在より，$a' \cdot a = e$，$a \cdot a'' = e$ なので，
>
> $$a' = a' \cdot e = a' \cdot (a \cdot a'') = (a' \cdot a) \cdot a'' = e \cdot a'' = a''$$
>
> となります．したがって，$a' = a''$ なので a の逆元はただ 1 つ存在します． □

　例えば，$\mathbb{Z}$ と $\mathbb{R}$ は加法に関してアーベル群です．$\mathbb{R} \setminus \{0\}$ は乗法に関してアーベル群です．整数 2 に対して $2 \times a' = a' \times 2 = 1$ となる a' が $\mathbb{Z}$ に存在しないので，$\mathbb{Z}$ は乗法に関して群ではありません．
　このことより，次の命題が証明できます．

例題 5-4：次を証明しなさい．
1. 複素数の集合 $\mathbb{C}$ は加法に関してアーベル群です．
2. $\mathbb{C} \setminus \{0\}$ は乗法に関してアーベル群です．

解：1. p.115 の例題 5-2 より $\mathbb{C}$ は $+$ に関して代数系です．任意に $x, y, z \in \mathbb{C}$ とすると，ある実数 a, b, c, d, e, f に対して $x = a+bi$, $y = c+di$, $z = e+fi$ と書けます．$(x+y)+z = ((a+c)+(b+d)i)+(e+fi) = ((a+c)+e)+((b+d)+f)i = (a+(c+e))+(b+(d+f))i = (a+bi)+((c+e)+(d+f)i) = x+(y+z)$ です．$x+0 = 0+x = x$ なので 0 が単位元です．$x' = (-a)+(-b)i \in \mathbb{C}$ に対し $x+x' = a+(-a)+(b+(-b))i = 0$, $x'+x = (-a+a)+(-b+b)i = 0$ なので x' が x の逆元です．$x+y = (a+c)+(b+d)i = (c+a)+(d+b)i = y+x$ です．したがって，アーベル群の定義の条件を満たすので $\mathbb{C}$ は $+$ に関してアーベル群です．

2. 任意に $x, y, z \in \mathbb{C} \setminus \{0\}$ とすると，ある実数 a, b, c, d, e, f に対して $x = a+bi$, $y = c+di$, $z = e+fi$ ($a^2+b^2 \neq 0$, $c^2+d^2 \neq 0$, $z^2+f^2 \neq 0$) と書けます．$ac-bd, ad+bc \in \mathbb{R}$ であり $(ac-bd)^2+(ad+bc)^2 = (a^2+b^2)(c^2+d^2) \neq 0$ なので $xy = (ac-bd)+(ad+bc)i \in \mathbb{C} \setminus \{0\}$ です．$(xy)z = ((ac-bd)+(ad+bc)i)(e+fi) = (ace-bde-adf-bcf)+(acf-bdf+ade+bce)i$, $x(yz) = (a+bi)((ce-df)+(cf+de)i) = (ace-adf-bcf-bde)+(acf+ade+bce-bdf)i$ なので $(xy)z = x(yz)$ です．また，$1x = 1a+(1b)i = x = a1+(b1)i = x1$ です．

$$x' = \frac{a}{a^2+b^2} + \frac{-b}{a^2+b^2}i$$

とすると $x' \in \mathbb{C} \setminus \{0\}$, $xx' = x'x = 1$ なので，x' が x の逆元です．$xy = (ac-bd)+(ad+bc)i = (ca-db)+(cb+da)i = yx$ です．ゆえに，$\mathbb{C} \setminus \{0\}$ は乗法に関してアーベル群です．

$$\begin{pmatrix} x' \text{ は次のように求めました.} \\ \dfrac{1}{a+bi} = \dfrac{a-bi}{(a+bi)(a-bi)} = \dfrac{a-bi}{a^2+b^2} = \dfrac{a}{a^2+b^2} + \dfrac{-b}{a^2+b^2}i. \end{pmatrix}$$

□

■練習問題 5-4

次を証明しなさい.
1. 自然数 n に対して $\mathbb{Z}_n$ は加法＋に関してアーベル群です.
2. 群 G の要素 a, b に対して $a \cdot b$ の逆元は $b^{-1} \cdot a^{-1}$ です.

2 部分群

OP

$\mathbb{C}, \mathbb{R}, \mathbb{Q}, \mathbb{Z}$ は加法群であり，$\mathbb{C} \supset \mathbb{R} \supset \mathbb{Q} \supset \mathbb{Z}$ となっています．群 G の部分集合で，群となっているものを調べてみましょう．

定義 5-7　部分群

群 G の空ではない部分集合 H が次の条件を満たすとき，H を G の**部分群**といいます.

$$\forall a, b \in H \rightarrow a \cdot b \in H, \tag{5-2}$$
$$\forall a \in H \rightarrow a^{-1} \in H. \tag{5-3}$$

群 G の部分集合 $\{e\}, G$ はそれぞれ，部分群の定義を満たすので G の部分群です．$\{e\}, G$ を G の自明な部分群といいます．

例題 5-5：群 G の部分群 H は群であること，またアーベル群 G の部分群 H はアーベル群であることを示しなさい．

解：群の定義（p.119，定義 5-5）の条件を満たすことを示します．（5-2）より，H は代数系です．任意に $a, b, c \in H$ とすると $H \subset G$ なので $a, b, c \in G$ より $(a \cdot b) \cdot c = a \cdot (b \cdot c)$ です．任意に $a \in H$ とすると（5-3）より $a^{-1} \in H$ です．よって，（5-2）より $a \cdot a^{-1} \in H$ なので $e \in H$ です．逆元の存在は，（5-3）そのものです．ゆえに，H は群です．また，G がアーベル群のとき，任意に $a, b \in H$ とすると $H \subset G$ なので $a, b \in G$ より $a \cdot b = b \cdot a$ です．ゆえに，H はアーベル群です． □

それでは，具体例を通してさらに理解を深めましょう．

例題 5-6：次を証明しなさい．
　　　1. $\mathbb{C}$ は加法 + に関してアーベル群です．このとき，$\mathbb{R}$ は $\mathbb{C}$ の部分群です．
　　　2. $\mathbb{C}\backslash\{0\}$ は乗法 × に関してアーベル群です．このとき，$\mathbb{Q}\backslash\{0\}$ は $\mathbb{C}\backslash\{0\}$ の部分群です．

解：1. 任意に $a, b \in \mathbb{R}$ とすると $a+b, -a \in \mathbb{R}$ なので部分群の定義（定義 5-7）より，$\mathbb{R}$ は部分群です．
2. 任意に $x, y \in \mathbb{Q}\backslash\{0\}$ とすると，ある $m, n, m', n' \in \mathbb{Z}\backslash\{0\}$ に対して $x = \dfrac{m}{n}$, $y = \dfrac{m'}{n'}$ と書けます．$mm', nn' \in \mathbb{Z}\backslash\{0\}$ なので

$xy = \dfrac{mm'}{nn'} \in \mathbb{Q}\backslash\{0\}$ です.$x' = \dfrac{n}{m}$ とすると $x' \in \mathbb{Q}\backslash\{0\}, xx' = \dfrac{m}{n}\dfrac{n}{m}$

$= 1 = \dfrac{n}{m}\dfrac{m}{n} = x'x$ なので x' は x の逆元です.ゆえに $\mathbb{Q}\backslash\{0\}$ は部分群です. □

■練習問題 5-5

1. $\mathbb{C}$ は加法 + に対してアーベル群です.このとき,$\mathbb{Q}$ が $\mathbb{C}$ の部分群であることを示しなさい.
2. 加法群 $\mathbb{Z}_4$ の部分集合 $H = \{[0], [2]\}$ が部分群であることを示しなさい.
3. 乗法に関して群である $\mathbb{C}\backslash\{0\}$ の部分集合 $G = \{\alpha | \alpha \in \mathbb{C}, \alpha^8 = 1\}$ が部分群であることを示しなさい.
4. 位数 8 の有限群 $G = \{\alpha | \alpha \in \mathbb{C}, \alpha^8 = 1\}$ の部分群をすべて求めなさい.

3 巡回群

群 G の演算を・とします.群 G の要素 a と自然数 n に対して,$\underbrace{a \cdot a \cdots\cdot a}_{n 個}$

を a^n と書き,$-n$ に対しては a の逆元 a^{-1} について $a^{-n} = \underbrace{a^{-1} \cdot a^{-1} \cdots\cdot a^{-1}}_{n 個}$ とします.整数 m, n に対して,次の指数法則が成立します.

$$a^m \cdot a^n = a^{m+n}, \ (a^m)^n = a^{mn}, \ a^0 = e. \qquad (5\text{-}4)$$

> **例題 5-7**：群 G の要素 a と整数 n に対して $(a^n)^{-1} = a^{-n}$ を示しなさい（つまり，a^n の逆元は a^{-n} です）．
>
> **解**：$a^n a^{-n} = a^{n-n} = a^0 = e$ なので $(a^n)^{-1} = a^{-n}$ です． □

　群 G の要素 a を含む最小の部分群 H を求めます．H は演算で閉じている（p.115, 式 (5-1)）ことより $a \in H$ なので $a \cdot a \in H$ となり，繰り返すと $a^3, a^4, \cdots \in H$ です．H は単位元と逆元も含み，$a^0, a^{-1}, a^{-2}, \cdots \in H$ なので $H = \{a^n | n \in \mathbb{Z}\}$ と予想できます．このとき，$H = \{a^n | n \in \mathbb{Z}\}$ は G の部分群となります．なぜならば，任意に $x, y \in H$ とすると，ある整数 m, n に対して $x = a^m, y = a^n$ と書けます．$m + n \in \mathbb{Z}$ なので，式 (5-4) より $x \cdot y = a^m \cdot a^n = a^{m+n} \in H$ です．$-m \in \mathbb{Z}$ なので，例題 5-7 より $x^{-1} = a^{-m} \in H$ です．したがって，部分群の定義（p.122, 定義 5-7）より H は G の部分群です．a を含む G の部分群は H を含むので，H は a を含む最小の部分群です．

　次のように，群 G のすべての要素が 1 つの要素のべき乗になっている場合を考えてみます．

> **定義 5-8**
>
> **巡回群**
>
> 群 G は，ある $g \in G$ に対して $G = \{g^n | n \in \mathbb{Z}\}$ となるとき**巡回群**といい，$\langle g \rangle$ と書きます．このとき，G は g で**生成される**，g は G の**生成元**といいます．

　それでは，具体例を通して理解を深めましょう．

例題 5-8：方程式 $x^3-1=0$ の虚数解の 1 つを ω とすると，$\omega^3=1$ です．このとき，$\langle\omega\rangle=\{1, \omega, \omega^2\}$ を示しなさい．

解：巡回群の定義（定義 5-8）より $\langle\omega\rangle=\{\omega^n|n\in\mathbb{Z}\}$ です．このとき，$\langle\omega\rangle=\{1, \omega, \omega^2\}$ を示します．$\mathbb{Z}\supset\{0, 1, 2\}$ より $\langle\omega\rangle\supset\{1, \omega, \omega^2\}$ が成り立ちます．任意に $a\in\langle\omega\rangle$ とすると，ある整数 $n\in\mathbb{Z}$ に対して $a=\omega^n$ と書けます．$n=3q+r$，$0\leq r<3$ を満たす整数 q, r が存在します．すると，$a=\omega^n=(\omega^3)^q\omega^r=\omega^r\in\{1, \omega, \omega^2\}$ です．ゆえに，$\langle\omega\rangle\subset\{1, \omega, \omega^2\}$ です．ゆえに，$\langle\omega\rangle=\{1, \omega, \omega^2\}$ です．□

■練習問題 5-6

群 $G=\{\alpha|\alpha\in\mathbb{C}, \alpha^8=1\}$ の部分群が巡回群であることを示しなさい．

❹ 置換

有限集合 X 上の全単射 $f: X\to X$ を X 上の**置換**といい，X 上の置換全体の集合を S^X とします．このとき，S^X を X 上の**対称群**といいます．そして，$X=\{1, 2, \cdots, n\}, f(1)=i_1, f(2)=i_2, \cdots, f(n)=i_n$ のとき f を次のように書きます（列の並びは変えても対応関係は変わりませんので，列の並びは変えてもよいです）．

$$f=\begin{pmatrix} 1 & 2 & \cdots & n \\ i_1 & i_2 & \cdots & i_n \end{pmatrix}$$

すると，f は全単射なので，$(i_1, i_2, \cdots, i_n)$ は $1, 2, \cdots, n$ の順列です．$X=\{1, 2, \cdots, n\}$ 上の置換 $f, g\in S^X$ に対して，演算を $f\circ g=g\cdot f$

（。は関係の合成，・は写像の合成です．）と定義すると S^X は群となります．なぜならば，4章の章末問題より $f \circ g$ は全単射なので $f \circ g \in S^X$ となり，S^X は代数系です．結合律と単位元の存在は p.117 の例題 5-3 で示しました．なお，恒等写像 $id_X = \begin{pmatrix} 1 & 2 & \cdots & n \\ 1 & 2 & \cdots & n \end{pmatrix}$ が単位元です．また，f の逆写像 $f^{-1} = \begin{pmatrix} i_1 & i_2 & \cdots & i_n \\ 1 & 2 & \cdots & n \end{pmatrix}$ が f の逆元です．

例題 5-9：置換の積 $\begin{pmatrix} 1 & 2 & 3 & 4 \\ 3 & 4 & 1 & 2 \end{pmatrix} \circ \begin{pmatrix} 1 & 2 & 3 & 4 \\ 2 & 1 & 4 & 3 \end{pmatrix}$ を求めなさい．

解：$f = \begin{pmatrix} 1 & 2 & 3 & 4 \\ 3 & 4 & 1 & 2 \end{pmatrix}$, $g = \begin{pmatrix} 1 & 2 & 3 & 4 \\ 2 & 1 & 4 & 3 \end{pmatrix}$ とすると，$f \circ g(1) = g(f(1)) = g(3) = 4$, $f \circ g(2) = g(f(2)) = g(4) = 3$, $f \circ g(3) = g(f(3)) = g(1) = 2$, $f \circ g(4) = g(f(4)) = g(2) = 1$ なので $f \circ g = \begin{pmatrix} 1 & 2 & 3 & 4 \\ 4 & 3 & 2 & 1 \end{pmatrix}$ です．　□

■練習問題 5-7

1. $K = \left\{ \begin{pmatrix} 1 & 2 & 3 & 4 \\ 1 & 2 & 3 & 4 \end{pmatrix}, \begin{pmatrix} 1 & 2 & 3 & 4 \\ 2 & 1 & 4 & 3 \end{pmatrix}, \begin{pmatrix} 1 & 2 & 3 & 4 \\ 3 & 4 & 1 & 2 \end{pmatrix}, \begin{pmatrix} 1 & 2 & 3 & 4 \\ 4 & 3 & 2 & 1 \end{pmatrix} \right\}$ は $S^X(X = \{1, 2, 3, 4\})$ の部分群でアーベル群となることを示しなさい．
2. $X = \{1, 2, 3\}$ のとき，対称群 S^X の要素，位数を求めなさい．
3. $|X| \geq 3$ のとき対称群 S^X がアーベル群ではないことを示しなさい．

5 準同型写像と同型写像

写像は2つの集合間の対応関係です．ここでは，群という性質を保つ写像を考えてみます．

> **定義 5-9　準同型写像**
>
> 群 G, G' の演算をそれぞれ $\cdot$, $*$ とします．次の条件を満たすとき写像 $f: G \to G'$ を**準同型写像**といいます．
>
> $$\forall a, b \in G \to f(a \cdot b) = f(a) * f(b)$$
>
> 特に，写像 f が全単射のとき f を**同型写像**といいます．

群 G から群 G' への同型写像 f が存在すると，$f(a \cdot b) = f(a) * f(b)$ なので，演算表は

G	a	b	$\cdots$	x	$\cdots$
a	$a \cdot a$	$a \cdot b$	$\cdots$	$a \cdot x$	$\cdots$
b	$b \cdot a$	$b \cdot b$	$\cdots$	$b \cdot x$	$\cdots$
$\vdots$	$\vdots$	$\vdots$		$\vdots$	
x	$x \cdot a$	$x \cdot b$	$\cdots$	$x \cdot x$	$\cdots$
$\vdots$	$\vdots$	$\vdots$		$\vdots$	

G'	$f(a)$	$f(b)$	$\cdots$	$f(x)$	$\cdots$
$f(a)$	$f(a) * f(a)$	$f(a) * f(b)$	$\cdots$	$f(a) * f(x)$	$\cdots$
$f(b)$	$f(b) * f(a)$	$f(b) * f(b)$	$\cdots$	$f(b) * f(x)$	$\cdots$
$\vdots$	$\vdots$	$\vdots$		$\vdots$	
$f(x)$	$f(x) * f(a)$	$f(x) * f(b)$	$\cdots$	$f(x) * f(x)$	$\cdots$
$\vdots$	$\vdots$	$\vdots$		$\vdots$	

となり，演算表が本質的に同じということがわかります．つまり，2つの群の間に同型写像が存在するということは，要素の表示が違うだけで群としては同じ構造をもつことを意味します．

定理 5-3 準同型写像の性質

群 G, G' の演算をそれぞれ $\cdot$, $*$ とし, $f: G \to G'$ を準同型写像とします．

1. e, e' をそれぞれ G, G' の単位元とすると $f(e) = e'$ です．
2. 任意の $a \in G$ に対して $f(a)^{-1} = f(a^{-1})$ です（つまり, $f(a)$ の逆元は $f(a^{-1})$ です）．
3. $\{a \in G \mid f(a) = e'\} = \{e\}$ ならば, f は単射です．

証明

1. $e \cdot e = e$ なので準同型写像の定義（定義5-9）より $f(e) * f(e) = f(e \cdot e) = f(e)$ です．両辺に $f(e)^{-1}$ を掛けると, $f(e) = e'$ です．
2. $e = a \cdot a^{-1}$ なので1と準同型写像の定義より $e' = f(e) = f(a \cdot a^{-1}) = f(a) * f(a^{-1})$ です．両辺に $f(a)^{-1}$ を左から掛けると, $f(a)^{-1} = f(a^{-1})$ です．
3. $a, b \in G$, $f(a) = f(b)$ とします．両辺に $f(b)^{-1}$ を右から掛けると $f(a) * f(b)^{-1} = e'$ なので2と準同型写像の定義より $f(a \cdot b^{-1}) = e'$ です．よって, $a \cdot b^{-1} \in \{a \in G \mid f(a) = e'\} = \{e\}$ より $a \cdot b^{-1} = e$ なので $a = b$ です．ゆえに, f は単射です． □

■練習問題 5-8

1. 加法群 $\mathbb{Z}_3 = \{[0], [1], [2]\}$ と p.126 の例題5-8 の $\langle \omega \rangle = \{1, \omega, \omega^2\}$ に対して, 写像 $f: \mathbb{Z}_3 \to \langle \omega \rangle$, $f([x]) = \omega^x$ が同型写像であることを示しなさい．

2. f は加法群 $\mathbb{Z}$ から加法群 $\mathbb{Z}_n$ への写像で $f(m) = [m], m \in \mathbb{Z}_n$ とします．このとき，f は準同型写像であることを示しなさい．

§5-3 環と体

1 環と体

整数，有理数，実数，複素数の集合上では加法+と乗法×の2つの演算が定義されています．これらの性質を抽象化します．

定義 5-10　環

次を満たす代数系 R を**環**といいます．
1. R は加法+に関してアーベル群です（加法に関する単位元を 0 と書き，R の**零元**といいます）．
2. R は乗法×に関して半群です．
3. 0 と異なる 1 で，任意の $a \in R$ に対して $1 \times a = a \times 1 = a$ となるものが存在します（1 を R の**単位元**といいます）．
4. **分配律**　任意に $a, b, c \in R$ とすると $a \times (b+c) = a \times b + a \times c$, $(b+c) \times a = b \times a + c \times a$ が成立します．

さらに，乗法×に関して交換律が成立するとき R を**可換環**といいます．

> **定義 5-11　体**
>
> 環 F が次の条件を満たすとき，F を**体**といいます．
> **乗法に関する逆元の存在**　任意の $a \in F \setminus \{0\}$ に対して $a \times a' = a' \times a = e$ を満たす $a' \in F \setminus \{0\}$ が存在します．
> 　さらに，乗法×に関して交換律が成立するとき F を**可換体**といいます．

　整数の集合 $\mathbb{Z}$ は乗法に関する逆元の存在を満たさないので，体ではなく可換環です．また，有理数，実数，複素数の集合は可換体です．これらの性質を強調して，$\mathbb{Z}$ を**整数環**，$\mathbb{Q}$, $\mathbb{R}$, $\mathbb{C}$ をそれぞれ**有理数体**，**実数体**，**複素数体**といいます．

　次に，有限な環の例をみます．

例題 5-10：自然数 n に対して $\mathbb{Z}_n$ は可換環であることを示しなさい．

解：p.122，練習問題 5-4 より，$\mathbb{Z}_n$ は＋に関してアーベル群です．p.117，練習問題 5-3 より，$\mathbb{Z}_n$ は×に関して半群です．$[1] \in \mathbb{Z}_n$ が単位元です．$[a], [b], [c] \in \mathbb{Z}_n$ とすると，整数に対して分配律，交換律が成立することより $[a] \times ([b]+[c]) = [a] \times [b+c] = [a(b+c)] = [ab+ac] = [ab]+[ac] = [a] \times [b] + [a] \times [c]$, $([b]+[c]) \times [a] = [b+c] \times [a] = [(b+c)a] = [ba+ca] = [ba]+[ca] = [b] \times [a]+[c] \times [a]$, $[a] \times [b] = [ab] = [ba] = [b] \times [a]$ なので，分配律と交換律が成立します．ゆえに，$\mathbb{Z}_n$ は可換環です．　□

■練習問題 5-9

1. $\mathbb{Z}_4$ が体ではないことを示しなさい．
2. $\mathbb{Z}_3$ が可換体であることを示しなさい．
3. $\mathbb{Q}(\sqrt{2}) = \{a + b\sqrt{2} \mid a, b \in \mathbb{Q}\}$ が可換体であることを示しなさい．

2 ユークリッドの互除法（整数）

記述された中で最古のアルゴリズムといわれている，最大公約数を求めるユークリッドの互除法を紹介します．このセクションの最後でユークリッドの互除法を利用して，素数 p に対して $\mathbb{Z}_p \setminus \{0\}$ が乗法に関して群であることを説明します．

$a, b \in \mathbb{Z}$，$b \neq 0$ のとき，ある整数 q, r について $a = q \times b + r$，$0 \leq r < |b|$ となります．q, r をそれぞれ a を b で割ったときの**商**，**余り**といいます．a と b，b と r の最大公約数をそれぞれ d, d' とすると，$d = d'$ となります．なぜならば，d' は b, r の約数なので $a = q \times b + r$ より d' は a の約数です．d は a, b の最大の公約数なので $d' \leq d$ です．一方，d は a, b の約数なので $r = a - q \times b$ より d は r の約数です．d' は b, r の最大約数なので $d \leq d'$ です．以上より，$d = d'$ です．したがって，次の定理が成り立ちます．

> **定理 5-4　最大公約数**
>
> $a, b \in \mathbb{Z}$，$b \neq 0$ とします．$q, r \in \mathbb{Z}$ について $a = q \times b + r$，$0 \leq r < |b|$ とすると a, b の最大公約数と b, r の最大公約数は等しいです．

定理 5-4 を利用して最大公約数を求める方法を $a = 51$，$b = 31$ を例に

して説明します．次のように，余りが0になるまで割る数を余りで割ることを繰り返します．余りの列は単調減少な非負の整数列なので，有限回で余りが0となります．$a=51$，$b=36$のときの余りの列は15, 6, 3, 0となります．

$$51 = 1 \times 36 + 15, \quad 36 = 2 \times 15 + 6, \quad 15 = 2 \times 6 + 3, \quad 6 = 2 \times 3$$

aとbの最大公約数を$\gcd(a, b)$と表すことにします．第1, 2, 3, 4式よりそれぞれ$\gcd(51, 36) = \gcd(36, 15) = \gcd(15, 6) = \gcd(6, 3) = 3$なので3が最大公約数です．最大公約数を求めるこのアルゴリズム（手順）を**ユークリッドの互除法**といいます．

これらの式を，次のように右辺に余りがくるように変形します．

$$51 - 1 \times 36 = 15, \quad 36 - 2 \times 15 = 6, \quad 15 - 2 \times 6 = 3$$

第3式の6に第2式の左辺を代入して，15と36でくくると

$$15 - 2 \times (36 - 2 \times 15) = 5 \times 15 - 2 \times 36 = 3$$

です．この15に第1式の左辺を代入して，36と51でくくると

$$5 \times 15 - 2 \times 36 = 5 \times (51 - 1 \times 36) - 2 \times 36 = 5 \times 51 - 7 \times 36 = 3$$

なので，$5 \times 51 - 7 \times 36 = 3$となります．一般に$a$, bの最大公約数をdとするとき，$xa + yb = d$となる整数x, yを求めることができます．このアルゴリズムを**拡張ユークリッドの互除法**といいます．

拡張ユークリッドの互除法はpを素数とするとき$[a] \in \mathbb{Z}_p \setminus \{[0]\}$の乗法×に関する逆元を求めることに利用できます．なぜならば，a, pの最大公約数が1なので拡張ユークリッドの互除法を用いると$xa + yp = 1$となる整数x, yが求められます．すると，$[x] \times [a] = [xa] = [1 - yp] = [1]$なので$[x]$が$[a]$の逆元です．

■練習問題 5-10

1. p が素数ならば，$\mathbb{Z}_p$ は可換体であることを示しなさい．
2. 可換環 $\mathbb{Z}_5$ の $[0]$ 以外の要素の乗法に関する逆元を求めなさい．

③ ユークリッドの互除法（多項式）OP

1変数多項式 $f(x)$ の最高次数を $f(x)$ の**次数**といい，$\deg(f)$ で表します．最高次の係数が1である多項式を**モニック**な多項式といいます．また，集合 R の要素を係数とする x の多項式の集合を $R[x]$ で表します．

例えば，実数を係数とする x の多項式の集合 $\mathbb{R}[x]$ は次のようになります．

$$\mathbb{R}[x] = \{a_0 + a_1 x + \cdots + a_n x^n | n \in \mathbb{N} \cup \{0\},\ a_0, a_1, \cdots, a_n \in \mathbb{R}\}.$$

$a(x) = a_0 + a_1 x + \cdots + a_m x^m$, $b(x) = b_0 + b_1 x + \cdots + b_n x^n \in \mathbb{R}[x]$ に対して，加法と乗法を次のように定義します．

加法 $\quad a(x) + b(x) = \displaystyle\sum_{k=0}^{l}(a_k + b_k)x^k$

乗法 $\quad a(x)b(x) = \displaystyle\sum_{k=0}^{m+n}\left(\sum_{i+j=k} a_i b_j\right)x^k$

ただし，l は m と n の大きいほうとして，各 $k > m$ に対して $a_k = 0$，各 $k > n$ に対して $b_k = 0$ とします．

すると，$\mathbb{R}[x]$ は環の定義（p.131，定義5-10）を満たすので可換環となります．一般に，R を可換環とすると $R[x]$ は可換環となります．

それでは，$\mathbb{R}[x]$ に対してもユークリッドの互除法が成立することをみます．$f(x), g(x) \in \mathbb{R}[x]$，$g(x) \neq 0$ とします．ある多項式 $q(x), r(x)$ について $f(x) = q(x) \times g(x) + r(x)$，$r(x) = 0$ または $\deg(r) < \deg(g)$ となります．$q(x), r(x)$ をそれぞれ $f(x)$ を $g(x)$ で割ったときの**商**，**余り**と

いいます．整数の場合と同様に $\gcd(f(x), g(x)) = \gcd(g(x), r(x))$ が成立します．ここで，gcd は 2 つの多項式のモニックな最大公約式を表します．

整数のときと同様に，割る式を余りの式で割ることを繰り返します．余りとなる多項式の次数は非負な整数であり単調減少列なので有限回で余りが 0 となります．したがって，1 変数多項式に対してユークリッドの互除法を適用して，最大公約式を求められます．例えば，実数係数の多項式 $x^4 - x^3 + 3x^2 + 5x + 2$ と $x^3 - x^2 - x + 1$ のモニックな最大公約式は次のように求められます．

$$x^4 - x^3 + 3x^2 + 5x + 2 = x \times (x^3 - x^2 - x + 1) - 2x^2 + 4x - 2$$

$$x^3 - x^2 - x + 1 = \left(-\frac{1}{2}x - \frac{1}{2}\right) \times (-2x^2 + 4x - 2) + 0$$

ゆえに，最大公約式 $\gcd(x^4 - x^3 + 3x^2 + 5x + 2, x^3 - x^2 - x + 1)$ は $-2x^2 + 4x - 2$ に $-\frac{1}{2}$ を掛けたモニック多項式 $x^2 - 2x + 1$ です．

■練習問題 5-11

1. $\mathbb{Z}_3$ の要素を係数とする多項式 $f(x) = [1]x^2 + [1]x + [1]$, $g(x) = [1]x + [2]$ に対して，$f(x) + g(x)$, $f(x) \times g(x)$ と $f(x)$ を $g(x)$ で割った商，余りを求めなさい．
2. n 次多項式 $f(x)$ は，任意の $n-1$ 次以下の多項式 $g(x)$, $h(x)$ に対して $f(x) = g(x)h(x)$ とならないときに，**既約多項式**といいます．このとき，$\mathbb{Z}_3$ の要素を係数とする 2 次のモニックな既約多項式をすべて求めなさい．
3. $F = \{a_0 + a_1 x | a_0, a_1 \in \mathbb{Z}_3\}$ とし，$f(x), g(x) \in F$ に対し，F に演算 +, × を次のように定義します．

$f(x) + g(x) = (f(x) + g(x)$ を $[1]x^2 + [1]$ で割った余り),
$f(x) \times g(x) = (f(x) \times g(x)$ を $[1]x^2 + [1]$ で割った余り).

このとき，F が体となることを示しなさい．

❹ 行列

複素数を成分とする $n \times n$ 行列全体からなる集合を $M(n, \mathbb{C})$ と書くことにします．2つの行列 $A = (a_{ij})$, $B = (b_{ij}) \in M(n, \mathbb{C})$ に対して加法と乗法を次のように定義します（ここで，$A = (a_{ij})$ は $i, j \in \{1, 2, \cdots, n\}$ に対して i 行 j 列目の成分を a_{ij} とする行列を表すことにします）．

加法 $A + B = (a_{ij} + b_{ij})$, **乗法** $AB = \left(\sum_{k=1}^{n} a_{ik} b_{kj} \right)$

行列式が 0 ではない $M(n, \mathbb{C})$ の要素からなる集合を $GL(n, \mathbb{C})$ と書き，**一般線形群**といいます．行列式が 1 の $M(n, \mathbb{C})$ の要素からなる集合を $SL(n, \mathbb{C})$ と書き，**特殊線形群**といいます．つまり，行列 A の行列式を $|A|$ とすると次のようになります．

$$GL(n, \mathbb{C}) = \{A | A \in M(n, \mathbb{C}), |A| \neq 0\},$$
$$SL(n, \mathbb{C}) = \{A | A \in M(n, \mathbb{C}), |A| = 1\}.$$

このとき，$GL(n, \mathbb{C})$ は乗法に関して群であり，$SL(n, \mathbb{C})$ は $GL(n, \mathbb{C})$ の部分群です．

■練習問題 5-12

次を証明しなさい．
1. $n \geq 2$ のとき，$M(n, \mathbb{C})$ は環ですが，可換環ではありません．
2. $GL(2, \mathbb{C})$ は群ですが，アーベル群ではありません．

5-4 ブール代数

第8章の論理回路で使われるブール代数を学びます．

1 ハッセ図と束(そく)

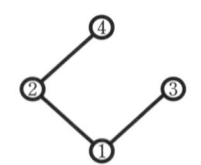

集合 L は順序関係 $\leq$ で半順序集合とします．関係の表現（p.34, §2-1②）で関係の有向グラフで表すことを学びました．書き方を変えて，集合 L の要素を順序関係 $\leq$ で大きい場合は上に書き，小さい場合は下に○で書くことにします．また，各 $a, b \in L, a \neq b$ に対して $a \leq b$ であり $a \leq x, x \leq b$ となる x が存在しないときに a と b を線で結んだ図を**ハッセ図**といいます．§2-1②で $A = \{1, 2, 3, 4\}$ において約数を順序関係とした例をみました．これをハッセ図で表すと次のようになります．

図 5.1：ハッセ図の例

すべての $x \in L$ に対して $x \leq m, w \leq x$ を満たす $m, w \in L$ をそれぞれ**最大元**，**最小元**といいます．最大元，最小元は存在するとは限りませんが存在すればただ1つです．

L の部分集合 M に対して $\{a | a \in L, \forall x \in M \rightarrow a \leq x\}$, $\{a | a \in L,$

$\forall x \in M \rightarrow x \leq a\}$ をそれぞれ M の**上界**，**下界**(かかい)といいます．そして，上界の最小元，下限の最大元が存在するときにそれぞれ**上限**，**下限**といい $\sup M$, $\inf M$ と書きます．

任意の $a, b \in L$ に対して上限 $\sup\{a, b\}$ と下限 $\inf\{a, b\}$ が存在するとき，半順序集合 L を**束**といいます．

② ブール代数

束 L の要素 a, b に対して $\sup\{a, b\}$，$\inf\{a, b\}$ をそれぞれ $a \vee b$, $a \wedge b$ と書くことにします．すると，束の定義より上限，下限が必ず存在するので $\vee$ と $\wedge$ は束 L における演算です．

定義 5-12

ブール代数
束 L が次の条件を満たすとき，L を**ブール代数**，または**ブール束**といいます．
分配律 任意の $a, b, c \in L$ に対して $a \wedge (b \vee c) = (a \wedge b) \vee (a \wedge c)$, $a \vee (b \wedge c) = (a \vee b) \wedge (a \vee c)$ が成立します．
最大元，最小元の存在 最大元，最小元が存在します．それぞれ $1, 0$ と書くことにします．
補元律 任意の $a \in L$ に対して，$a \vee a' = 1$, $a \wedge a' = 0$ となる $a' \in L$ が存在します（a' を a の**補元**といいます）．

例題 5-11：有限集合 A のべき集合 2^A は包含関係 $\subset$ により半順序集合になります．集合の和 $\cup$，集合の積 $\cap$ を演算とすると 2^A はブール代数であることを証明しなさい．

解：任意の $X, Y \in 2^A$ に対して，$X, Y \subset X \cup Y$ であり $X \cap Y \subset X, Y$ より上限と下限が存在するので 2^A は束です．集合演算（p.8, §1-2）より分配律が成立します．また，$A, \emptyset$ がそれぞれ最大元，最小元です．任意に $X \in 2^A$ とすると，補集合 $\overline{X}$ に対して $X \cup \overline{X} = A$，$X \cap \overline{X} = \emptyset$ なので補元律が成立します．したがって，2^A はブール代数です． □

有限なブール代数は，この例題のブール代数と同じ構造を持つことが知られています．

■練習問題 5-13

1. 整数 6 の正の約数の集合 $A = \{1, 2, 3, 6\}$ は約数という関係で半順序集合です．$a, b \in A$ に対して $a \vee b = (a$ と b の最小公倍数$)$，$a \wedge b = (a$ と b の最大公約数$)$ と演算 $\vee, \wedge$ を定義します．このとき，A がブール代数であることを証明しなさい．
2. 第 3 章で扱った真理値に F<T と順序を定義します．論理和 $\vee$ と論理積 $\wedge$ を $\{F, T\}$ 上の演算とすると，$\{F, T\}$ はブール代数であることを証明しなさい．

第5章の章末問題

1. 次の集合と演算は半群か，そうでないか示しなさい．
   (1) 偶数の集合と加法　　(2) 奇数の集合と加法

2. $a, b \in \mathbb{N}$ とします．
   (1) $a \cdot b = \gcd(a, b)$ と演算を定義すると，$\mathbb{N}$ は半群であること示しなさい．ただし，$\gcd(a, b)$ は a と b の最大公約数とします．
   (2) $a \cdot b = a$ と演算を定義すると，$\mathbb{N}$ は半群であることを示しなさい．

3. 頂点の1つが y 軸上にある原点を中心とする正三角形に次の変換 I, S, T を繰り返しほどこします．I は何もせず，S は原点を中心として反時計方向に $2\pi/3$ 回転，T は y 軸に対して反転という変換とします．例えば，ST は原点を中心として反時計方向に $2\pi/3$ 回転したあとに y 軸に対して反転という変換で，TS は y 軸に対して反転したあとに原点を中心として反時計方向に $2\pi/3$ 回転という変換となります．正三角形の形を変えない変換の集合 $G = \{I, S, S^2, T, ST, S^2T\}$ は，演算を操作の合成とすると群となることが知られています．このとき，G の演算表を作成しなさい．

4. 次の問いに答えなさい．ただし，i は虚数単位で $i^2 = -1$ とします．
   (1) $U = \{a + bi \mid a, b \in \mathbb{R}, a^2 + b^2 = 1\}$ は乗法に関してアーベル群であることを示しなさい．
   (2) $K = \{1, -1, i, -i\}$ は乗法に関してアーベル群であることを示しなさい．また $K = \langle i \rangle = \langle -i \rangle$ であることを示しなさい．

5. $M = \begin{pmatrix} \cos\dfrac{2\pi}{7} & -\sin\dfrac{2\pi}{7} \\ \sin\dfrac{2\pi}{7} & \cos\dfrac{2\pi}{7} \end{pmatrix} \in GL(2, \mathbb{C})$ で生成される巡回群 $\langle M \rangle$ は位数7の有限群であることを示しなさい.

6. $X = \{1, 2, 3\}$ のとき3次対称群 S^X の部分群は全部で6個あります. すべて求めなさい.

7. 群 G の部分群 G_1, G_2 の積集合 $G_1 \cap G_2$ が群であることを示しなさい.

8. 群 G の部分群 G_1, G_2 の和集合 $G_1 \cup G_2$ が群ではない G_1, G_2 の例をあげなさい.

9. 環 R の部分集合を S とします.

$$\forall a, b \in S \to a + (-b) \in S, \ ab \in S \quad (5\text{-}6)$$
$$1 \in S \quad (5\text{-}7)$$

を満たすとき, S を R の部分環といいます. このとき, S が環であることを示しなさい.

10. 群 G, G' の直積集合 $G \times G'$ の要素 (x, x'), (y, y') に演算を $(x, x')(y, y') = (xy, x'y')$ と定義すると, $G \times G'$ は群となることを示しなさい.

11. 群 G, G' の直積集合 $G \times G'$ の要素 (x, x'), (y, y') に演算を $(x, x')(y, y') = (xy, x'y')$ と定義とします. 写像 $f: G \times G' \to G$, $f((x, x')) = x$ は準同型写像であることを示しなさい.

12. 加法群 $\mathbb{R}[x]$ から $\mathbb{R}[x]$ への写像 $f: \mathbb{R}[x] \to \mathbb{R}[x]$, $f(a_0 + a_1 x + \cdots + a_n x^n) = \int_0^x (a_0 + a_1 t + \cdots + a_n t^n) dt$ が準同型写像であることを示しなさい.

第6章

数学的帰納法，組合せ数学

　自然数を論理的に説明しなさいといわれるとよく知っているはずなのにうまく説明できないと思います．1891年にペアノは自然数の集合Nを次のように公理化しています．

1. $1 \in N$ です．
2. $x \in N$ ならば $x+1 \in N$ です．
3. $x \in N$ ならば $x+1 \neq 1$ です．
4. $x, y \in N$, $x \neq y$ ならば $x+1 \neq y+1$ です．
5. M は集合で「$1 \in M$」と「$x \in M$ ならば $x+1 \in M$」を満たすならば $N \subset M$ です．

　ペアノの公理の5番目が数学的帰納法の公理と呼ばれています．
　本章の§6-2では帰納的に記述できる数列を扱います．プログラミング言語で帰納的な記述をすると再帰的と呼ばれる動作でプログラムが実行されます．この帰納的な記述法はプログラムの可読性を向上させます．

6-1 数学的帰納法

定義 6-1

数学的帰納法

自然数 n についての命題関数を $p(n)$ とします.
1. $p(1) = T$ を示します.
2. ある $k \geq 1$ に対し $p(k) = T$ と仮定し $p(k+1) = T$ を示します.
3. 1, 2 より, すべての自然数 n について $p(n) = T$ が成立します.

すべての自然数 n について $p(n) = T$ が成立することを証明するこの方法を**数学的帰納法**といいます.

数学的帰納法の定義の 1 より $p(1) = T$ です. 定義の 2 より $p(1) = T$ なので $p(2) = T$ です. 以下, 繰り返すと, すべての自然数 n について $p(n) = T$ が成立します. それでは, 例題により理解を深めましょう.

例題 6-1:すべての自然数 n について等式 $1 + 2 + \cdots + n = \dfrac{n(n+1)}{2}$

が成立することを証明しなさい.

解:n に関する数学的帰納法で示します.

1. $n=1$ のとき,左辺 $=1$,右辺 $=\dfrac{1\times 2}{2}=1$ なので等式が成立します.

2. ある $k\geq 1$ に対し,等式 $1+2+\cdots+k=\dfrac{k(k+1)}{2}$ が成立していると仮定します.両辺に $k+1$ を加えると

$$(1+2+\cdots+k)+(k+1)=\dfrac{k(k+1)}{2}+(k+1)$$

$$=\dfrac{(k+1)((k+1)+1)}{2}$$

なので $n=k+1$ のときに等式が成立します.

3. 1, 2 より,すべての自然数 n について等式が成立します.□

次の例題では定義 6-1 の 2 の書き方が違いますが,本質的には同じです.

例題 6-2:素数は無限個あることを数学的帰納法で示しなさい.

解:任意の自然数 n に対して,素数が n 個以上存在することを数学的帰納法で示します.

1. $n=1$ のとき, 2 は素数なので 1 個以上素数が存在します.

2. $n>1$ のとき, $n-1$ 個の素数 $p_1, p_2, \cdots, p_{n-1}$ が存在すると仮定します.このとき, $m=p_1 p_2 \cdots p_{n-1}+1$ とおくと $m>1$ であり, m は $p_1, p_2, \cdots, p_{n-1}$ で割ると 1 余るので m を割り切る素数 p が存在します.ゆえに, n 個以上の素数が存在します.

3. 1, 2 より,任意の自然数 n に対して,素数が n 個以上存在します.□

定義6-1の2を次の2′に変更しても，$p(n)=T$が成立します．

2′．$n>1$のとき，$p(1)=T, p(2)=T, \cdots, p(n-1)=T$と仮定し$p(n)=T$を示します．

例題 6-3：n 変数 $x_1, x_2, \cdots, x_n$ の連立一次方程式を考えます．ここで，$a_{ij} \in \mathbb{R}(i, j=1, 2, \cdots, n)$ です．

$$\begin{cases} a_{11}x_1 + a_{12}x_2 + \cdots + a_{1n}x_n = 0 \\ a_{21}x_1 + a_{22}x_2 + \cdots + a_{2n}x_n = 0 \\ \quad\vdots \qquad\qquad\qquad\qquad\qquad \vdots \\ a_{n1}x_1 + a_{n2}x_2 + \cdots + a_{nn}x_n = 0 \end{cases} \quad (6\text{-}1)$$

連立一次方程式（6-1）は $x_1=x_2=\cdots=x_n=0$ を解にもち，この解を自明な解といいます．n 行 n 列の行列 $A=(a_{ij})$ の行列式の値 $|A|$ が 0 ならば，（6-1）は自明な解以外の解をもつことを示しなさい．

解：n に関する数学的帰納法で示します．

1. $n=1$ のとき，（6-1）は $a_{11}x_1=0$ です．仮定 $|a_{11}|=0$ より $a_{11}x_1=0$ は自明な解以外の解をもちます．

2′．$n>1$ のとき，$n-1$ 以下で連立一次方程式は自明な解以外の解をもつと仮定し，n で連立一次方程式は自明な解以外の解をもつことを示します．

A が零行列ならば成立するので，A は零行列ではないとします．最初に与えられた式（6-1）において $a_{11}=0$ のとき，式の順序の変更と変数番号の付け換えで $a_{11} \neq 0$ としても一般性を失いません．各 $i=2, 3, \cdots, n$ について 1 式の $-\dfrac{a_{i1}}{a_{11}}$ 倍を i 式に加えると次のようになります．

$$\begin{cases} a_{11}x_1 + a_{12}x_2 + \cdots + a_{1n}x_n = 0 \\ \quad a'_{22}x_2 + \cdots + a'_{2n}x_n = 0, \quad a'_{2j} = a_{2j} - a_{1j} \times \dfrac{a_{21}}{a_{11}} \\ \quad \vdots \qquad\qquad\qquad\qquad\quad \vdots \\ \quad a'_{n2}x_2 + \cdots + a'_{nn}x_n = 0, \quad a'_{nj} = a_{nj} - a_{1j} \times \dfrac{a_{n1}}{a_{11}} \end{cases}$$

すると，行列式の定義より

$$0 = \begin{vmatrix} a_{11} & \cdots & a_{1n} \\ a_{21} & \cdots & a_{2n} \\ \vdots & \ddots & \\ a_{n1} & \cdots & a_{nn} \end{vmatrix} = \begin{vmatrix} a_{11} & a_{12} & \cdots & a_{1n} \\ 0 & a'_{22} & \cdots & a'_{2n} \\ \vdots & \vdots & \ddots & \vdots \\ 0 & a'_{n2} & \cdots & a'_{nn} \end{vmatrix} = a_{11} \begin{vmatrix} a'_{22} & \cdots & a'_{2n} \\ \vdots & \ddots & \vdots \\ a'_{n2} & \cdots & a'_{nn} \end{vmatrix}$$

となり $a_{11} \neq 0$ なので $\begin{vmatrix} a'_{22} & \cdots & a'_{2n} \\ \vdots & \ddots & \vdots \\ a'_{n2} & \cdots & a'_{nn} \end{vmatrix} = 0$ が成り立ちます．

帰納法の仮定より，連立一次方程式

$$\begin{cases} a'_{22}x_2 + \cdots + a'_{2n}x_n = 0 \\ \quad \vdots \\ a'_{n2}x_2 + \cdots + a'_{nn}x_n = 0 \end{cases}$$

は自明な解以外の解をもち，それを $x_2 = b_2, x_3 = b_3, \cdots, x_n = b_n$ とします．$b_1 = -\dfrac{1}{a_{11}}\left(\displaystyle\sum_{j=2}^{n} a_{1j}b_j\right)$ とおくと $x_1 = b_1, x_2 = b_2, \cdots, x_n = b_n$ は (6-1) の自明な解ではない解です．

3. 1, 2 より，(6-1) は自明な解以外の解をもちます． □

6-2 帰納的定義, 漸化式

1 帰納的定義, 漸化式

帰納的な考えは抽象的で難しく感じますが，具体例を何度も学習することで完全に理解すると手放せない非常に便利で強力な方法です．

> **定義 6-2　帰納的定義, 漸化式**
>
> $a_1, a_2, \cdots, a_n, \cdots$ を数列とします．各自然数 n に対して a_n を $a_1, a_2, \cdots, a_{n-1}$ により定義することを**帰納的定義**，あるいはその式を**漸化式**といいます．a_n を $a_1, a_2, \cdots, a_{n-1}$ を使わずに n の式で表したとき，その式を**一般項**といいます．

$a_n = 1 + 2 + \cdots + n$ とすると，$a_1 = 1$, $a_2 = 3$, $a_3 = 6$, …という数列とみることができます．a_n の帰納的定義（漸化式）は，

$$a_1 = 1, \ a_n = a_{n-1} + n \,(n > 1)$$

となります．p.144 の例題 6-1 で証明した $a_n = \dfrac{n(n+1)}{2}$ が一般項です．

多くのプログラミング言語で漸化式を記述して実行することが可能です．プログラミング言語で $a_1 = 1$, $a_n = a_{n-1} + n \,(n > 1)$ を記述したとき

の a_4 を求めるプログラムのコンピュータ上での動作は，次のようになります．

動作 1 $a_4=a_3+4$ なので a_3 を求める．
　動作 2 $a_3=a_2+3$ なので a_2 を求める．
　　動作 3 $a_2=a_1+2$ なので a_1 を求める．
　　　動作 4 a_1 は 1 です．
　　動作 3 の続き よって $a_2=a_1+2=3$ です．
　動作 2 の続き よって $a_3=a_2+3=3+3=6$ です．
動作 1 の続き よって $a_4=a_3+4=6+4=10$ です．

動作 4 まで行って動作 1 に帰るという動作になります．

これに対して，プログラミング言語において漸化式ではなくて一般項で書くと動作が高速になることがわかります．

2 フィボナッチ数列

$f_1=1, f_2=1$, $n \geq 3$ のとき $f_n=f_{n-2}+f_{n-1}$ と帰納的定義された数列 $f_1, f_2, \cdots$ をフィボナッチ数列といいます．計算すると次のようになります．

$$1, 1, 2, 3, 5, 8, 13, 21, 34, 55, 89, 144, \cdots$$

フィボナッチは，次のうさぎの問題を提案しました．壁に囲まれた場所に，1 つがいのうさぎを入れました．雌うさぎは生まれて 2ヶ月後から毎月必ず 1 つがいのうさぎを産むと仮定します．1 年後にうさぎは何つがいになりますか？

f_i が i 月目初日のうさぎのつがい数であり，フィボナッチの問題の答えは，$f_{13}=233$ です．

フィボナッチ数列の一般項は次の式で与えられます．

$$f_n = \frac{1}{\sqrt{5}}\left(\left(\frac{1+\sqrt{5}}{2}\right)^n - \left(\frac{1-\sqrt{5}}{2}\right)^n\right) \tag{6-2}$$

式（6-2）が成立することを n に関する数学的帰納法で示します.

1. $\dfrac{1}{\sqrt{5}}\left(\left(\dfrac{1+\sqrt{5}}{2}\right)-\left(\dfrac{1-\sqrt{5}}{2}\right)\right)=1,\ \dfrac{1}{\sqrt{5}}\left(\left(\dfrac{1+\sqrt{5}}{2}\right)^2-\left(\dfrac{1-\sqrt{5}}{2}\right)^2\right)$
$=\dfrac{1}{\sqrt{5}}\left(\left(\dfrac{1+2\sqrt{5}+5}{4}\right)-\left(\dfrac{1-2\sqrt{5}+5}{4}\right)\right)=1$ なので $n=1,\ n=2$ のときに式（6-2）が成立します.

2. ある $k\geq 2$ に対し, k 以下で式（6-2）が成立すると仮定します. $\alpha=\dfrac{1+\sqrt{5}}{2},\ \beta=\dfrac{1-\sqrt{5}}{2}$ とおくと, $\alpha^2=\alpha+1,\ \beta^2=\beta+1$ なので次のように式変形できます.

$$f_{k-1}+f_k=\dfrac{1}{\sqrt{5}}((\alpha^{k-1}-\beta^{k-1})+(\alpha^k-\beta^k))$$

$$=\dfrac{1}{\sqrt{5}}(\alpha^{k-1}(1+\alpha)-\beta^{k-1}(1+\beta))$$

$$=\dfrac{1}{\sqrt{5}}(\alpha^{k-1}\alpha^2-\beta^{k-1}\beta^2)$$

$$=\dfrac{1}{\sqrt{5}}(\alpha^{k+1}-\beta^{k+1})=f_{k+1}$$

よって, $n=k+1$ のときに式（6-2）が成立します.
3. ゆえに, 任意の自然数 n に対して式（6-2）が成立します.

フィボナッチ数列の応用例をみてみます. ユークリッドの互除法で正の整数 $a,\ b(a>b)$ の最大公約数が求められます. このとき計算の回数をフィボナッチ数列で評価できます. ユークリッドの互除法で次のように n 回の計算で余り r_{n+1} が 0 になったとします.

$$\begin{aligned}a&=q_0 b+r_2,\ 0<r_2<b\\ b&=q_0 r_2+r_3,\ 0<r_3<r_2\\ &\vdots\\ r_{n-2}&=q_{n-2}r_{n-1}+r_n,\ 0<r_n<r_{n-1}\end{aligned}$$

$$r_{n-1} = q_{n-1} r_n$$

ここで, $q_i \geq 1$, $q_{n-1} \geq 2$ より

$$r_n \geq 1$$
$$r_{n-1} = q_{n-1} r_n \geq 2$$
$$\vdots$$
$$r_{i-1} = q_{i-1} r_i + r_{i+1} \geq r_i + r_{i+1}$$
$$\vdots$$
$$b = q_1 r_2 + r_3 \geq r_2 + r_3$$

なので $r_n \geq f_2$, $r_{n-1} \geq f_3$, …, $r_{i-1} \geq f_{n-i+3}$, …, $b \geq f_{n+1}$ です. 例えば, $n > 11$ ならば $b \geq f_{12} = 144$ なので $b < 144$ ならば $n \leq 11$ です. よって, b が2桁ならば 11 回以下の計算で最大公約数が求められることがわかります.

§6-3 順列, 組合せ, 組合せのランク

1 順列

定義 6-3

順列

n 個の異なるものの中から異なる k 個を取り出して 1 列に並べた列を **n 個のものから k 個とり出した順列**といい, その総数を $_nP_k$ と書きます.

順列の例：

$1, 2, 3, 4$ の 4 個のものから 2 個とり出した順列を考えると,

$$
\begin{array}{ccc}
1,2 & 1,3 & 1,4 \\
2,1 & 2,3 & 2,4 \\
3,1 & 3,2 & 3,4 \\
4,1 & 4,2 & 4,3
\end{array}
$$

で総数は $_4P_2 = 12$ 個です.

---

n 個の異なるものの中から 1 個目のとり方は n 通り, 2 個目のとり方は 1 個目で選んだもの以外の $n-1$ 通り, $\cdots$, k 個目のとり方は $1, 2, \cdots,$

$k-1$ 個目で選んだもの以外の $n-(k-1)$ 通りです．したがって，次の定理が成立します．

> **定理 6-1** 順列の総数
> 非負整数 n, k に対して次の等式が成立します．
> $$_nP_k = n(n-1)(n-2)\cdots(n-k+1).$$

$n(n-1)\cdots 1$ を n の**階乗**といい，$n!$ と書きます．この記号を使うと $_nP_n = n!$ であり $_nP_k = \dfrac{n!}{(n-k)!}$ と書くことができます．すると，$n! = {_nP_n} = \dfrac{n!}{(n-n)!}$ なので $0! = 1$ となります．

■**練習問題 6-1**

1. $_7P_3$ と $_7P_4$ を求めなさい．
2. 自然数 n の階乗 $a_n = n!$ を帰納的に記述しなさい．

2 組合せ

1，2，3，4 の 4 個の中から異なる 2 個とり出して作られる組は，その順序を考慮しなければ

   1, 2 1, 3 1, 4 2, 3 2, 4 3, 4

の 6 通りです．

> **定義 6-4** 組合せ
> n個の異なるものの中から，順序は考慮せず，異なるk個をとり出して1組としたものを，n**個のものからk個とり出した組合せ**といい，その総数を$_nC_k$と書きます．

1, 2, 3, 4の4個の中から異なる2個とり出して作られる組の1つ，例えば1, 2について順序を付けた並びは$_2P_2=2!$個あります．他のどの組についても同じです．4個のものから2個とり出した順列の総数を考えると，全体では$_4C_2 \times _2P_2$通りの順列が得られます．ゆえに$_4C_2 \times _2P_2 = _4P_2$なので，$_4C_2 = 6$となります．

一般的に，順序を付けたk個の並びの個数は$_kP_k = k!$個あるのでn個の異なるものの中からk個とり出した順列の総数が$_nC_k \times _kP_k = _nP_k$となることより次の定理が成立します．

> **定理 6-2** 組合せの総数
> 非負整数n, kに対して次の等式が成立します．
> $$_nC_k = \frac{n(n-1)\cdots(n-k+1)}{k!}$$

■練習問題 6-2

$_7C_3$と$_7C_4$を求めなさい．

組合せは順序を考慮しないので，集合の部分集合を利用して記述することができます．

n, kを非負整数，Xを有限集合で要素数をnとします．このとき，X

の部分集合で要素数 k のもの全体からなる集合族を次のように定義します．

$$\binom{X}{k} = \{Y | Y \subset X,\ |Y| = k\}$$

すると，$Y \in \binom{X}{k}$ は n 個のものから k 個とり出した組合せとみることができるので組合せの定義（定義 6-4）より，$\left|\binom{X}{k}\right| = {}_nC_k$ です．次の定理の証明において理解を深めるために集合を利用します．なお，組合せの総数（定理 6-2）の式からも証明できます．

定理 6-3　組合せの性質

非負の整数 n, k に対して，次の等式が成立します．

1. $n < k$ ならば ${}_nC_k = 0$，
2. ${}_nC_0 = {}_nC_n = 1$，
3. ${}_nC_k = {}_nC_{n-k}\ (k = 0, 1, \cdots, n)$，
4. ${}_nC_k + {}_nC_{k+1} = {}_{n+1}C_{k+1}$．

証明

有限集合 X の要素数を n とします．

1. $n < k$ のとき $\binom{X}{k} = \emptyset$ なので ${}_nC_k = 0$ です．

2. $\binom{X}{0} = \{\emptyset\}$，$\binom{X}{n} = \{X\}$ なので ${}_nC_0 = {}_nC_n = 1$ です．

3. 写像 $f: \binom{X}{k} \to \binom{X}{n-k}$，$Y \in \binom{X}{k}$ に対して $f(Y) = \overline{Y}$（$= Y$ の補集合）が全単射になります．なぜな

らば,$Y_1, Y_2 \in \begin{pmatrix} X \\ k \end{pmatrix}$, $f(Y_1)=f(Y_2)$ とすると $\overline{Y}_1$ $=\overline{Y}_2$ なので $\overline{\overline{Y}}_1=\overline{\overline{Y}}_2$ より $Y_1=Y_2$ です.よって,f は単射です.$\forall Z \in \begin{pmatrix} X \\ n-k \end{pmatrix}$ とすると,$\overline{Z} \in \begin{pmatrix} X \\ k \end{pmatrix}$ であり $f(\overline{Z})=Z$ です.よって,f は全射です.したがって,f が全単射なので,${}_nC_k={}_nC_{n-k}$ です.

4. $x \notin X$ に対し,$X'=X \cup \{x\}$ とします.X' の部分集合は x を含む,含まないという条件で $\begin{pmatrix} X' \\ k+1 \end{pmatrix}$ を分割できるので次の等式が成立します.

$$\begin{aligned}
{}_{n+1}C_{k+1} &= |\{Y'|Y' \subset X',\ |Y'|=k+1\}| \\
&= |\{Y'|Y' \subset X',\ |Y'|=k+1,\ x \in Y'\} \\
&\quad \cup \{Y'|Y' \subset X',\ |Y'|=k+1,\ x \notin Y'\}| \\
&= |\{Y|Y \subset X,\ |Y|=k\}| \\
&\quad + |\{Y|Y \subset X,\ |Y|=k+1\}| \\
&= {}_nC_k + {}_nC_{k+1}.
\end{aligned}$$ □

■練習問題 6-3

1. すべての自然数 n について,等式 $(1+x)^n = {}_nC_0 + {}_nC_1 x + \cdots + {}_nC_n x^n$ が成立することを数学的帰納法で証明しなさい.

2. $X=\{1, 2, 3, 4, 5\}$ のとき,$\begin{pmatrix} X \\ 2 \end{pmatrix}$ を求めなさい.

3. 全体集合を X とするとき $\begin{pmatrix} X \\ 2 \end{pmatrix}$ の各要素の補集合を求めなさい.

3 組合せのランク

組合せをすべて求めるときに，p.153，§6-3②のはじめでみたようにp.55の辞書式順序で列挙できます．この節では$\binom{X}{k}$に辞書式順序を考えます．つまり，$Y=\{y_1, y_2, \cdots, y_k\}$, $Z=\{z_1, z_2, \cdots, z_k\} \in \binom{X}{k}$, $y_1<y_2<\cdots<y_k$, $z_1<z_2<\cdots<z_k$ とするとき，$y_1<z_1$ またはある自然数 i について $y_1=z_1, \cdots, y_i=z_i$, かつ $y_{i+1}<z_{i+1}$ のときに $Y<Z$ とします．与えられた組合せが辞書式順序で何番目であるか，逆に辞書式順序で r 番目の組合せを求める方法を紹介します．

定理 6-4 **組合せのランク**

n, k を非負の整数で $k \leq n$, $X=\{1, 2, \cdots, n\}$ とします．

1. $C=\{c_1, c_2, \cdots, c_k\} \in \binom{X}{k}$, $c_1<c_2<\cdots<c_k$ とします．C は集合 $\binom{X}{k}$ において辞書式順序で

$$_nC_k - {}_{n-c_1}C_k - {}_{n-c_2}C_{k-1} - \cdots - {}_{n-c_k}C_1$$

番目の組合せになります．($_nC_k - \sum_{i=1}^{k} {}_{n-c_i}C_{k-i+1}$ を C の**ランク**といいます．)

2. 各 r ($1 \leq r \leq {}_nC_k$) に対して1の逆の操作により $\binom{X}{k}$ でランク r の組合せを求められます．つまり，$_nC_k - {}_{n-c_1}C_k \geq r$ を満たす最小の c_1 を求めます．次に各 $l \geq 2$ に対して $_nC_k - \sum_{i=1}^{l} {}_{n-c_i}C_{k-i+1} \geq r$ を満たす最小の c_l を求めます．

なお，この証明は章末の演習問題とします．

例題 6-4：$X = \{1, 2, 3, 4, 5\}$ のときに $\binom{X}{3}$ の各要素のランクを計算しなさい．

解：

$\binom{X}{k}$	$_{n-c_1}C_3 + {}_{n-c_2}C_2 + {}_{n-c_3}C_1$	ランク
$\{1, 2, 3\}$	$_4C_3 + {}_3C_2 + {}_2C_1 = 9$	1
$\{1, 2, 4\}$	$_4C_3 + {}_3C_2 + {}_1C_1 = 8$	2
$\{1, 2, 5\}$	$_4C_3 + {}_3C_2 + {}_0C_1 = 7$	3
$\{1, 3, 4\}$	$_4C_3 + {}_2C_2 + {}_1C_1 = 6$	4
$\{1, 3, 5\}$	$_4C_3 + {}_2C_2 + {}_0C_1 = 5$	5
$\{1, 4, 5\}$	$_4C_3 + {}_1C_2 + {}_0C_1 = 4$	6
$\{2, 3, 4\}$	$_3C_3 + {}_2C_2 + {}_1C_1 = 3$	7
$\{2, 3, 5\}$	$_3C_3 + {}_2C_2 + {}_0C_1 = 2$	8
$\{2, 4, 5\}$	$_3C_3 + {}_1C_2 + {}_0C_1 = 1$	9
$\{3, 4, 5\}$	$_2C_3 + {}_1C_2 + {}_0C_1 = 0$	10

■**練習問題 6-4**

$X = \{1, 2, \cdots, 7\}$ のとき $\binom{X}{3}$ における $\{2, 3, 5\}$ のランクを求めなさい．

§6-4 母関数

多項式は個数を数えるのに利用できます．1000円札5枚，2000円札5枚，5000円札を3枚もっているときのお釣りのない18000円の払い方は何通りあるのかを数えるには $i \in \{0, 1, 2, 3, 4, 5\}$，$j \in \{0, 2, 4, 6, 8, 10\}$，$k \in \{0, 5, 10, 15\}$ とするときに $i+j+k=18$ を満たす (i, j, k) の組の個数を求めればよいことになります．それは

$$(1+x+x^2+x^3+x^4+x^5)(1+x^2+x^4+x^6+x^8+x^{10})(1+x^5+x^{10}+x^{15})$$

の展開式において $x^i x^j x^k = x^{18}$ を満たす (i, j, k) の組の個数，つまり x^{18} の係数7に等しいことがわかります．

定義 6-5　母関数

$a_0, a_1, \cdots$ を数列とします．
$$\sum_{i=0}^{\infty} a_i x^i = a_0 + a_1 x + \cdots$$
を数列の**母関数**または**生成関数**といいます．

組合せの総数（p.154，定理6-2）の $_nC_0, {}_nC_1, \cdots, {}_nC_n$ を数列とみたときの母関数に対して，練習問題6-3より，次が成立します．

$$(1+x)^n = {}_nC_0 + {}_nC_1 x + \cdots + {}_nC_n x^n \tag{6-3}$$

この式より，p.18 の §1-3 ③（べき集合）で述べた有限集合 A のべき集合 2^A の濃度は $2^{|A|}$ に等しいという証明ができます．なぜならば，組合せ（p.153，§6-3 ②）より $|A|=n$ とすると $\left|\begin{pmatrix} A \\ k \end{pmatrix}\right| = {}_nC_k$ です．よって，分割 $2^A = \begin{pmatrix} A \\ 0 \end{pmatrix} \cup \begin{pmatrix} A \\ 1 \end{pmatrix} \cup \cdots \cup \begin{pmatrix} A \\ n \end{pmatrix}$ の両辺の個数を求めると $|2^A| = {}_nC_0 + {}_nC_1 + \cdots + {}_nC_n$ です．一方，式 (6-3) で $x=1$ とすると $2^n = {}_nC_0 + {}_nC_1 + \cdots + {}_nC_n$ です．ゆえに，$|2^A| = 2^{|A|}$ です．

■練習問題 6-5

140 円のジュースを自動販売機で買うときに，10 円，50 円，100 円硬貨でのお釣りの出ない買い方は何通りか求めなさい．

第6章の章末問題

1. （ライプニッツの定理）n 回微分可能な関数 $f(x)$, $g(x)$ の積 $f(x)g(x)$ の第 n 次導関数は次の式で表されることを数学的帰納法で証明しなさい．ただし，$f^{(k)}(x)$, $(f(x))^{(k)}$ は $f(x)$ の第 k 次導関数とします．
$$(f(x)g(x))^{(n)} = \sum_{i=0}^{n} {}_nC_i f^{(n-i)}(x) g^{(i)}(x).$$

2. 組合せの総数 ${}_nC_k$ の表を $1 \leq n \leq 6$, $0 \leq k \leq 6$ に対して作成しなさい．

3. 定理 6-4 の証明をしなさい．

4. $X = \{1, 2, 3, 4, 5, 6\}$ のとき，$\binom{X}{2}$ の各要素のランクを求めなさい．

5. $X = \{1, 2, \cdots, 7\}$ のとき，$\binom{X}{3}$ のランク 30 の要素を求めなさい．

6. （整数の分割）例えば 4 を正の整数で分割するとき順序を考慮しないと $1+1+1+1$, $2+1+1$, $2+2$, $3+1$, 4 の 5 通りあります．正の整数による分割の総数を求める方法を 2 つ考えてみます．

　$p(n, l)$ を正の整数 n の正の整数による l 個への分割の個数とします．すると，$p(n, n) = p(n, 1) = 1$，$n < l$ のとき $p(n, l) = 0$ です．また，$1 < l < n$ のとき，1 を含む分割と 1 を含まない分割に分けられ，1 を含む分割の個数は $p(n-1, l-1)$ です．n の 1 を含まない分割とその分割されたすべての数から 1 を引いた $n-l$ の分割とが 1 対 1 に対応するのでその個数は $p(n-l, l)$ です．ゆえに，$p(n, l) = p(n-1, l-1) + p(n-l, l)$ です．

　整数 5 の正の整数による分割の総数を求めなさい．

第7章

グラフ

　道順を考えるときに距離や方向という情報を考えず単純化して通過する可能性のある地点を線で結んだ図にするとわかりやすくなります．例えば，東名高速道路と新東名高速道路は，三ケ日 JCT と浜松いなさ JCT，清水 JCT と新清水 JCT でつながっており御殿場 JCT で交わっています．次の図 7.1 のようにこれらの地点を点とし，間に線を引いて単純な図で高速道路を表しています．この図を見て考えると，東京から名古屋に東名高速道路と新東名高速道路を使って行く最短経路が 4 通りのどれかであることがわかります．また，それぞれの距離を調べれば最短経路を求めることができ，東京から名古屋までの距離は新東名高速道路（御殿場 JCT から新清水 JCT，浜松いなさ JCT，三ケ日 JCT）を使った場合が最短であり 315.4km です．

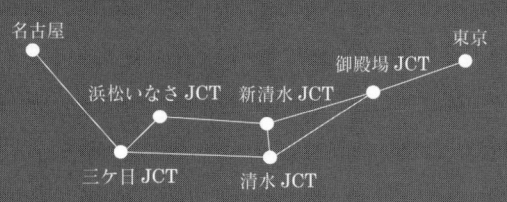

図 7.1：東名高速道路と新東名高速道路の JCT

　このように，私たちは複雑なものを点と線からなる単純なモデルにして考えます．この考え方は 2 章で学んだ関係と一致していることに気がつきます．ここでは，グラフと呼ばれる関係のデータ表現法とその性質，アルゴリズムについて学びます．

7-1 グラフの定義

それでは，集合を使ってグラフの定義をします．

定義 7-1　グラフ

V を空ではない有限集合，$\binom{V}{2}$ の部分集合を E とするとき，$G = (V, E)$ を**グラフ**といいます（ただし，$\binom{V}{2} = \{\{x, y\} \mid x, y \in V, x \neq y\}$ です）．V の要素を**点**，**頂点**，**節点**といい，E の要素を**辺**といいます．辺 $e \in E$ はある点 $x, y \in V$ に対して $e = \{x, y\}$ と書くことができます．このとき，x と y は**隣接**している，点 x, y は辺 e の**端点**，x, y は e に**接続**（または**結合**）しているといいます．

点の個数 $|V|$ を**位数**，辺の個数 $|E|$ を**サイズ**といいます．グラフは点を○や●で書き，2点が辺のときに○と○の間に線を引いて結ぶことにより図として表せます．

図 7.2 のグラフは位数が 5 でサイズが 8 で，点 1 と点 2 が隣接しています．また，$\{1, 2\}$ は辺で，点 1 と辺 $\{1, 2\}$ は接続しています．

| §7-1 |　　　　　　　　　　　　　　　　　　　　グラフの定義

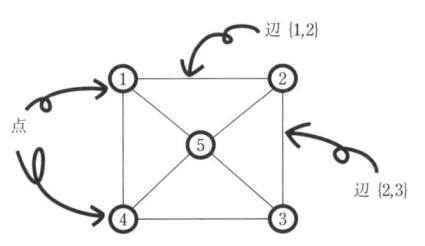

図7.2：位数5，サイズ8のグラフの例

例題 7-1：1. $V = \{1, 2, 3, 4\}$，$E = \{\{1, 2\}, \{1, 3\}, \{2, 3\}, \{3, 4\}\}$
とするとき，グラフ $G = (V, E)$ を図で表しなさい．
2. 図7.2のグラフの点集合 V，辺集合 E 求めなさい．

解：1. 次の図になります．

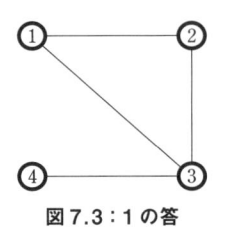

図7.3：1の答

2. 点集合は $V = \{1, 2, 3, 4, 5\}$，辺集合は $E = \{\{1, 2\}, \{1, 4\}, \{1, 5\}, \{2, 3\}, \{2, 5\}, \{3, 4\}, \{3, 5\}, \{4, 5\}\}$ です．

　位数やサイズが小さければ集合よりも図のほうが点と点のつながりが見やすいですが，位数やサイズが大きいときには複雑な図になります．
　それでは，グラフの用語を追加していきます．2点 x, y を結ぶ辺が複数あるときそれを**多重辺**といい，1点 x から x への辺を**ループ**といいま

す．図で表すと次のようになります．

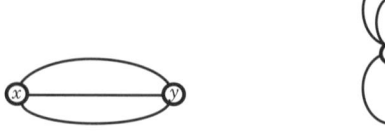

図7.4：多重辺（左）とループ（右）

多重辺やループをもたないグラフを**単純グラフ**といいます．以下では，単にグラフと書いたときは単純グラフを表すことにします．

直積 $V \times V$ の部分集合を E とするとき，$G = (V, E)$ を**有向グラフ**といいます．E の要素を**有向辺**，**弧**といいます．有向グラフを図で表すときには，辺に向きがあることを表すのに線ではなくて矢印を使います．違いを明確にするときには，定義 7-1 のグラフを**無向グラフ**，その辺を**無向辺**と呼びます．

関数 $w : E \to \mathbb{R}$ を**重み関数**といい，$e \in E$ とするとき $w(e)$ を辺 e の**重み**といいます．例えば，道順をグラフで表したときに 2 点間の距離を重みとみることができます．あとの節で距離を重みとみたときに 2 点間の最短距離を求めるアルゴリズム（手順）を扱います．

ここで，$G = (V, E)$，$G' = (V', E')$ をグラフとします．V から V' への全単射 f で，

$$\{x, y\} \in E \leftrightarrow \{f(x), f(y)\} \in E'$$

を満たすものが存在するときに G と G' は**同型**といいます．つまり，G と G' は図で同じように表せるということです．

■練習問題 7-1

位数 4 のグラフをすべて求めなさい（11 個あります）．

§ 7-2 グラフの例

　代表的なグラフの例を紹介します．グラフには，その特徴や発見した人の名前をつけます．特に，人の名前がついたピーターソングラフはさまざまな性質をもっています．

1. $|V|=n$ とします．$E=\binom{V}{2}$ のときグラフ (V, E) を**完全グラフ**といい，K_n と書きます．$E=\emptyset$ のとき**空グラフ**といい，N_n と書きます．

2. $V=V_1\cup V_2$, $V_1\cap V_2=\emptyset$, $|V_1|=m$, $|V_2|=n$ とします．$E=\{\{x,y\}|x\in V_1, y\in V_2\}$ のとき，(V,E) を**完全2部グラフ**といい $K_{m,n}$ と書きます．

3. $V=\{1, 2, \cdots, n\}$, $E=\{\{i, i+1\}|i=1, 2, \cdots, n-1\}\cup\{\{1, n\}\}$ のとき，(V, E) に同型なグラフを n **角形グラフ**（**サーキットグラフ**）といいます．

4. $V=\binom{\{1,2,3,4,5\}}{2}$, $E=\{\{x, y\}|x, y\in V, x\cap y=\emptyset\}$ のとき，(V, E) に同型なグラフを**ピーターソングラフ**といいます．$\{a, b\}$ を ab と書くことにすると $V=\{12, 13, 14, 15, 23, 24, 25, 34, 35, 45\}$ となります．

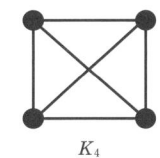

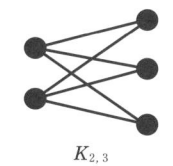

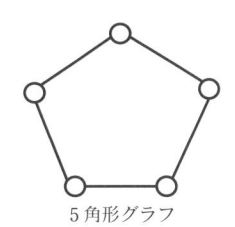

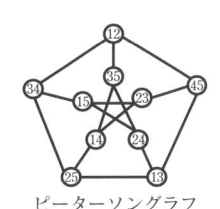

K_4

$K_{2,3}$

5角形グラフ

ピーターソングラフ

§7-3 部分グラフとグラフの部分構造

（単純で無向な）グラフ $G = (V, E)$ に対して，$V' \subset V$，$E' \subset E$ のとき，(V', E') を G の**部分グラフ**といいます．特に，$V = V'$ のとき，(V, E') を**全域部分グラフ**といいます．$V' \subset V$ に対して，$E' = E \cap \binom{V'}{2}$ のとき (V', E') を**誘導部分グラフ**といいます．つまり，V' を V の部分集合とするときグラフ G において V' の点を結ぶ辺 E' からなるグラフが誘導部分グラフです．

$G = (V, E)$，$V = \{1, 2, 3, 4\}$，$E = \{\{1, 2\}, \{1, 3\}, \{2, 3\}, \{3, 4\}\}$ に対して $E' = \{\{1, 2\}, \{3, 4\}\} \subset E$ なので (V, E') は全域部分グラフです．$V' = \{1, 2, 3\} \subset V$ とすると $E \cap \binom{V'}{2} = \{\{1, 2\}, \{1, 3\}, \{2, 3\}\}$ なので $(V', \{\{1, 2\}, \{1, 3\}, \{2, 3\}\})$ は誘導部分グラフです．

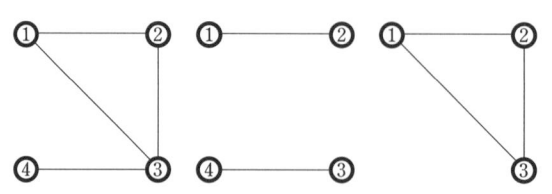

図7.5：グラフ（左）と全域部分グラフ（中央）と誘導部分グラフ（右）の例

次にグラフ $G = (V, E)$ の部分構造を考えます．点 $x_0, x_1, \cdots, x_n \in V$ に対し，$\{x_i, x_{i+1}\} \in E \, (i = 0, 1, \cdots, n-1)$ のとき $(x_0, x_1, \cdots, x_n)$ を長さ n の**歩道**，x_0, x_n をそれぞれ**始点**，**終点**といいます．$\{x_i, x_{i+1}\} \neq$

$\{x_j, x_{j+1}\}$ $(i \neq j)$ のとき，つまりすべての辺が異なるとき長さ n の歩道を長さ n の**小道**といいます．$x_i \neq x_j (i \neq j)$ のとき，つまりすべての点が異なるときに長さ n の歩道を長さ n の**道**，といいます．$n \geq 3$ のとき始点 x_0 と終点 x_n が等しい小道 $(x_0, x_1, \cdots, x_n)$ を**回路**，始点と終点が等しい道を長さ n の**閉路**といいます．

例えば次の図 7.6 において，$(x_0, x_1, x_0, x_4, x_6)$ は長さ 4 の歩道で，始点は x_0 で終点は x_6 です．また，$(x_0, x_1, x_2, x_3, x_0, x_4, x_6)$ は長さ 6 の小道で，(x_0, x_1, x_2, x_3) は長さ 3 の道です．$(x_0, x_1, x_2, x_0, x_3, x_6, x_4, x_0)$ は回路，$(x_0, x_1, x_2, x_3, x_0)$ は閉路です．

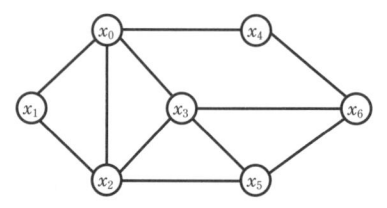

図7.6：位数 7，サイズ 11 のグラフの例

点 $u, v \in V$ に対して，u と v を結ぶ歩道の最小の長さを u と v の**距離**といい $d(u, v)$ と書きます．特に，$\{u, v\} \in E$ ならば (u, v) は長さ 1 の道で，$d(u, v) = 1$ です．

任意の $u, v \in V$ に対して，u から v への歩道が存在するときにグラフ G は**連結グラフ**といい，そうでないとき**非連結グラフ**といいます．また，1 点からなるグラフは連結グラフとします．

> **定理 7-1　サイズの限界値**
>
> 連結グラフ $G = (V, E)$ に対して，
>
> $$|V| - 1 \leq |E| \leq {}_{|V|}C_2$$
>
> が成立します．

> **証明**
>
> $E = \begin{pmatrix} V \\ 2 \end{pmatrix}$ のとき G は連結グラフなので $|E|$ の上限は $_{|V|}C_2$ となります．$|E|$ に関する帰納法で $|E|$ の下限を与える式 $|V|-1 \leq |E|$ を証明します．$|E|=0$ のとき，G が連結グラフであることより $|V|=1$ なので不等式が成立します．$|E|>0$ のとき，サイズが $|E|$ より小さいグラフで不等式が成立していると仮定します．もっともサイズが小さい連結グラフ G を考えます．辺 $e \in E$ を取り除いた部分グラフ $G' = (V, E \setminus \{e\})$ は非連結グラフとなり，G' は2つの連結グラフからなるので，それらを $G_1=(V_1, E_1)$, $G_2=(V_2, E_2)$, $V=V_1 \cup V_2$, $E=E_1 \cup E_2 \cup \{e\}$ とおきます．帰納法の仮定より $|V_i|-1 \leq |E_i|$（$i=1, 2$）なので
>
> $$|V|-2 = (|V_1|+|V_2|)-2$$
> $$= (|V_1|-1)+(|V_2|-1) \leq |E_1|+|E_2| = |E|-1$$
>
> より $|V|-1 \leq |E|$ が成立します． □

■練習問題 7-2

完全グラフ K_4 の全域部分グラフをすべて求めなさい．ただし，辺のサイズ，連結・非連結ごとに部分グラフを分けなさい．

7-4 正則グラフ

点 $x \in V$ に接続している辺の個数 $|\{\{x, y\} \in E | y \in V\}|$ を x の**次数**といい，$\deg(x)$ と書きます．すべての点の次数が等しいグラフを**正則グラフ**といい，特に次数が k のとき k-**正則グラフ**といいます．

例えば，完全グラフ K_n は $(n-1)$-正則グラフ，n 角形グラフは 2-正則グラフ，ピーターソングラフは 3-正則グラフです．

例題 7-2：位数 5 の正則グラフをすべて求めなさい．

解：$V = \{1, 2, 3, 4, 5\}$ とします．次数 k の可能性は，0, 1, 2, 3, 4 となります．$k = 1$ と $k = 3$ の場合に，点の個数が少ないのですべての可能性を考えるとそのような k-正則グラフが存在しないことがわかります．答えは，空グラフ $N_5 = (V, \emptyset)$，5角形グラフ $(V, \{\{1, 2\}, \{2, 3\}, \{3, 4\}, \{4, 5\}, \{5, 1\}\})$ と完全グラフ $K_5 = \left(V, \binom{V}{2}\right)$ の 3 個です．

次の定理が理解できると，例題 7-2 において $k = 1$ と $k = 3$ の場合に k-正則グラフが存在しない理由がわかります．

| 第7章 |　　　　　　　　　　　　　　　　　　　　　　　グラフ

> **定理 7-2** **握手の補題**
>
> 位数 n のグラフ $G = (V, E)$, $V = \{x_1, x_2, \cdots, x_n\}$ に対し次が成立します.
>
> 1. $2|E| = \sum_{i=1}^{n} \deg(x_i)$
> 2. k-正則グラフ G に対し, $2|E| = |V|k$ となります. 特に, $|V|$ または k は偶数です.

証明

1. 集合 $\{(x_1, y) | y \in V, \{x_1, y\} \in E\} \cup \{(x_2, y) | y \in V, \{x_2, y\} \in E\} \cup \cdots \cup \{(x_n, y) | y \in V, \{x_n, y\} \in E\}$ の要素数は, 各辺をちょうど2個ずつ含むので $2|E|$ です. また, 次数の定義より

$$\sum_{i=1}^{n} |\{(x_i, y) | y \in V, \{x_i, y\} \in E\}|$$
$$= \sum_{i=1}^{n} |\{x_i, y\} \in E | y \in V| = \sum_{i=1}^{n} \deg(x_i)$$

です. ゆえに, $2|E| = \sum_{i=1}^{n} \deg(x_i)$ です.

2. すべての点 $x \in V$ に対して $\deg(x) = k$ なので $\sum_{i=1}^{n} \deg(x_i) = |V|k$ です. したがって, 1より $2|E| = |V|k$ となります. 特に, 左辺が偶数なので $|V|$, または k が偶数となります. □

握手の補題 (定理 7-2 の 2) より, 位数 5 の k-正則グラフの可能性は k が偶数の 0, 2, 4 であることがわかります.

7-5 木, 全域木

OP

閉路を含まない連結グラフを**木**といいます．点 $x \in V$ の次数が 1 のとき，つまり $\deg(x) = 1$ のとき，点 x を**葉**といいます．また，閉路を含まない非連結グラフを**林**，または**森**といいます．

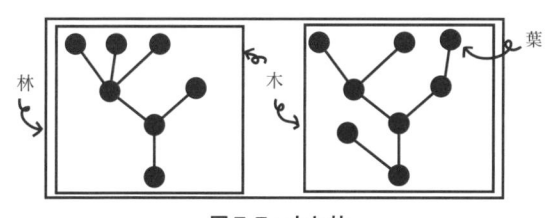

図 7.7：木と林

定理 7-3 木の点の個数

連結グラフ $T = (V, E)$ に対し，次が成立します．
1. T を木とすると，$|E| = |V| - 1$ です．
2. $|E| = |V| - 1$ ならば T は木です．

証明

1. $|V|$ に関する帰納法で示します．
 $|V| = 1$ のとき，$E = \emptyset$ なので $|E| = |V| - 1$ です．
 $|V| > 1$ のとき，位数が $|V|$ より小さいグラフでは成

立していると仮定します．木の定義より T は閉路を含まないので，辺 $e \in E$ を取り除いた部分グラフ $T' = (V, E \setminus \{e\})$ は2つの木からなる林となります．その2つの木を $T_1 = (V_1, E_1)$, $T_2 = (V_2, E_2)$, $V = V_1 \cup V_2$, $E = E_1 \cup E_2 \cup \{e\}$ とします．帰納法の仮定より $|E_i| = |V_i| - 1 (i = 1, 2)$ なので，

$$|E| = |E_1| + |E_2| + 1 = (|V_1| - 1) + (|V_2| - 1) + 1$$
$$= (|V_1| + |V_2|) - 1 = |V| - 1$$

となり，$|E| = |V| - 1$ が成立します．

2. T の全域部分グラフで木であるものを $T' = (V, E')$, $E' \subset E$ とすると1より $|E'| = |V| - 1$ です．$|E| = |V| - 1$ なので $|E'| = |E|$, $E' \subset E$ より $E = E'$, つまり $T = T'$ が成り立ちます．ゆえに，T は木です． □

連結グラフ $G = (V, E)$ の全域部分グラフ T が木であるとき，T を**全域木**といいます．定理7-1と定理7-3より，G が重みつき連結グラフのときに G の連結な部分グラフ $G' = (V, E')$ の中で E' の辺の重みの総和 $\sum_{e \in E} w(e)$ が最小となるのは G' が全域木のときであることがわかります．このようなグラフ G' を G の**最小全域木**といいます．

§7-6 隣接行列, 接続行列

グラフを集合により定義し図で表しました．ここでは，グラフを行列で表現することを考えます．この行列を使うと，グラフの性質を導けます．

位数が n でサイズが m のグラフ $G=(V, E)$ の点集合, 辺集合を, $V=\{x_1, x_2, \cdots, x_n\}$, $E=\{e_1, e_2, \cdots, e_m\}$ とします．また，n 行 n 列の行列 A を, $\{x_i, x_j\} \in E$ のとき A の i 行 j 列の成分を1, そうでないとき0とします．このとき，A を G の**隣接行列**といいます．n 行 m 列の行列 B を, 点 x_i が辺 e_j の端点のとき, B の i 行 j 列の成分を1, そうでないとき0とします．このとき，B を G の**接続行列**（または**結合行列**）といいます．

例題7-3：$V=\{1, 2, 3, 4\}$, $E=\{\{1, 2\}, \{1, 3\}, \{1, 4\}, \{2, 3\}, \{3, 4\}\}$ とするとき，グラフ $G=(V, E)$ の隣接行列 A と接続行列 B を求めなさい．

解：
$$A = \begin{pmatrix} 0 & 1 & 1 & 1 \\ 1 & 0 & 1 & 0 \\ 1 & 1 & 0 & 1 \\ 1 & 0 & 1 & 0 \end{pmatrix}, \quad B = \begin{pmatrix} 1 & 1 & 1 & 0 & 0 \\ 1 & 0 & 0 & 1 & 0 \\ 0 & 1 & 0 & 1 & 1 \\ 0 & 0 & 1 & 0 & 1 \end{pmatrix}$$
です．

（問題文中の点と辺の順番で求めた場合の A, B です．点や辺の順番を変えると A や B は変わります．）

隣接行列 A，または接続行列 B はグラフ G から求めました．逆の操作を行うと A，または B から G が得られることがわかります．G が無向グラフならば，${}^t A = A$（${}^t A$ は A の転置行列です）なので A は対称行列です．また，B の行の和が対応する点の次数であり，列の和は 2 です．

定理 7-4

前ページで準備した記号の下で，次の等式が成立します．

$$B^t B = A + \begin{pmatrix} \deg(x_1) & 0 & \cdots & 0 \\ 0 & \deg(x_2) & \cdots & 0 \\ \vdots & \vdots & \ddots & \vdots \\ 0 & 0 & \cdots & \deg(x_n) \end{pmatrix}$$

証明

$B = (b_{ij})$ とすると行列の積の定義より

$$B^t B \text{ の } i \text{ 行 } j \text{ 列の成分} = \sum_{k=1}^{n} b_{ik} b_{jk}$$

です．すると，b_{ik} は 0 または 1 なので $b_{ik}b_{jk}=0$，または $b_{ik}b_{jk}=1$ です．$i \neq j$ のとき $b_{ik}b_{jk}=1$ となるのは x_i と x_j がそれぞれ e_k と接続しているとき，つまり $e_k = \{x_i, x_j\}$ であり，かつそのときに限ります．したがって，

$$\sum_{k=1}^{n} b_{ik} b_{jk} = \begin{cases} 1 & \{x_i, x_j\} \in E \text{ のとき} \\ 0 & \{x_i, x_j\} \notin E \text{ のとき} \end{cases}$$

です．$i=j$ のとき，$b_{ik}b_{ik}=1$ となるのは x_i と e_k と接続しているとき，かつそのときに限ります．したがって，

$$\sum_{k=1}^{n} b_{ik} b_{ik} = |\{e_k \in E | x_i \in e_k\}| = \deg(x_i)$$

です．ゆえに，定理 7-4 において左辺と右辺の行数と列数，各 $i, j \in \{1, 2, \cdots, n\}$ に対して左辺と右辺の i 行 j 列

成分が等しいので等式が成立します． □

定理 7-5

グラフの隣接行列に対しては次が成立します．

1. A^l の i 行 j 列の成分 $= x_i$ から x_j への長さ l の歩道の数

2. A^2 の i 行 j 列の成分 $= \begin{cases} x_i \text{から} x_j \text{への長さ2の道の数} & i \neq j \text{のとき} \\ \deg(x_i) & i = j \text{のとき} \end{cases}$

3. $\dfrac{1}{6} \mathrm{tr}(A^3) = G$ に含まれる長さ3の閉路の個数

ただし，$l \geq 1$，tr は行列のトレース（対角成分の総和）を表します．

証明

1. l に関する帰納法で示します．

$l=1$ のとき，隣接行列と歩道の定義より成立します．$l>1$ のとき，$A^{l-1} = (a_{ij}^{(l-1)})$，つまり $a_{ij}^{(l-1)}$ は x_i から x_j への長さ $l-1$ の歩道の数と仮定します．$A^l = A^{l-1} A$ なので行列の積の定義より

$$A^l \text{の} i \text{行} j \text{列の成分} = \sum_{k=1}^{n} a_{ik}^{(l-1)} a_{kj} \quad (7\text{-}1)$$

です．$a_{ik}^{(l-1)} a_{kj} \neq 0$ ならば $a_{ik}^{(l-1)} \neq 0$ かつ $a_{kj} \neq 0$ となります．$a_{ik}^{(l-1)} \neq 0$ かつ $a_{kj} \neq 0$ のとき $a_{ik}^{(l-1)} a_{kj}$ は x_i から x_k の長さ $l-1$ の歩道に x_k から x_j へ長さを1つ増やした歩道の数を表しています．ここで，$k = 1, 2, \cdots, n$ なので (7-1) 式の右辺は x_i から x_j への長さ l の歩道の数を数えています．し

したがって，A^l の i 行 j 列の成分は x_i から x_j への長さ l の歩道の数と等しいです．

2. 始点 x_i と終点 x_j が異なる長さ 2 の歩道 (x_i, x_k, x_j) はすべての点が異なるので長さ 2 の道です．また，始点と終点が等しい長さ 2 の歩道 (x_i, x_k, x_i) は，x_i に隣接しているすべての点 x_k に対して作ることができます．つまり，$\{x|x\in V, (x_i, x, x_i) \text{は長さ} 2 \text{の歩道}\} = \{x|x\in V, \{x_i, x\}\in E\}$ です．したがって 1 より，成立します．

3. 始点と終点が等しい長さ 3 の歩道は長さ 3 の閉路です．長さ 3 の閉路 (x_i, x_j, x_k, x_i) は (x_i, x_k, x_j, x_i)，(x_j, x_i, x_k, x_j)，(x_j, x_k, x_i, x_j)，(x_k, x_i, x_j, x_k)，(x_k, x_j, x_i, x_k) と等しく，$\text{tr}(A^3)$ においてはそれぞれ 6 回ずつ重複して数えられています．したがって 1 より成立します． □

　理工系学部の 1 年生は線形代数という科目で行列の余因子を学びます．行列の逆行列を求めるのに使われる余因子ですが，ここでは全域木の個数を求めるのに使うことができます．

定理 7-6　グラフ G の，隣接行列を A とします．

$$M = \begin{pmatrix} \deg(x_1) & 0 & \cdots & 0 \\ 0 & \deg(x_2) & \cdots & 0 \\ \vdots & \vdots & \ddots & \vdots \\ 0 & 0 & \cdots & \deg(x_n) \end{pmatrix} - A$$

> とすると，$\tilde{m}_{ij} = G$ の全域木の個数が成り立ちます．ただし，$\tilde{m}_{ij}$ は M の i 行 j 列目の余因子を表します．

すべての全域木を書き上げてその個数を数えてみましょう．

例題 7-4 : $V = \{x_1, x_2, x_3, x_4\}$，$E = \{\{x_1, x_2\}, \{x_1, x_4\}, \{x_2, x_3\}, \{x_2, x_4\}, \{x_3, x_4\}\}$ のとき，グラフ (V, E) の全域木を求めなさい．

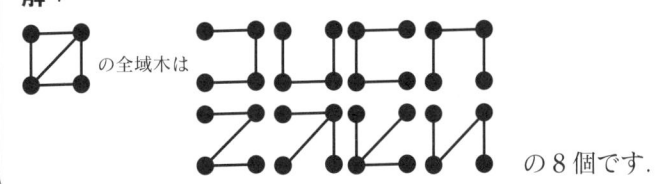

解 :

の全域木は ……… の 8 個です．

■練習問題 7-3

1. 例題 7-4 のグラフ (V, E) の隣接行列 A を求めなさい．
2. A^2, A^3 を計算しなさい．
3. $M = \begin{pmatrix} \deg(x_1) & 0 & 0 & 0 \\ 0 & \deg(x_2) & 0 & 0 \\ 0 & 0 & \deg(x_3) & 0 \\ 0 & 0 & 0 & \deg(x_4) \end{pmatrix} - A$

の各余因子が 8 に等しいことを確かめなさい．

§ 7-7 最短経路問題　OP

　重み関数を w とする重みつき連結グラフ $G = (V, E)$ においてすべての辺 $e \in E$ の重み $w(e)$ は正の値とします．始点 x から終点 y への最短距離とは，x から y への歩道に属する辺の重みの総和の最小値とします．また，最短経路は最短距離となる道とします．

　最短経路を求めるアルゴリズムのアイデアは x から y への最短経路上の点 u をとると，この経路上の x から u への道は最短経路になっていることです．したがって，x から y まで順番に隣接する点の最短経路を繰り返し求めていくという手順になります．具体的には次のアルゴリズムの手順3において H の中で $d(u)$ の値が最小の点 u は x からの最小距離が $d(u)$ になっています．最短経路ではなくて最短距離を出力するアルゴリズムに書き換えたものを紹介します．

ダイクストラのアルゴリズム（最短距離のみ）（ダイクストラ法）：

---

w を重み関数とする重みつき連結グラフ $G = (V, E)$，始点 x，終点 y を入力して x から y への最短距離を次の手順により出力します．
1. $H \leftarrow V$ とします．
2. $d(x) \leftarrow 0$，各 $v \in V \setminus \{x\}$ に対して $d(v) \leftarrow \infty$ とします．
3. H の要素 u で $d(u)$ が最小の点を1つとる（2つ以上ある場合は無作為に選んでよい）．

4. $u = y$ ならば最短距離は $d(y)$ と出力して終了します．
5. u に隣接するすべての点 v に対して $e = \{u, v\}$ とし，$v \in H$，$d(v) > d(u) + w(e)$ ならば $d(v) \leftarrow d(u) + w(e)$ とします．
6. $H \leftarrow H \setminus \{u\}$ とし，3 に戻ります．

※アルゴリズム中の ← は代入を表します．

それでは，実際にアルゴリズムを実行してみましょう．

例題 7-5：下図のような重みつきグラフに対して，始点 x から終点 y への最短距離を求めなさい．

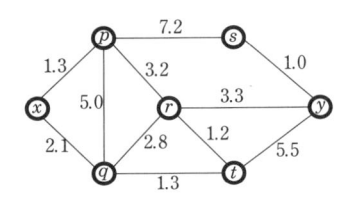

解：手順 6 を終えるまでを 1 回目，2 回目，…と書くことにします．
（1 回目）
1. $H = \{x, y, p, q, r, s, t\}$ です．
2. $d(x) = 0$，$d(v) = \infty$，$v \in V \setminus \{x\}$ とします．次の図のようになります（以降の図では，点の近くの数字は x から v までの最短距離の候補 $d(v)$ を表します）．

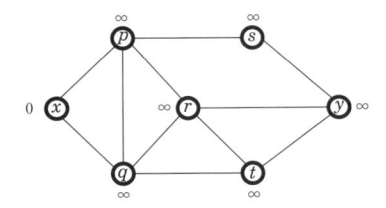

3. $u = x$ とします。

4. $u \neq y$ なので終了しません（以降省略します）。

5. $d(p) > d(x) + w(\{x, p\})$ なので $d(p) = d(x) + w(\{x, p\}) = 1.3$. $d(q) > d(x) + w(\{x, q\})$ なので $d(q) = d(x) + w(\{x, q\}) = 2.1$. 次の図のようになります。

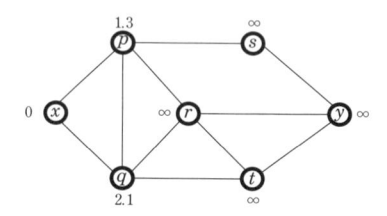

6. $H = \{y, p, q, r, s, t\}$ とします。

（2回目）

3. $u = p$ とします。

5. $d(q) < d(p) + w(\{p, q\})$ です。$d(r) > d(p) + w(\{p, r\})$ なので $d(r) = d(p) + w(\{p, r\}) = 4.5$ とします。$d(s) > d(s) + w(\{p, s\})$ なので $d(s) = d(p) + w(\{p, s\}) = 8.5$. 次の図のようになります。

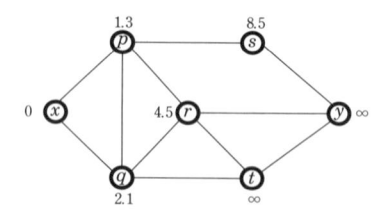

6. $H = \{y, q, r, s, t\}$ とします。

（3回目）

3. $u = q$ とします。

5. $d(r) < d(q) + w(\{q, r\})$ です。$d(t) > d(q) + w(\{q, t\})$ なので $d(t) = d(q) + w(\{q, t\}) = 3.4$. 次の図のようになります。

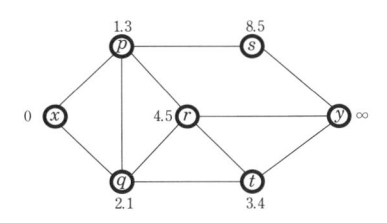

(4回目)
3. $u = t$ とします.
5. $d(r) < d(t) + w(\{t, r\})$ です. $d(y) > d(t) + w(\{t, y\})$ なので $d(y) = d(t) + w(\{t, y\}) = 9.9$.

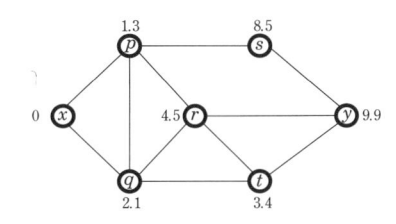

6. $H = \{y, r, s\}$ とします.

(5回目)
3. $u = r$ とします.
5. $d(y) > d(r) + w(\{r, y\})$ なので $d(y) = d(r) + w(\{r, y\}) = 7.8$.

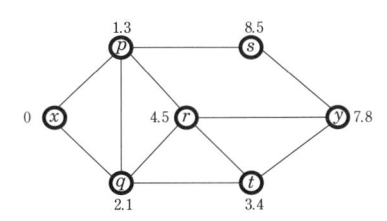

6. $H = \{y, s\}$ とします.

（6回目）
3. $u = y$ とします.
4. 最短距離は $d(y) = 7.8$ と出力して終了します.

このアルゴリズムでは最短経路を出力する部分がありませんので次の問題を考えてください.

■練習問題 7-4

アルゴリズムに最短経路を求める手順を追加しなさい.

§7-8 オイラーグラフとハミルトングラフ OP

身近な例としては，新聞配達，郵便配達，ポストからの郵便物の回収などを行う際に，その道順に無駄がないようにしたいという要望があります．そのような性質をもつグラフを考えてみます．

定義 7-2

オイラーグラフ
すべての辺をちょうど1回ずつ通る回路を**オイラー回路**といい，オイラー回路をもつグラフを**オイラーグラフ**といいます．

次の定理より，オイラーグラフであるかそうでないかの判定ができます．

定理 7-7

連結グラフ G がオイラーグラフであるための必要十分条件は，すべての点の次数が偶数であることです．

証明

G をオイラーグラフとします．任意の点 $x \in V$ をオイラー回路の始点と考えたときに，はじめに x に接続する辺を行きいくつかの辺を通った後に x に接続する別の辺で x

戻ってきます．オイラー回路において行くと戻るの2辺を通ることを繰り返し，x がオイラー回路の終点となることを考えると偶数個の辺に接続していることになります．

すべての点の次数は偶数とします．$(x_0, x_1, \cdots, x_l)$ を G の最も長い小道とすると，x_l に接続する辺はすべてこの小道に含まれています．よって，x_l の次数が偶数なので $x_0 = x_l$ となります．$\{x_0, x_1, \cdots, x_l\} \neq V$ とすると G が連結なので $\{x_i, y\} \in E$ を満たす i と $y \in V \setminus \{x_0, x_1, \cdots, x_l\}$ が存在します．$(y, x_i, x_{i+1}, \cdots, x_l = x_0, x_1, \cdots, x_{i-1})$ は小道となり，$(x_0, x_1, \cdots, x_l)$ が最長の小道であることに矛盾します．ゆえに，$\{x_0, x_1, \cdots, x_l\} = V$ となり $(x_0, x_1, \cdots, x_l)$ がオイラー回路となります．したがって，G はオイラーグラフです． □

定義 7-3 ハミルトングラフ

すべての点をちょうど1回ずつ通る閉路（道）を**ハミルトン閉路（道）**といい，ハミルトン閉路をもつグラフを**ハミルトングラフ**といいます．

位数が3以上の完全グラフや n 角形グラフにはハミルトン閉路が存在します．点の次数が大きくなると握手の補題（p.172，定理7-2）よりサイズが多くなります．サイズが大きいグラフはハミルトングラフの可能性が高いと予想できます．

定理 7-8

連結グラフ $G = (V, E)$ に対し，次が成立します．

1. （オーレ）任意の $\{x, y\} \notin E$ に対して $\deg(x) + \deg(y) \geq |V|$ ならば，G はハミルトングラフです．

2. （ディラック）任意の $x \in V$ に対して $\deg(x) \geq \dfrac{|V|}{2}$ ならば，G はハミルトングラフです．

証明

1. G はハミルトングラフではなく，辺 $\{x, y\}$ を加えるとハミルトングラフになると仮定します．すると，$G' = (V, E \cup \{\{x, y\}\})$ はハミルトングラフであり，G' のハミルトン閉路は辺 $\{x, y\}$ をかならず含みます．$(x, x_1, \cdots, x_v, y, x)$ を G' のハミルトン閉路とすると，$(x, x_1, \cdots, x_v, y)$ は G のハミルトン道となります．$\deg(x) + \deg(y) \geq |V|$ なので，ある i について $\{x, x_{i+1}\}, \{y, x_i\} \in E$ となります．$(x, x_1, \cdots, x_i, y, x_v, x_{v-1}, \cdots, x_{i+1}, x)$ は G のハミルトン閉路となり仮定に矛盾します．ゆえに，G はハミルトングラフです．

2. 1 より成立します． □

■練習問題 7-5

§7-2 のピーターソングラフを $P = (V, E)$ とします．任意の $v \in V$ に対して誘導部分グラフ $\left(V \setminus \{v\}, E \cap \dbinom{V \setminus \{v\}}{2}\right)$ がハミルトングラフであることを示しなさい．

§ 7-9 平面グラフ

　平面に辺の交わりなく表わされた下のようなグラフを**平面グラフ**といいます[2]．平面グラフとして表せる，点集合 V と辺集合 E で定義されたグラフを**平面的グラフ**といいます．平面グラフは平面を点と辺によりいくつかの領域に分割します．例えば，位数が 6，サイズが 8 の次のグラフの領域数は 4 となります．

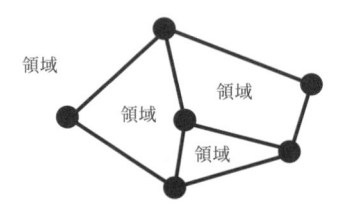

> **定理 7-9**
>
> **オイラーの公式**
> 位数 n，サイズ m，領域数 r の連結平面グラフに G に対し
>
> $$n - m + r = 2$$
>
> が成立します．

---
[2] グラフは定義 7-1 で集合により定義しました．平面グラフは集合ではなく図で定義します．

証明

m に関する帰納法で示します．

$m=0$ のとき，G は連結なので $n=1$ より $r=1$ となります．よって $n-m+r=2$ が成立します．

$m>0$ のとき，サイズが $m-1$ 以下のグラフに対しては定理が成立しているとします．G が木のとき $r=1$ であり，定理 7-3 より $m=n-1$ なので，$n-m+r=2$ が成立します．G が木ではないとき，閉路が存在し，その閉路上の辺を1つ取り除いた部分グラフを G' とします．G' は連結平面グラフであり，位数，サイズ，領域数がそれぞれ $n, m-1, r-1$ なので帰納法の仮定より $n-(m-1)+(r-1)=2$ です．ゆえに，$n-m+r=2$ です． □

系 7-1

位数 n，サイズ m，領域数 r の連結平面グラフ G に対し，$n \geq 3$ とすると

$$m \leq 3n-6. \qquad (7\text{-}2)$$

特に，G が長さ3の閉路を含まないならば式（7-3）が成立します．

$$m \leq 2n-4. \qquad (7\text{-}3)$$

証明

領域ごとに辺を数えると，各辺は接している2つの領域で重複して2回数えられるので，総和が $2m$ となります．各領域は3辺以上で囲まれているので $3r \leq 2m$ となります．よって，オイラーの公式（定理 7-9）より $m \leq 3n-6$ です．特に，長さ3の閉路を含まないならば各領域が4辺以上で囲まれ

> ていることより $4r \leq 2m$ となります.よって,$m \leq 2n-4$ が成立します.　　　　　　　　　　　　　　　　　　□

系より §7-2 で定義をしたグラフ K_5, $K_{3,3}$ は平面的グラフではありません.またグラフが平面的である必要十分条件は K_5, $K_{3,3}$ の辺上に点をおいたグラフを部分グラフとして含まないことが示されています.したがって,ピーターソングラフは平面的ではないことがわかります.

§ 7-10 線形代数的グラフ

　線形代数では行列式や行列の固有値を学びます．ここではグラフの隣接行列の行列式や固有値がグラフの性質と関係していることをみていきます．グラフの性質を調べるのに隣接行列を用いるのは強力な方法です．

　グラフ $G=(V, E)$ の隣接行列を A とします．A の固有値 λ を，グラフ G の**固有値**といいます．A が実対称行列なので，固有値はすべて実数となり，ある直交行列 P により $P^{-1}AP$ は対角成分を A の固有値とする対角行列となります．固有値は実数ですが，固有値からグラフのサイズを計算できるなど整数に関連した性質をもっています．

定理 7-10　グラフの固有値の和

位数 n のグラフ G の固有値を $\lambda_1, \lambda_2, \cdots, \lambda_n$ とすると，次が成り立ちます．

1. $\displaystyle\sum_{i=1}^{n}\lambda_i = 0$,　　2. $\displaystyle\sum_{i=1}^{n}\lambda_i^2 = 2|E|$.

証明

1. G の隣接行列 $A=(a_{ij})$ の固有多項式を $f_A(x)=|xI-A|$（I は単位行列）とします．n 次多項式 $f_A(x)$ の x^{n-1} の係数は行列式の定義より $-(a_{11}+a_{22}+\cdots+a_{nn})$ です．また，$\lambda_1, \lambda_2, \cdots, \lambda_n$ が n 次方程式 $f_A(x)$

> $=0$ の解なので $f_A(x) = (x-\lambda_1)(x-\lambda_2)\cdots(x-\lambda_n)$ より，x^{n-1} の係数は $-(\lambda_1+\lambda_2+\cdots+\lambda_n)$ です．したがって，$a_{ii}=0$ より $\sum_{i=1}^{n}\lambda_i=0$ です．
>
> 2. A^2 の固有値が $\lambda_1^2, \lambda_2^2, \cdots, \lambda_n^2$ なので $\mathrm{tr}(A^2)=\sum_{i=1}^{n}\lambda_i^2$ です．また，定理7-5と握手の補題（定理7-2）より，$\mathrm{tr}(A^2)=\sum_{i=1}^{n}\deg(x_i)=2|E|$ です．ゆえに，$\sum_{i=1}^{n}\lambda_i^2=2|E|$ です． □

定理 7-11 固有多項式の係数

グラフ G の隣接行列 A の固有多項式を $f_A(x)=x^n+c_1x^{n-1}+c_2x^{n-2}+\cdots+c_n$ とすると次が成り立ちます．

1. $c_1=0$．
2. $-c_2=|E|$．
3. $-c_3=G$ に含まれる長さ3の閉路の個数の2倍．

証明 $f_A(x)$ を $n-k$ 回微分して $x=0$ とすることより次の式が得られます．

$$c_k=(-1)^k\sum_{i_1<i_2<\cdots<i_k}\begin{vmatrix} a_{i_1i_1} & a_{i_1i_2} & \cdots & a_{i_1i_k} \\ a_{i_2i_1} & a_{i_2i_2} & \cdots & a_{i_2i_k} \\ \vdots & \vdots & \ddots & \vdots \\ a_{i_ki_1} & a_{i_ki_2} & \cdots & a_{i_ki_k} \end{vmatrix}$$

(ここで $\begin{vmatrix} a_{i_1i_1} & a_{i_1i_2} & \cdots & a_{i_1i_k} \\ a_{i_2i_1} & a_{i_2i_2} & \cdots & a_{i_2i_k} \\ \vdots & \vdots & \ddots & \vdots \\ a_{i_ki_1} & a_{i_ki_2} & \cdots & a_{i_ki_k} \end{vmatrix}$ を k 次の主小行列式といいます)

この式を $k = 1, 2, 3$ のときに考えてみます.

1. $a_{11} = a_{22} = \cdots = a_{nn} = 0$ なので, $c_1 = 0$ です.

2. A の 2 次の主小行列式は $\begin{vmatrix} 0 & 0 \\ 0 & 0 \end{vmatrix}, \begin{vmatrix} 0 & 1 \\ 1 & 0 \end{vmatrix}$ の 2 つです. 前者の主小行列式は 0 です. 1 つの辺に対して後者の主小行列式があるので $c_2 = (-1)^2(-|E|) = -|E|$ が成り立ちます.

3. A の 3 次の主小行列式で 0 でないものは $\begin{vmatrix} 0 & 1 & 1 \\ 1 & 0 & 1 \\ 1 & 1 & 0 \end{vmatrix} = 2$ です. よって, 長さ 3 の閉路に対してこの主小行列式があるので $c_3 = (-1)^3$ (長さ 3 の閉路 × 2) です. □

第7章の章末問題

1. 完全グラフ K_n のサイズを求めなさい．

2. 完全2部グラフ $K_{m,n}$ の位数とサイズを求めなさい．

3. グラフ G の点 x, y に対して，始点 x，終点 y の歩道が存在するときに $x \sim y$ とします．$\sim$ が V 上の同値関係であることを示しなさい．

4. 連結グラフ G の任意の点 x, y, z に対して，d が次の距離の公理を満たすことを示しなさい．
   (1) $d(x, y) \geq 0$．また，$d(x, y) = 0 \leftrightarrow x = y$． (2) $d(x, y) = d(y, x)$．
   (3) $d(x, z) \leq d(x, y) + d(y, z)$．

5. 点 x に対して $N(x) = \{y \in V | d(x, y) = 1\}$ とします．任意の点 x に対して誘導部分グラフ $\left(N(x), E \cap \binom{N(x)}{2} \right)$ が4角形グラフに同型な連結グラフ (V, E) を求めなさい．

6. K_n, $K_{m,n}$ が平面的グラフとなる条件をそれぞれ求めなさい．

7. 位数6のオイラーグラフをすべて求めなさい．

8. 正 r 面体（$r = 4, 6, 8, 12, 20$）は頂点，それらを結ぶ辺によりグラフとみることができます．このとき，これらのグラフが平面的グラフであることを確かめなさい．また，各平面グラフの位数，サイズ，領域数を求めなさい．

第8章

論理回路

　身の回りの多くの機器がアナログからデジタルに変わっています．デジタル機器では0，1の2値を組合せてデータを扱い，機械を制御しています．このように0，1の2値を入力と出力とする回路が論理回路です．この章では，入力と出力の関係を数学的に表現する方法，その表現を簡単化する方法，与えられた条件を満たす論理回路を設計する方法を学びます．

8-1 論理関数

1 組合せ回路

0, 1 の 2 値を入力と出力とする回路が**論理回路**です．論理回路をどのような電子部品で構成しているのか，どのような仕組みで 2 値を表しているのかはここでは構わずに，入力と出力との関係について学びます．そして，与えられた入力と出力の条件を満たす論理回路をどのように設計するかということを学びます．

なお，論理回路は出力値 $y_1, y_2, \cdots, y_m$ が，現在の入力値 $x_1, x_2, \cdots, x_n$ だけで決まるものと，現在だけでなく過去の入力にも依存して決まるものとに分けられます．前者は**組合せ回路**と呼ばれ，後者は**順序回路**あるいは**順序機械**と呼ばれます．

組合せ回路では，出力 y_i ($i = 1, \cdots, m$) は入力 $x_1, \cdots, x_n$ で決まるので

$$y_i = f_i(x_1, \cdots, x_n)$$

のように関数として表せます．一方，順序回路では，変化する状態を 2 進数 $z_1, \cdots, z_l$ で記憶し，それらも入力として状態を変化させます（図 8.1）．

記憶をもつ機械については次章で扱うことにして，本章では組合せ回路について扱います．なお，n 入力，m 出力の組合せ回路も，n 入力，1 出力の組合せ回路を m 個並べればよいと考えられるので，以降では組合せ回路を n 入力，1 出力として扱います．

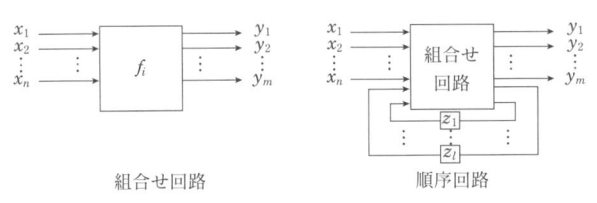

図 8.1：論理回路

2 論理関数

　前述のように，変数値も関数値も 0 か 1 しかとらない関数は組合せ回路を数学的に表現しています．すなわち，この関数を $f(x_1, x_2, \cdots, x_n)$ と表したとき，変数 $x_1, x_2, \cdots, x_n$ も関数 f も値は 0 か 1 です．そのような関数を**論理関数**といい，その変数を**論理変数**といいます．そして n 個ある論理変数の 0, 1 の組合せによって論理関数の値 0, 1 が定まります．したがって論理関数を次のように定義できます．

> **定義 8-1　論理関数**
>
> n 変数論理関数 $f(x_1, x_2, \cdots, x_n)$ は
>
> $$\text{写像} f: \{0, 1\}^n \to \{0, 1\}$$
>
> です．そして，関数値 1 を与える論理変数値の組合せすべてを示すことによって 1 つの論理関数が定まります．

　まず，変数が 0 個の関数 f は $f=0$ か $f=1$ の 2 個しかありません．次に 1 変数の論理関数について考えます．通常の関数ならば変数が 1 個だけであっても $f(x)=2x$ や $f(x)=\sin x$ など無数の関数がありますが，論理関数ならば 4 個しかありません．なぜならば，x のとり得る値が 2 通

り，その各々に対して $f(x)$ のとり得る値が 2 通りであり，x と $f(x)$ との対応は 4 通りだからです．その 4 つの関数に f_0, f_1, f_2, f_3 と名付けて，変数と関数の値の対応を図と表にして下に示します．このように 1 変数論理関数は，$\{0, 1\}$ から $\{0, 1\}$ への写像でもあります．

表 8.1：1 変数論理関数

x	$f(x)$			
0	0	0	1	1
1	0	1	0	1
	f_0	f_1	f_2	f_3

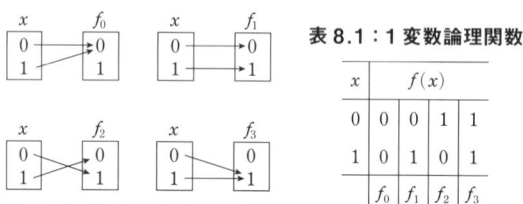

図 8.2：1 変数論理関数

次に，2 変数論理関数 $f(x_1, x_2)$ について考えます．2 変数 (x_1, x_2) がとり得る値の組合せは，$(0, 0)$，$(0, 1)$，$(1, 0)$，$(1, 1)$ の $2^2 = 4$ 通りです．そのそれぞれに対して，関数値が 0 か 1 かを対応づけることによって，1 つの関数が定まります．したがって，2 変数論理関数は，$\{0, 1\}^2$ から $\{0, 1\}$ への写像です．そして，4 通りの変数の組合せに対して関数値がとり得る値は 2 通りだから，2 変数の論理関数の個数は $2^4 = 16$ です．それらを $f_0, f_1, \cdots, f_{15}$ として変数の組合せと関数値とを表に示します．

表 8.2：16 個の 2 変数論理関数

x_1	x_2	$f(x_1, x_2)$															
0	0	0	0	0	0	0	0	0	0	1	1	1	1	1	1	1	1
0	1	0	0	0	0	1	1	1	1	0	0	0	0	1	1	1	1
1	0	0	0	1	1	0	0	1	1	0	0	1	1	0	0	1	1
1	1	0	1	0	1	0	1	0	1	0	1	0	1	0	1	0	1
		f_0	f_1	f_2	f_3	f_4	f_5	f_6	f_7	f_8	f_9	f_{10}	f_{11}	f_{12}	f_{13}	f_{14}	f_{15}

■練習問題 8-1

n 変数論理関数の個数を求めなさい．

③ 論理関数の真理値表

論理関数 $f(x_1, x_2, \cdots, x_n)$ を表現する一つの方法は表の利用です．例えば変数値と関数値を表8.3のように対応づけることによって表8.2で f_6 で表されている2変数論理関数が定まります．なお，このような表を**真理値表**といいます．

表8.3：2変数論理関数 f_6 の真理値表

x_1	x_2	$f(x_1, x_2)$
0	0	0
0	1	1
1	0	1
1	1	0

④ 論理代数

次に，論理関数を式で表現するために，p.77, §3-6で学んだ命題代数の考え方を用いて論理代数を定義します．**論理代数**は，図8.3のハッセ図（§5-4①）で示す全順序集合 $\{0, 1\}$ と，表8.4のように定義する論理積（$\cdot$）・論理和（$\vee$）・否定（￣）の3つの演算とから成ります．

なお，演算の優先順位は高いほうから否定・論理積・論理和です．

表8.4：論理計算

論理積（$\cdot$）	論理和（$\vee$）	否定（￣）
$0 \cdot 0 = 0$	$0 \vee 0 = 0$	$\overline{0} = 1$
$0 \cdot 1 = 0$	$0 \vee 1 = 1$	$\overline{1} = 0$
$1 \cdot 0 = 0$	$1 \vee 0 = 1$	
$1 \cdot 1 = 1$	$1 \vee 1 = 1$	

図8.3：$\{0, 1\}$ のハッセ図

例題8-1：論理代数が p.141, 定義5-12で定義したブール代数であることを示しなさい．

解：定義から論理代数がブール代数であることを示すには，集合

$\{0, 1\}$ が演算 $\vee$, $\cdot$, $^{-}$ の下で，束であり，分配律を満たし，最大元と最小元をもち，補元律を満たすことを示せば十分です．

まず，上限を与える演算 $\vee$ と下限を与える演算 $\cdot$ があり，$0 \vee 0 = 0$, $0 \vee 1 = 1 \vee 0 = 1 \vee 1 = 1$, $0 \cdot 0 = 0 \cdot 1 = 1 \cdot 0 = 0$, $1 \cdot 1 = 1$ であり $\{0, 1\}$ の任意の2つの要素に上限と下限が存在するので $\{0, 1\}$ は束です．

また，$x_1, x_2, x_3 \in \{0, 1\}$ として各々に $0, 0, 0$ から $1, 1, 1$ まで8通りの値を与えたとき $x_1 \cdot (x_2 \vee x_3) = (x_1 \cdot x_2) \vee (x_1 \cdot x_3)$ と $x_1 \vee (x_2 \cdot x_3) = (x_1 \vee x_2) \cdot (x_1 \vee x_3)$ とが成立することを示せるので分配律を満たします．

また，最大元（1）と最小元（0）をもちます．また，$0 \vee \overline{0} = 1$, $0 \cdot \overline{0} = 0$, $1 \vee \overline{1} = 1$, $1 \cdot \overline{1} = 0$ であり，補元律を満たします．

よって，論理代数はブール代数です． □

ここで，これまで学んだ3つのブール代数をまとめます．すなわち，集合 A のべき集合とその上の積・和・補をとる演算（§1-2 ①）から成る集合代数，真理値の集合 $\{F, T\}$ とその上の積・和・否定をとる演算（§3-3 ①と②）から成る命題代数，2値の集合 $\{0, 1\}$ とその上の積・和・否定をとる演算から成る論理代数はいずれもブール代数です．それぞれの代数系の間での，集合，積（下限）・和（上限）・補をとる演算，最小元・最大元の対応は表8.5の通りです．

そして，演算は，集合演算の基本律（p.10，表1.2）に挙げた各規則を満たします．なお，それぞれの代数系では表8.5の対応に従って各規則を読み替えてください．例えば，各代数系での最小元の性質は，集合代数（p.10，表1.2）では"空集合の性質"，命題代数（p.78，表3.10）では"偽（F）の性質"，論理代数では"0の性質"と呼びます．また，最大元の性質はそれぞれ，"全体集合の性質"，"真（T）の性質"，"1の性質"と呼びます．

表8.5：3つのブール代数の対応

	集合代数	命題代数	論理代数
集合	2^U	$\{F, T\}$	$\{0, 1\}$
積をとる演算	$\cap$	$\wedge$	$\cdot$
和をとる演算	$\cup$	$\vee$	$\vee$
補をとる演算	$^{-}$	$\neg$	$^{-}$
最小元	$\emptyset$	F	0
最大元	U	T	1

§ 8-2 論理式の標準形

1 論理式

　ここでは論理関数を式で表します．その式を**論理式**といいます．式を形作るのは，論理代数で定義した演算子（・，∨，￣），論理変数，1, 0，（　），＝です．それらを通常の代数式の規則に従って組み合わせます．なお，他のブール代数と同様に，例えば $(x_1 \cdot x_2) \vee x_3$ の代わりに $x_1 x_2 \vee x_3$ で表すように，積の演算子・や（　）はよく省略されます．

　例えば，p.199 の真理値表 8.3 で表した論理関数は，$\overline{x_1} x_2 \vee x_1 \overline{x_2}$，と表せますが，$(x_1 \vee x_2)(\overline{x_1} \vee \overline{x_2})$，$(x_1 \vee x_2)\overline{x_1 x_2}$，…などのようにも表せます．この例からわかるように，論理関数から真理値表は一意に定まりますが，論理関数から論理式は一意には定まりません．すなわち1つの論理関数を表現する論理式はいくつもあります．そこで，論理関数から一意に定められる標準形があれば，例えば2つの式が表す論理関数が同じかどうか知るのに役立ちます．

2 ２変数論理関数の標準形

　ここでは，2 変数論理関数 $f(x_1, x_2)$ の標準形の作り方について説明します．そのために必要な用語を説明します．

　まず，論理変数およびその否定を**文字**あるいは**リテラル**といいます．以

降では，文字を x^a のように書くこともあり，$a \in \{0, 1\}$ として $x^0 = \bar{x}$，$x^1 = x$ と約束します．

そして，$\bar{x}_1$ や $x_1\bar{x}_2$ のように1個の文字，あるいは複数の異なる文字の論理積を**積項**といいます．さらに，すべての文字から成る積項を**最小項**といいます．2変数 x_1, x_2 の場合の最小項は，$\bar{x}_1\bar{x}_2$, $\bar{x}_1 x_2$, $x_1\bar{x}_2$, $x_1 x_2$ の4つです．

また，$\bar{x}_1$ や $x_1 \vee \bar{x}_2$ のように1個の文字，あるいは複数の異なる文字の論理和を**和項**といいます．さらに，すべての文字から成る和項を**最大項**といいます．2変数 x_1, x_2 の場合の最大項は，$x_1 \vee x_2$, $x_1 \vee \bar{x}_2$, $\bar{x}_1 \vee x_2$, $\bar{x}_1 \vee \bar{x}_2$ の4つです．

表8.6に，変数 x_1, x_2 がとり得る値と，そのときに値1をとる最小項と値0をとる最大項を示します．

表8.6：2変数論理関数の最小項と最大項

変数		関数値	値1をとる	積和標準形	値0をとる	和積標準形
x_1	x_2	$f(x_1, x_2)$	最小項		最大項	
0	0	$f(0, 0)$	$\bar{x}_1\bar{x}_2$	$f(0, 0)\bar{x}_1\bar{x}_2$	$x_1 \vee x_2$	$(f(0, 0) \vee x_1 \vee x_2)$
0	1	$f(0, 1)$	$\bar{x}_1 x_2$	$\vee f(0, 1)\bar{x}_1 x_2$	$x_1 \vee \bar{x}_2$	$\cdot (f(0, 1) \vee x_1 \vee \bar{x}_2)$
1	0	$f(1, 0)$	$x_1\bar{x}_2$	$\vee f(1, 0)x_1\bar{x}_2$	$\bar{x}_1 \vee x_2$	$\cdot (f(1, 0) \vee \bar{x}_1 \vee x_2)$
1	1	$f(1, 1)$	$x_1 x_2$	$\vee f(1, 1)x_1 x_2$	$\bar{x}_1 \vee \bar{x}_2$	$\cdot (f(1, 1) \vee \bar{x}_1 \vee \bar{x}_2)$

さて，論理関数の標準形には，最小項の和の形で表す積和標準形と，最大項の積の形で表す和積標準形があります．

まず，変数値ごとに値1をとる最小項と関数値との論理積を求め，求めた論理積のすべての論理和をとったものが**積和標準形**です．すなわち

$$f(x_1, x_2) = f(0, 0)\bar{x}_1\bar{x}_2 \vee f(0, 1)\bar{x}_1 x_2 \vee f(1, 0)x_1\bar{x}_2 \vee f(1, 1)x_1 x_2$$

の $f(0, 0)$, $f(0, 1)$, $f(1, 0)$, $f(1, 1)$ に関数値を与えると論理関数の積和標準形が得られます．なお，単に**積和形**というときは，積項の論理和を意味します．

一方，変数値ごとに値0をとる最大項と関数値との論理和を求め，求

§8-2　論理式の標準形

めた論理和のすべての論理積をとったものが**和積標準形**です．すなわち

$$f(x_1, x_2) = (f(0, 0) \vee x_1 \vee x_2)(f(0, 1) \vee x_1 \vee \overline{x}_2)(f(1, 0) \vee \overline{x}_1 \vee x_2)$$
$$(f(1, 1) \vee \overline{x}_1 \vee \overline{x}_2)$$

の $f(0, 0)$, $f(0, 1)$, $f(1, 0)$, $f(1, 1)$ に関数値を与えると論理関数の和積標準形が得られます．なお，単に**和積形**というときは，和項の論理積を意味します．

> **例題 8-2**：p.199 の真理値表 8.3 で表した論理関数，すなわち $f(0, 0) = f(1, 1) = 0$, $f(0, 1) = f(1, 0) = 1$ である 2 変数論理関数 $f(x_1, x_2)$ を積和標準形と和積標準形で表しなさい．
>
> **解**：積和標準形：
> $$f(x_1, x_2) = f(0, 0)\overline{x}_1\overline{x}_2 \vee f(0, 1)\overline{x}_1 x_2 \vee f(1, 0)x_1\overline{x}_2 \vee f(1, 1)x_1 x_2$$
> $$= 0\,\overline{x}_1\overline{x}_2 \vee 1\,\overline{x}_1 x_2 \vee 1\,x_1\overline{x}_2 \vee 0\,x_1 x_2 = \overline{x}_1 x_2 \vee x_1\overline{x}_2$$
> 和積標準形：
> $$f(x_1, x_2) = (f(0, 0) \vee x_1 \vee x_2)(f(0, 1) \vee x_1 \vee \overline{x}_2)$$
> $$(f(1, 0) \vee \overline{x}_1 \vee x_2)(f(1, 1) \vee \overline{x}_1 \vee \overline{x}_2)$$
> $$= (0 \vee x_1 \vee x_2)(1 \vee x_1 \vee \overline{x}_2)(1 \vee \overline{x}_1 \vee x_2)(0 \vee \overline{x}_1 \vee \overline{x}_2)$$
> $$= (x_1 \vee x_2)(1)(1)(\overline{x}_1 \vee \overline{x}_2)$$
> $$= (x_1 \vee x_2)(\overline{x}_1 \vee \overline{x}_2)$$

■練習問題 8-2

p.198，表 8.2 にある論理関数 f_{10} を積和標準形と和積標準形で表しなさい．

3 n 変数論理関数の標準形

次に，2 変数論理関数のときと同じ要領で一般の n 変数論理関数 $f(x_1, x_2, \cdots, x_n)$ の標準形を作りましょう．

まず，すべての n 変数論理関数は積和標準形で次のように表せます．

定理 8-1

積和標準形

論理関数 $f(x_1, x_2, \cdots, x_n)$ は

$$
\begin{aligned}
f(x_1, x_2, \cdots, x_n) &= f(0, 0, \cdots, 0)\overline{x}_1\overline{x}_2\cdots\overline{x}_n \\
&\quad \vee f(1, 0, \cdots, 0)x_1\overline{x}_2\cdots\overline{x}_n \\
&\quad \vee f(0, 1, 0, \cdots, 0)\overline{x}_1 x_2\overline{x}_3\cdots\overline{x}_n \\
&\quad \vee \cdots \\
&\quad \vee f(1, 1, \cdots, 1)x_1 x_2\cdots x_n \\
&= \bigvee_{(a_1, a_2, \cdots, a_n)\in\{0, 1\}^n} f(a_1, a_2, \cdots, a_n)x_1^{a_1}x_2^{a_2}\cdots x_n^{a_n}
\end{aligned}
$$

と表せます．これを論理関数 $f(x_1, x_2, \cdots, x_n)$ の **積和標準形**，あるいは**加法標準形**といいます．

なお，式中の $\bigvee$ の記号は，その記号の下に書いてある条件を満たすすべての組合せについて論理和（$\vee$）をとるという意味です．

証明

$(b_1, b_2, \cdots, b_n)$ を $\{0, 1\}^n$ の任意の要素とし，$(x_1, x_2, \cdots, x_n) = (b_1, b_2, \cdots, b_n)$ とします．このとき左辺 $= f(b_1, b_2, \cdots, b_n)$ です．右辺では，すべての i に対して $a_i = b_i$ である最小項 $x_1^{a_1}x_2^{a_2}\cdots x_n^{a_n}$ の値のみが 1 であり他の

最小項の値は 0 です．よって

$$
\begin{aligned}
\text{右辺} &= \bigvee_{(a_1, a_2, \cdots, a_n) \in \{0,1\}^n} f(a_1, a_2, \cdots, a_n) x_1^{a_1} x_2^{a_2} \cdots x_n^{a_n} \\
&= f(b_1, b_2, \cdots, b_n) b_1^{b_1} b_2^{b_2} \cdots b_n^{b_n} \underbrace{\vee 0 \vee \cdots \vee 0}_{(2^n - 1)\text{個}} \\
&= f(b_1, b_2, \cdots, b_n)
\end{aligned}
$$

となります．したがって等式が成立します． □

次に，すべての n 変数論理関数は和積標準形で次のように表せます．

定理 8-2　和積標準形

論理関数 $f(x_1, x_2, \cdots, x_n)$ は

$$
\begin{aligned}
f(x_1, x_2, \cdots, x_n) =\ & (f(0, 0, \cdots, 0) \vee x_1 \vee x_2 \vee \cdots \vee x_n) \\
& (f(1, 0, \cdots, 0) \vee \bar{x}_1 \vee x_2 \vee \cdots \vee x_n) \\
& (f(0, 1, 0, \cdots, 0) \vee x_1 \vee \bar{x}_2 \vee x_3 \vee \cdots \vee x_n) \\
& \cdots (f(1, 1, \cdots, 1) \vee \bar{x}_1 \vee \bar{x}_2 \vee \cdots \vee \bar{x}_n) \\
=\ & \bigwedge_{(a_1, \cdots, a_n) \in \{0,1\}^n} (f(a_1, \cdots, a_n) \vee x_1^{\bar{a}_1} \vee \cdots \vee x_n^{\bar{a}_n})
\end{aligned}
$$

と表せます．これを論理関数 $f(x_1, x_2, \cdots, x_n)$ の**和積標準形**，あるいは**乗法標準形**といいます．

なお，式中の $\bigwedge$ の記号は，その記号の下に書いてある条件を満たすすべての組合せについて論理積（・）をとるという意味です．

証明

$(b_1, b_2, \cdots, b_n)$ を $\{0, 1\}^n$ の任意の要素とし, $(x_1, x_2, \cdots, x_n) = (b_1, b_2, \cdots, b_n)$ とします. このとき左辺 = $f(b_1, b_2, \cdots, b_n)$ です. 右辺では, すべての i に対して $a_i = b_i$ である最大項 $x_1^{\bar{a}_1} \vee x_2^{\bar{a}_2} \vee \cdots \vee x_n^{\bar{a}_n}$ の値のみが 0 であり他の最大項の値は 1 です. よって

右辺 $= \bigwedge_{(a_1, a_2, \cdots, a_n) \in \{0,1\}^n} (f(a_1, a_2, \cdots, a_n) \vee x_1^{\bar{a}_1} \vee x_2^{\bar{a}_2} \vee \cdots \vee x_n^{\bar{a}_n})$

$= (f(b_1, b_2, \cdots, b_n) \vee b_1^{\bar{b}_1} \vee b_2^{\bar{b}_2} \vee \cdots \vee b_n^{\bar{b}_n}) \cdot \underbrace{1 \cdot \cdots \cdot 1}_{(2^n - 1)\text{個}}$

$= f(b_1, b_2, \cdots, b_n)$

となります. したがって等式が成立します. □

この積和標準形（あるいは和積標準形）を使えば, 最小項（あるいは最大項）の順序の違いと最小項内（あるいは最大項内）の論理変数の順序の違いとを除いて論理関数から論理式が一意に定められます.

■練習問題 8-3

$f(x_1, x_2, x_3)$ は, 3 個の変数のうち, ちょうど 2 個が 1 のときのみ関数値が 1 となる論理関数とします. このとき, f を積和標準形, 和積標準形で表しなさい.

8-3 論理式の簡単化

1 ハミング距離

積和標準形の定理 8-1（p.204），あるいは和積標準形の定理 8-2（p.205）によって任意の論理関数を標準形で表せます．しかし，得られた論理式を変形することによって式が簡単になることがあります．簡単な形の論理式を求めることを**簡単化**といいます．

簡単化のために 2 つの積項の間に距離を定義します．まず，$x_1^{a_1} x_2^{a_2} \cdots x_n^{a_n}$ を積項としたとき，$(a_1 a_2 \cdots a_n)$ を積項の **2進表現**といいます．例えば，積項 $x_1 x_2 \overline{x_3}$ の 2 進表現は (110) です．

そして，2 つの積項 $x_1^{a_1} x_2^{a_2} \cdots x_n^{a_n}$，$x_1^{b_1} x_2^{b_2} \cdots x_n^{b_n}$ の各々の 2 進表現 $(a_1 a_2 \cdots a_n)$，$(b_1 b_2 \cdots b_n)$ について，$a_i \neq b_i$ である i $(1 \leq i \leq n)$ の個数を 2 つの積項の**ハミング距離**といいます．例えば，$x_1 x_2 \overline{x_3}$ と $\overline{x_1} x_2 x_3$ の 2 進表現は各々 (110)，(011) でありハミング距離は 2 です．

■練習問題 8-4

2 つの積項 $\overline{x_1} x_2 \overline{x_3} \overline{x_4} x_5$，$x_1 x_2 x_3 \overline{x_4} \overline{x_5}$ のハミング距離を求めなさい．

2 簡単化の条件

ここでは，積和標準形から簡単化を始めることとします．そして，積項の数が少ない式のほうが簡単な式であり，積項の数が同じ場合には文字の数が少ないほうが簡単であると定義します．例えば $x_1x_2 \vee x_1\bar{x}_3 \vee \bar{x}_2x_3$ よりも積項が1つ少ない $x_1 \vee \bar{x}_1\bar{x}_2x_3$ のほうが簡単であり，さらに後者よりも文字が1つ少ない $x_1 \vee \bar{x}_2x_3$ のほうが簡単です．

そこで，積和標準形から積項をまとめて項の数を減らすように式を変形します．ただし，項数が同じ場合には文字が少ないものに変形します．

例題 8-3：p.198，表 8.2 にある関数 f_7 を簡単化しなさい．

解：$f_7 = \bar{x}_1x_2 \vee x_1\bar{x}_2 \vee x_1x_2$　　　（積和標準形）
　　　　$= \bar{x}_1x_2 \vee x_1x_2 \vee x_1x_2 \vee x_1\bar{x}_2$　（交換律，べき等律より）
　　　　$= x_2(\bar{x}_1 \vee x_1) \vee x_1(x_2 \vee \bar{x}_2)$　　（交換律，分配律より）
　　　　$= x_2 \cdot 1 \vee x_1 \cdot 1$　　　　　　　（補元律より）
　　　　$= x_1 \vee x_2$　　　　　　　　　　　（1の性質，交換律より）

なお，この例題で得られた式 $x_1 \vee x_2$ は f_7 の和積標準形であり，積和標準形よりも簡単です．でも，和積標準形のほうが常に簡単であるとは限りません．例えば，積和標準形 x_1x_2 は和積標準形で表すと $(x_1 \vee x_2)(x_1 \vee \bar{x}_2)(\bar{x}_1 \vee x_2)$ であり，この場合は積和標準形のほうが簡単です．

また，例題の変形でわかるように，簡単化の要点は，例えば

$$x_1\bar{x}_2x_3x_4 \vee x_1\bar{x}_2\bar{x}_3x_4 = x_1\bar{x}_2(x_3 \vee \bar{x}_3)x_4 = x_1\bar{x}_2x_4$$

のように，同じ文字から成る2つの積項を探し，ハミング距離が1ならば，2つを1つにまとめることです．そうすると項数も文字数も減ります．

■練習問題 8-5

$f(x_1, x_2, x_3) = \bar{x}_1\bar{x}_2\bar{x}_3 \vee \bar{x}_1\bar{x}_2 x_3 \vee \bar{x}_1 x_2\bar{x}_3 \vee \bar{x}_1 x_2 x_3 \vee x_1 x_2\bar{x}_3 \vee x_1 x_2 x_3$
を簡単化しなさい．

3 ベイチ図表を用いた簡単化

②では，ハミング距離が 1 である 2 つの積項をまとめることによって項数と文字数を論理式から減らして簡単化できることを学びました．ここでは，どの積項とどの積項がまとめられるかがわかりやすく見られるベイチ図表について説明します．

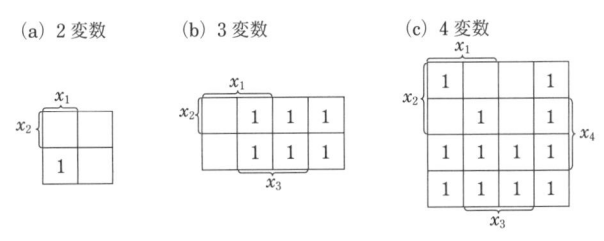

図 8.4：ベイチ図表の例

ベイチ図表の例を図 8.4 に示します．ベイチ図表では，1 つのます目は 1 つの最小項に対応します．そして，x_i と書かれた列，あるいは x_i { と書かれた行にあるます目では変数 x_i の値は 1 であり，それ以外の列あるいは行では変数 x_i の値は 0 です．そして，1 が書かれたます目に対応する変数値では関数値は 1 であり，それ以外のます目では関数値は 0 です．

ここでは，4 変数論理関数 $f(x_1, x_2, x_3, x_4)$ を例として簡単化を説明します．なお，説明の中でます目の位置を指示するために，図 8.5 で各ます目に書き込んだ a，b，c，…を使います．また，値 1 のます目の集合を区画と呼び，縦×横のます目の数で区画の大きさを表すことにします．

そして，区画はその中の1を覆うといいます．

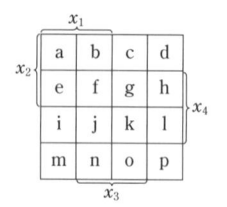

```
          x_1
      ┌──┬──┬──┬──┐
      │a │b │c │d │
   x_2│──┼──┼──┼──┤
      │e │f │g │h │
      │──┼──┼──┼──┤x_4
      │i │j │k │l │
      │──┼──┼──┼──┤
      │m │n │o │p │
      └──┴──┴──┴──┘
          x_3
```

図 8.5：4 変数論理関数の 16 個のます目

ベイチ図表では，ハミング距離が1である2個の最小項を表すます目は上下，あるいは左右につながっています．なお，図表の上下の端どうしもハミング距離は1であり，つながっています．例えば，ます目 a は $x_1 x_2 \overline{x_3} \overline{x_4}$，ます目 m は $x_1 \overline{x_2} \overline{x_3} \overline{x_4}$ でありハミング距離は1です．a と m と同じように，b と n, c と o, d と p もつながっています．また，左右の端でも，a と d, e と h, i と l, m と p がつながっています．

そこで，ベイチ図表を見て，値1のます目が縦方向，あるいは横方向につながっていれば，対応する2×1，あるいは1×2の区画にある1をまとめて1つの積項で表せます．しかも，項数が減ると同時に文字も減ります．例えば，$x_1 x_2 \overline{x_3} \overline{x_4}$（ます目 a）と $x_1 x_2 x_3 \overline{x_4}$（ます目 b）の区画は $x_1 x_2 \overline{x_4}$ にまとめられます．また，$x_1 x_2 \overline{x_3} \overline{x_4}$（ます目 a）と $x_1 \overline{x_2} \overline{x_3} \overline{x_4}$（ます目 m）の区画は $x_1 \overline{x_3} \overline{x_4}$ にまとめられます．

さらに，1×4 か 4×1 か 2×2 の区画で4個の値1がつながっていれば4個をまとめて1つの積項で表せます．例えば，a, b, c, d の 1×4 の区画は $x_2 \overline{x_4}$ にまとめられます．また，端を越えた a, e, d, h の 2×2 の区画は $x_2 \overline{x_3}$ にまとめられますし，四隅の a, d, m, p の 2×2 の区画は $\overline{x_3} \overline{x_4}$ にまとめられます．

さらに，2×4 か 4×2 の区画で8個の値1がつながっていれば8個をまとめて1つの積項で表せます．例えば，c, g, k, o, d, h, l, p の 4×2 の区画は $\overline{x_1}$ にまとめられます．また，端を越えて a, b, c, d と m, n, o, p の 2×4 の区画は $\overline{x_4}$ にまとめられます．

なお，すべてのます目が1のベイチ図表は論理関数 $f=1$ を表します．

以上のことから，ベイチ図表を用いて簡単化するということは，
1. 値1のます目からなり大きさが1×1, 1×2, 2×1, 1×4, 4×1, 2×2, 2×4, 4×2, 4×4の区画の集合で図表にあるすべての1を覆うことです．そして，
2. 区画はできる限り少なくすることです．そして，
3. 区画の数が同じならば区画は大きくすることです．そのために，区画と区画は一部重なっても構いませんので，覆うべき1を覆った区画も，できる限り大きくすることです．

例題 8-4：p.209, 図8.4(c) のベイチ図表で表される論理関数 f を簡単化しなさい．

解：大きな区画でできるだけ多くの1を覆っていくほうが少ない区画ですべての1を覆えますので，大きな区画から見つけていきます．

この例で最大にできる区画は，大きさが8であり，i, j, k, l, m, n, o, p からなる（$\overline{x}_2$ に対応する）区画です．しかし，この区画で覆った1の外に1が残りますので，その次に大きな区画を調べます．

次の大きさは4であり，既出の区画に完全に含まれるものを除くと，d, h, l, p からなる（$\overline{x}_1\overline{x}_3$ に対応する）区画と a, d, m, p からなる（$\overline{x}_3\overline{x}_4$ に対応する）区画です．しかし，これらの区画で覆った後も1が残りますので，その次に大きな区画を調べます．

次の大きさは2であり，既出である区画に完全に含まれるものを除くと，f, j からなる（$x_1 x_3 x_4$ に対応する）区画です．これで，すべての1が覆われます（図8.6）．

したがって，簡単化した論理式は
$$f = \overline{x}_2 \vee \overline{x}_1\overline{x}_3 \vee \overline{x}_3\overline{x}_4 \vee x_1 x_3 x_4$$
です．

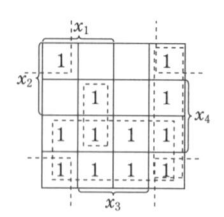

図 8.6 : $f = \bar{x}_2 \vee \bar{x}_1 \bar{x}_3 \vee \bar{x}_3 \bar{x}_4 \vee x_1 x_3 x_4$

なお，変数の数が増えていくと，ベイチ図表の扱いが難しくなりクワイン＝マクラスキ法など別の方法で簡単化します．そこでも，ハミング距離が 1 である 2 つの積項をまとめていくという方針は同じです．必要があれば，論理回路関連の参考書を見てください．

■練習問題 8-6

論理関数 $f = \bar{x}_1 \bar{x}_2 \bar{x}_3 x_4 \vee \bar{x}_1 x_2 \bar{x}_3 x_4 \vee \bar{x}_1 x_2 x_3 x_4 \vee x_1 \bar{x}_2 \bar{x}_3 \bar{x}_4 \vee x_1 \bar{x}_2 \bar{x}_3 x_4 \vee x_1 x_2 \bar{x}_3 \bar{x}_4 \vee x_1 x_2 \bar{x}_3 x_4$ をベイチ図表を用いて簡単化しなさい．

④ 和積形での簡単化

和積形での簡単化には，積和形での簡単化を適用できます．すなわち，f を論理関数とすると，$\bar{f}$ をまず求め，$\bar{f}$ を積和形で簡単化した式を求めます．その式の否定をとることによって，簡単化された和積形が求まります．

例題 8-5：練習問題 8-6 の関数 f を和積形で簡単化しなさい.

解：f のベイチ図表で値 1 のます目を空白に，空白のます目を値 1 に換えることによって $\bar{f}$ のベイチ図表が求まります（図 8.7）．これを用いて簡単化すると

$$\bar{f} = \bar{x}_1\bar{x}_4 \vee x_1 x_3 \vee \bar{x}_2 x_3$$

が求まります．この式の否定をとると，ド・モルガンの法則から

$$\begin{aligned} f &= \overline{\bar{x}_1\bar{x}_4 \vee x_1 x_3 \vee \bar{x}_2 x_3} \\ &= \overline{\bar{x}_1\bar{x}_4} \cdot \overline{x_1 x_3} \cdot \overline{\bar{x}_2 x_3} \\ &= (x_1 \vee x_4)(\bar{x}_1 \vee \bar{x}_3)(x_2 \vee \bar{x}_3) \end{aligned}$$

が求まります．これが，和積形での簡単化された式です．

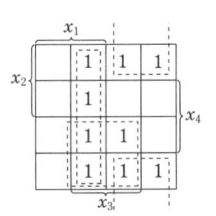

図 8.7：$\bar{f}$ のベイチ図表

8-4 組合せ回路の実現

1 論理ゲート

　積和標準形（p.204，定理 8-1）と和積標準形（p.205，定理 8-2）で用いられている論理演算は，否定・論理積・論理和です．したがって，否定・論理積・論理和を実現する回路があれば，すべての論理関数を実現できます．そのような回路は**論理ゲート**，あるいは単に**ゲート**と呼ばれ**集積回路（IC）**として市販されています．それらの回路は，例えば，0V を値 0，5V を値 1 に対応させ，入力の値の組合せに応じた値を出力します．

　そして，否定・論理積・論理和に対応するゲートは各々**NOT ゲート・AND ゲート・OR ゲート**と呼ばれます．各ゲートを表す記号と入出力の関係を表す真理値表を表 8.7 に示します．

表 8.7：論理ゲート

	NOT ゲート			AND ゲート		OR ゲート
記号	$x \mathbin{-\!\!\!\triangleright\!\circ\!-} \bar{x}$		記号	$\begin{array}{c}x\\y\end{array} {=\!\!\!\!\!\!\!\!\!\supset\!\!-}\, x \cdot y$		$\begin{array}{c}x\\y\end{array} {=\!\!\!\!\!\!\!\!\!\supset\!\!-}\, x \vee y$
x	$\bar{x}$	x	y	$x \cdot y$		$x \vee y$
0	1	0	0	0		0
1	0	0	1	0		1
		1	0	0		1
		1	1	1		1

　まず，NOT ゲートの記号を見てください．左の線が入力で右の線が出力です．入力を x とするとその否定 $\bar{x}$ が出力されます．

| §8-4 |　　　　　　　　　　　　　　　　　　　　　　　　組合せ回路の実現

次の AND ゲートは入力の論理積を出力します．ここの記号は 2 入力 1 出力を表していますが，3 入力以上の AND ゲートもあります．その場合には左の入力線の本数が増えます．いずれも，すべての入力が 1 のときのみ出力は 1 です．

次の OR ゲートは入力の論理和を出力します．3 入力以上の OR ゲートもあります．いずれも，1 つでも 1 の入力があれば出力は 1 です．

❷ 2 段 AND・OR 回路と 2 段 OR・AND 回路

NOT ゲート・AND ゲート・OR ゲートがあれば，積和形，あるいは和積形から論理回路を実現できます．例えば，練習問題 8-6 で得られた $f = x_1\bar{x}_3 \lor \bar{x}_3 x_4 \lor \bar{x}_1 x_2 x_4$ と例題 8-5 で得られた $f = (x_1 \lor x_4)(\bar{x}_1 \lor \bar{x}_3)(x_2 \lor \bar{x}_3)$ は各々図 8.8(b)，(c) のように実現できます．

図 8.8(b) のように，AND ゲートへ外部から入力があり，AND ゲートの出力が OR ゲートへ入力され，OR ゲートから外部に出力がある回路を **2 段 AND・OR 回路** といいます．ここで，AND ゲートは第 1 段，OR ゲートは第 2 段にあるといいます．

第 1 段にある AND ゲートは，積和形で表された $f = x_1\bar{x}_3 \lor \bar{x}_3 x_4 \lor \bar{x}_1 x_2 x_4$ の 3 つの積項 $x_1\bar{x}_3$，$\bar{x}_3 x_4$，$\bar{x}_1 x_2 x_4$ の値をそれぞれ出力します．その 3 つの値の論理和を第 2 段の OR ゲートから出力しています．なお，例えば $x_1 \lor x_2 x_3$ の x_1 のように 1 つの文字からなる項は，外部入力から OR ゲートに直接入力します．

一方，図 8.8(c) は **2 段 OR・AND 回路** といい，和積形で表された $f = (x_1 \lor x_4)(\bar{x}_1 \lor \bar{x}_3)(x_2 \lor \bar{x}_3)$ の値を出力しています．

なお以降では，変数とその否定を外部入力として利用できると仮定します．もし，否定が入力として利用できないならば図 8.8(a) の回路を作れば変数の否定も利用できます．

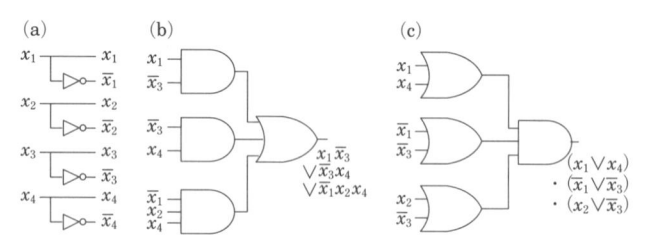

図 8.8 : 2 段 AND・OR 回路と 2 段 OR・AND 回路の例

■練習問題 8-7

変数 3 個のうち, ちょうど 2 個が 1 のときのみ関数値が 1 となる 3 変数論理関数を 2 段 AND・OR 回路で実現しなさい.

３ 完全系と NAND・NOR

任意の論理関数を表現できる論理演算の集合を**完全系**といい, 否定 (¯), 論理積 (・), 論理和 (∨), で任意の論理関数を表現できるので {AND, OR, NOT} は完全系です.

また, ド・モルガンの法則から, $\overline{\overline{x}\cdot\overline{y}}=x\vee y$ であり, 変数の否定どうしの AND の否定で OR を表せるので, {NOT, AND} だけでも完全系です.

同じように, $\overline{\overline{x}\vee\overline{y}}=x\cdot y$ から, OR と NOT で AND を表せるので, {NOT, OR} だけでも完全系です.

さらに, 表 8.8 の真理値表で定める論理関数 NAND と NOR はそれぞれ 1 つだけで完全系です.

まず, **NAND** は, AND の否定であり, x, y の NAND は $\overline{x\cdot y}$ です. また, 表 8.8 では 2 入力ですが, 3 入力以上の NAND もあります. いず

§8-4 組合せ回路の実現

れの場合も入力が1つでも0であるとき出力は1です．

そして，NOR は OR の否定であり，x, y の NOR は $\overline{x \vee y}$ です．また，3入力以上の OR もあります．いずれの場合も入力がすべて0であるときのみ出力は1です．

表 8.8：NAND・NOR

	NAND ゲート	NOR ゲート
記号	x y ⊐o— $\overline{x \cdot y}$	x y ⊐o— $\overline{x \vee y}$
x y	$\overline{x \cdot y}$	$\overline{x \vee y}$
0　0	1	1
0　1	1	0
1　0	1	0
1　1	0	0

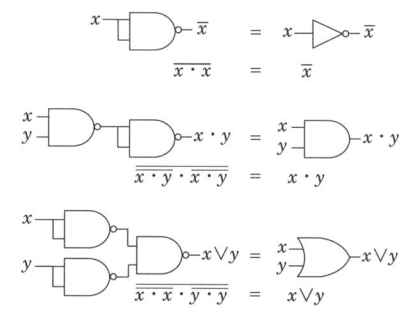

図 8.9：{NAND} は完全系

例題 8-6：{NAND} が完全系であることを示しなさい．

解：{NOT, AND, OR} は完全系であるので，NOT も AND も OR も NAND から作れることを示せれば，{NAND} が完全系であることを示せます．

まず，NAND の2変数をともに x とすると，$\overline{x \cdot x} = \overline{x}$（べき等律から）であり x の NOT です．よって，NOT は NAND で表せます．

また，変数 x, y の NAND $\overline{x \cdot y}$ は AND の否定なので，さらに否定をとれば，$\overline{\overline{x \cdot y}} = x \cdot y$（対合律から）であり x, y の AND が得られます．よって，$\overline{x \cdot y}$ の否定を NAND で表して $\overline{\overline{x \cdot y} \cdot \overline{x \cdot y}} = x \cdot y$ です．このように AND も NAND で表せます．

また，$\overline{x}$ と $\overline{y}$ との NAND をとれば，$\overline{\overline{x} \cdot \overline{y}} = \overline{\overline{x}} \vee \overline{\overline{y}} = x \vee y$（ド・モルガンの法則と対合律から）であり x, y の OR が得られます．よって，$\overline{x}$ と $\overline{y}$ を NAND で表して $\overline{\overline{x \cdot x} \cdot \overline{y \cdot y}} = x \vee y$ です．このように

OR も NAND で表せます.
したがって，{NAND} は完全系です.　　　　　　　　　□

なお，参考のために，{NAND} と {NOT, AND, OR} との対応を図 8.9 に示します. 図中の＝は左右の回路が等しいことを表します. つまり，入力が同じならばどちらの回路でも出力が同じであることを表します.

また，証明では NOT も AND も OR も NAND で表せることを示しましたが，{NOT, AND} や {NOT, OR} も完全系ですから NOT と AND，あるいは NOT と OR を NAND で表せることを示せば十分でした.

この例題と同じ要領で，{NOR} が完全系であることを示せます.

■練習問題 8-8

NOT も AND も OR も NOR から作れることを示す図を，図 8.9 をまねて描きなさい.

❹ 2段 NAND 回路・2段 NOR 回路

{NAND} は完全系であり，NAND だけで任意の論理関数を実現できることがわかりました. そこで，例として図 8.8 の (b) の 2 段 AND・OR 回路を NAND だけで実現しましょう. この場合は，図 8.10 のように 1 段目の AND ゲートも 2 段目の OR ゲートも NAND ゲートにすべて置き換えるだけで済みます. このように 1 段目も 2 段目も NAND ゲートの回路を **2 段 NAND 回路**といいます.

| §8-4 |　　　　　　　　　　　　　　　　　　　　　組合せ回路の実現

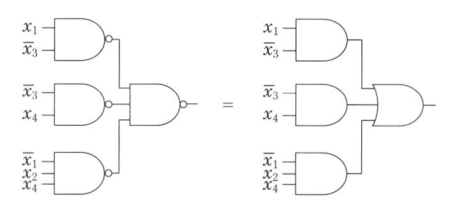

図 8.10：等しい 2 段 NAND 回路と 2 段 AND・OR 回路

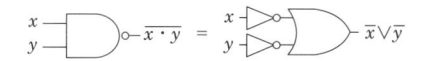

図 8.11：ド・モルガンの法則　$\overline{x \cdot y} = \overline{x} \vee \overline{y}$

　ここで，図 8.10 の左右の回路が等しいことを説明します．

　まず，図 8.11 はド・モルガンの法則と各ゲートとの対応を示しています．ド・モルガンの法則からわかるように，回路図では，NAND ゲート記号の出力側にある否定を表す○の記号を取り去り，NAND を AND に替え，その AND を OR に替え，すべての入力側に否定をつけます．

　これは，ド・モルガンの法則が，論理式 $\overline{x \cdot y} = \overline{x} \vee \overline{y}$ では，NAND $\overline{x \cdot y}$ から否定（ ￣ ）を取り去り，AND（・）を OR（∨）に替え，すべての変数に否定をつけているのと対応しています．

　このことは，3 入力以上の NAND $\overline{x_1 x_2 \cdots x_n}$ に対しても $\overline{x_1 x_2 \cdots x_n} = \overline{x_1} \vee \overline{x_2} \vee \cdots \vee \overline{x_n}$ であり同じです．

　したがって，図 8.10 の 2 段 NAND 回路の 2 段目の NAND ゲートにド・モルガンの法則を適用すると，2 段目の NAND の否定を取り去り AND を OR に替え，その入力に否定をつけます．この否定が，1 段目の NAND を AND に替えます．よって，1 段目を AND，2 段目を OR とした 2 段 AND・OR 回路と等しいことがわかります．

　そして，2 段 AND・OR 回路から 2 段 NAND 回路を作ったのと同じ要領で，2 段 OR・AND 回路から **2 段 NOR 回路** を作れます．

　以上で，与えられた論理関数を論理ゲートを用いて実現できるようになりました．

■練習問題 8-9

1. ド・モルガンの法則 $\overline{x \vee y} = \bar{x} \cdot \bar{y}$ と NOR ゲート・NOT ゲート・AND ゲートとの対応を図 8.11 をまねて描きなさい．
2. p.216，図 8.8 の（c）の 2 段 OR・AND 回路と等しい回路を NOR だけで実現しなさい．

第8章の章末問題

1. 次の論理式の真理値表とベイチ図表を描きなさい．
   (1) $\bar{x} \vee \bar{y} \vee \bar{z}$
   (2) $\overline{x\,y\,z}$
   (3) $\bar{x}\,y \vee \bar{y}\,z \vee \bar{z}$
   (4) $\bar{x} \vee x\,\bar{y} \vee y\,\bar{z}$

2. 次の論理式を積和標準形および和積標準形で表しなさい．
   (1) $\overline{x\,y}\,z$
   (2) $\overline{x \vee y} \vee z$

3. 論理式 $\overline{\overline{x \vee y} \vee z}$ を積和標準形で表し，各最小項の間のハミング距離を求めなさい．

4. 積和形で簡単化した3変数の論理式で，積項の数も文字の数も最大となる論理関数のベイチ図表を描きなさい．

5. 論理関数 $f(x, y, z) = xyz$ を2入力ANDゲートだけで実現しなさい．

6. 論理関数 $f = x \vee yz$ をANDゲートとORゲートを使って実現しなさい．また，同じ関数をNANDゲートだけ使って実現しなさい．
なお，変数の否定も外部から入力されているとします．

7. 論理式 $x\,\bar{y}\,z$ を論理和（$\vee$）と否定（ ¯ ）だけで表しなさい．

8. 入力が3個あり2個以上が1のときのみ1を出力する2段AND・OR回路および2段NAND回路を実現しなさい．

第9章
オートマトン

　オートマトンは，入力に対して内部の状態に応じた処理を行い，結果を出力する仮想的な自動機械のことです．その代表例としてよく登場するのが自動販売機の動作を記述するオートマトンです．

　応用例は幅広く，半導体設計，通信プロトコル設計，構文解析など理科系，文科系の分野にわたってさまざまです．

　オートマトンについて学ぶには，集合，写像，グラフ理論，そして論理回路の知識が必要となってきますが，しかしそれらについてはそれぞれ本書の1章，4章，7章，8章で扱っていますから，それらの応用として本章を学んでいただければ幸いです．

9-1 オートマトンとは？

　オートマトン（原義：からくり人形，自動装置）とは，入力に対して内部の状態に応じた処理を行い，結果を出力する仮想的な自動機械を指します．"入力に対して結果を出力"などと書いてあると，4章で学んだ関数や写像が思い浮かびますが，"内部の状態に応じた処理"というフレーズが違う点といえます．初めてこの用語を聞く方も多いでしょうから，例を使って紹介することにしましょう．

　オートマトンの一例としてよく取り上げられるのが，自動販売機です．例えば，200円のものを100円玉2枚を使って買うことを考えましょう．当然ですが，最初の100円玉投入によって，200円のものはまだ買えません．しかし，次にもう1枚の100円を追加することで，購入することができるようになります．実に当たり前に思えますが，この2回の（100円玉を入れるという）行為は全く同じであるにもかかわらず，結果が異なるわけです．なぜならば，それまでの蓄積された投入額という，自動販売機の内部の状態が異なるからです．一見すると，同じ入力に対して，出力が異なるわけですから，関数ではないと思えるかもしれませんが，この内部状態も含めると，立派な関数になっていることがわかります．

　このような例は我々の日常に溢れています．例えば，リモコンなどの電源・スイッチ用のボタンがそうです．スイッチを"押す"という同じ動作で，ONのときに押せばOFFとなり，OFFのときであればONに切り替わります．同じ動作に対して，出力が変わります．スイッチを押すときの状態が違うので，それによって結果が変わるからです（なお，このようなスイッチをトグル・スイッチといいます）．

| §9-1 |　　　　　　　　　　　　　　　　　　　　　　　　　　オートマトンとは？

　携帯のボタンもそうですね．例えば，文字入力モードで"か"のボタンを押すと，最初は"か"と表示されますが，もう一度押すと"き"が表示されます．"こ"まで行くと，その次には"か"に戻るでしょう．これも，そのときの状態によって出力が変わってくるからですが，その状態が決まっていれば，入力に対して出力は常に一定です．または，身の回りの人に挨拶をするときもそうですね．例えば，同一人物に"おはよう（ございます）"と挨拶する場合も，その人が機嫌がいい（悪い）とか，ゆとりがある（急いでいる）とか，場合によって返事があったりなかったり，素っ気なかったり長話に発展したりしませんか？　このように，オートマトンについて語るときには，入力と出力に加え，そのときの内部状態も重要な要素となってきます．

9-2 順序機械

① 入力集合，出力集合，状態集合，状態遷移図

　前述の自動販売機の例では，100円玉のみを使うことで200円の商品を買うことを考えました．つまり，入力としては100円玉しかないわけです．しかし，50円玉を4枚もっている人も買えたほうが便利ですから，入力として50円玉も受け付けるようにしたら利便性は向上しますが，システムは当然複雑になります．このように入力として受け付けるものの集合を**入力集合**といいます．

　一方，これらのケースでは，出力は商品でしたが，今度は入力に500円玉まで許したら，お釣りという出力も考えないとなりません．500円玉にしなくても，お客が50円，100円，100円の順序で硬貨を投入したら，当然50円をお釣りとして返さないとなりません（あまりこういう客はいないとしても，です）．このように，出力として考えられるものの集合を**出力集合**といいます．

　さらに，前述の内部状態の集合を**状態集合**と定義します．自動販売機の例では，現在投入された硬貨の総額がそれに対応します．現在の投入金額が0円なのか，100円なのか，はたまた150円なのか．それによって，次に投入される硬貨が同じであっても，動作が異なってきます．大事なことは，現在の投入金額が例えば100円だったときに，それが50円を2回投入して到達したのか，または100円を1枚入れたことによるものなの

| §9-2 | 順序機械

かは，ここでは区別しないということです．

> **定義 9-1　入力集合，出力集合，状態集合**
> 入力，出力，内部状態として考えられるものの集合をそれぞれ入力集合，出力集合，状態集合といいます．

　それでは以上の 100 円玉のみを入力集合とする自動販売機のケースを実際に図示してみましょう（図 9.1）．おのおのの内部状態を○で囲み，また，内部状態の変化を矢印で繋いでいます．さらに，内部状態の変化は入力によって起こり，入力は出力を伴いますから，矢印の上に入力，下に出力を割り当てましょう．

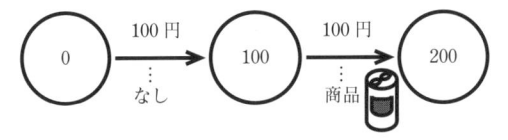

図 9.1：100 円玉 2 枚で 200 円の商品を購入する

　あれ，これでは変ですね．一番右側の○の中身が 200 円となったままだと，次の客が労せずしてまた商品を買えてしまいそうです．購入したら必要に応じてお釣りを戻し，初期の状態に戻らなければなりませんね．今回はお釣りが発生しないモデルですから，次のように修正すれば良さそうです（図 9.2）．

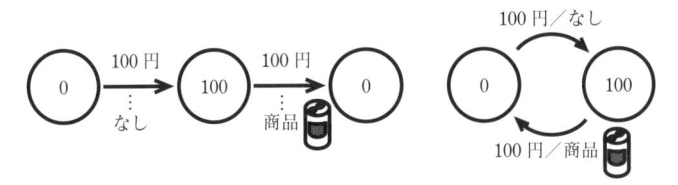

図 9.2：100 円玉 2 枚で 200 円の商品を購入する

　図 9.2 の左側の図は左端と右端が同じ内部状態ですから，右側の図のようにしてまとめるとわかり良さそうです．また今後，矢印の上，下の区

別が難しくなってくるので，矢印と隣接して"入力／出力"の書式で書くことにしましょう．このような図を**状態遷移図**といいます．

> **定義 9-2　状態遷移図**
> 入力によって内部状態が変化する様子を有向グラフで表したものを状態遷移図といいます．

さて，すこし慣れてきたところで，50円玉も入力として使って良いケースも図で表してみましょう（図9.3）．なお，このオートマトンは，ときに出力として商品に加え，おつりを返さなければなりません．このように，出力が複数個あるときは，"入力／出力1, 出力2, …, 出力n"のように，各出力をカンマで区切ることとします．

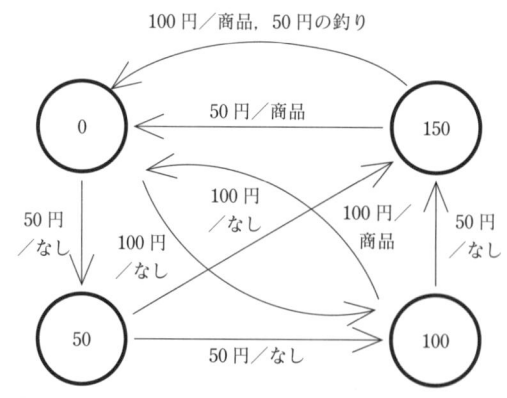

図9.3：50円玉と100円玉で200円の商品を購入する

だいぶ複雑になってきたのがおわかりいただけるかと思います．これに10円玉と500円玉が加わった場合を考えたら，状態集合のサイズを始めとして，オートマトン全体がどんどん大きくなっていくことが容易に想像できるでしょう．

このように，入力と，それによって変化する内部状態との2つによって出力を決定する機械のことを**順序機械**といいます．

■**練習問題 9-1**

50円玉あるいは100円玉を用いて，150円の商品を購入する自動販売機のケースを図で表しなさい．

❷ ムーア型機械

前項で定義した順序機械には2つの考え方があります．1つはすべての内部状態を同等に扱う機械（これには**ミーリー型機械**という呼称がついています）であり，もう1つは出力のある内部状態（つまり，既習の"出力集合"に対し，その要素を出力に持つ内部状態）をまた別の状態と見立てる機械（こちらは**ムーア型機械**という名前がついています）です．これまでは，入出力の様子がよりわかりやすくなるよう，ミーリー型機械の書き方をしました（図9.2，図9.3）が，以降，オートマトンの説明を視野において，ムーア型機械を元に議論を進めていきます．

ちなみに，図9.3をムーア型機械として書き換えると，以下の図9.4のようになります．出力のある内部状態を◎（二重丸）で，そうでない内部状態を今まで同様に◯で表すのが一般的です．

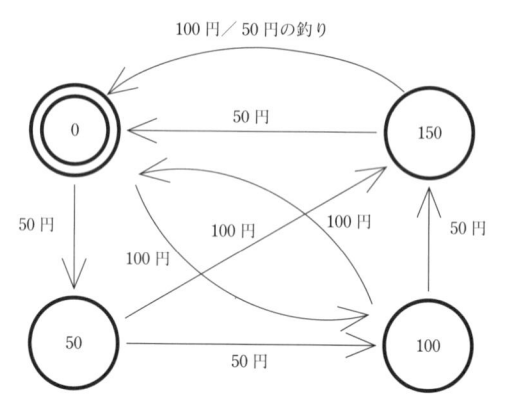

図 9.4：50 円玉と 100 円玉で 200 円の商品を購入する（ムーア型機械）

■練習問題 9-2

　練習問題 9-1 の自動販売機のモデルをムーア型機械として書き換えなさい．

9-3 有限オートマトン

1 有限オートマトン

それでは今までの節で学んだことを踏まえ，以下に有限オートマトンを定義しましょう．

> **定義 9-3**
>
> **有限オートマトン**
> 有限オートマトンは，状態集合（Q），入力集合（Σ），状態遷移関数（σ），初期状態（q_0），そして受理状態（F）の5つより定義され，次のように表記されます．
>
> $$M = \langle Q, \Sigma, \sigma, q_0, F \rangle$$

ここに M は有限オートマトンを表します．それではこの5つを順に説明していきましょう．

1. 状態集合（Q）：§9-2でも学習した，内部状態の有限集合です．
2. 入力集合（Σ）：こちらも§9-2で学習した，入力記号の有限集合です．
3. 状態遷移関数（σ）：内部状態を入力により内部状態に遷移させる関数です．$\sigma : Q \times \Sigma \to Q$ となります．
4. 初期状態（q_0）：文字通り，内部状態の初期値です．$q_0 \in Q$ を満た

さなければなりません.
5. 受理状態（F）：入力を受理する内部状態の集合（図9-4の◎）を表します．つまり $F \subset Q$ を満たします．受理の対義語は拒否です．

オートマトンに対し，ある入力が連続でなされるものとします．その入力の1つひとつは Σ の要素です．オートマトンは最初の状態として q_0 をもっていますが，入力によってその内部状態は変化します．内部状態がどのように変化するかは，状態遷移関数 σ によって決定され，次の内部状態となります．これが入力が途切れるまで繰り返され，その都度，内部状態と新たな入力によって σ が次の内部状態を決定してゆきます．すべての入力を終えたときの状態が F の要素であれば，受理されたこととなります．

また，有限オートマトンの構成要素には，順序機械にあった出力集合がないことも特徴です．つまり，有限オートマトンでは，ある入力が受理されるかが重要で，出力については考慮せずともよい，と解釈できます．

例題9-1：図9.2でも例示した，100円玉のみで200円の商品を購入するオートマトン M_1 を構成しなさい．

解：$M_1 = \langle Q, \Sigma, \sigma, q_0, F \rangle$ は次のように定義されます．
1. 状態集合（Q）は $Q = \{0円, 100円\}$.
2. 入力集合（Σ）は $\Sigma = \{100円\}$.
3. 状態遷移関数（σ）：$\sigma : Q \times \Sigma \to Q$ であり，$\sigma(0円, 100円) = 100円$，$\sigma(100円, 100円) = 0円$.
4. 初期状態（q_0）は $q_0 = 0円$.
5. 受理状態（F）は $F = \{0円\}$.

それではこれ以外にもオートマトンの例を示しましょう．

オートマトンの例：

1回まで失敗が許されるオートマトン M_2 を構成してみましょう．ただし，入力集合は {成功, 失敗} とします．

$M_2 = \langle Q, \Sigma, \sigma, q_0, F \rangle$ は次のように構成することができます．

1. 状態集合（Q）は $Q = \{0回失敗, 1回失敗, 複数回失敗\}$．
2. 入力集合（Σ）は $\Sigma = \{成功, 失敗\}$．
3. 状態遷移関数（σ）：$\sigma : Q \times \Sigma \rightarrow Q$ で，$\sigma(0回失敗, 成功) = 0回失敗$，$\sigma(0回失敗, 失敗) = 1回失敗$，$\sigma(1回失敗, 成功) = 1回失敗$，$\sigma(1回失敗, 失敗) = 複数回失敗$，$\sigma(複数回失敗, 成功) = 複数回失敗$，$\sigma(複数回失敗, 失敗) = 複数回失敗$．
4. 初期状態（q_0）は $q_0 = 0回失敗$．
5. 受理状態（F）は $F = \{0回失敗, 1回失敗\}$．

先ほどの例と違うのは，受理状態が2つの内部状態よりなる集合になっていることです．確かに，「1回まで失敗が許されるオートマトン」を作ったのですから，失敗が0回ならびに1回で受理されるように作ることを考えると，2種類の受理状態の要素が必要であることがわかります．

■練習問題 9-3

図9.3で示した，50円玉と100円玉で200円の商品を購入するオートマトンを生成しなさい．

② 有限オートマトンの状態遷移図

有限オートマトンの状態遷移図はラベル付きの有向グラフであり，実際，図9.4の構成要素にほど近いといえるでしょう．明快な1つの相違点は，初期状態に対応する頂点には⇨をつけることくらいです．

それではまた，前節で作成したオートマトン M_1 の状態遷移図を作成してみましょう．

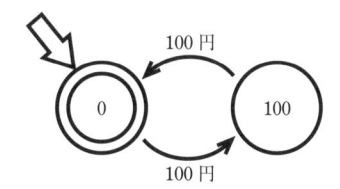

図9.5：オートマトン M_1 の状態遷移図

同様に，前項で生成したオートマトン M_2 の状態遷移図を作成してみましょう（図9.6）．なお，図中，"成功，失敗"とあるのは，入力が"成功"または"失敗"のときを表します．つまり，今回入力集合Σが Σ = {成功, 失敗} ですから，内部状態"複数回失敗"に遷移したあとは，ずっとそこから出られないことになります．このオートマトンは，一旦落ちたら二度と戻れない，まさに蟻地獄のようですね．

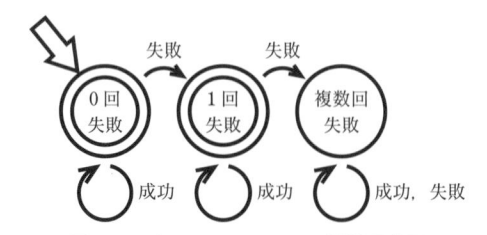

図9.6：オートマトン M_2 の状態遷移図

■**練習問題 9-4**

図9.3を有限オートマトンの状態遷移図として再度作りなさい．

§9-4 非決定性有限オートマトン

今までに紹介したオートマトンは，本章の最初のほうで"内部状態も含めると関数になっている"と書いたように，内部状態によって入出力結果は異なりますが，同一の内部状態においては，1つの入力に対し，かならず1つの出力や状態遷移を施すものでした．これに対し，同一の内部状態においても，1つの入力に対して，2通り以上の出力や状態遷移が起こるオートマトンが存在します．前節までのオートマトンを，1通りに（決定的に）結果が定まるため，**決定性有限オートマトン（DFA**, Deterministic Finite Automaton の略）というのに対し，後者の"内部状態も含めると多価関数になっている"オートマトンを，**非決定性有限オートマトン（NFA**, Non-deterministic Finite Automaton の略）と呼びます．状態遷移が一意に決まらないため，動作は一般に複雑になります．また，多くの受理状態が存在することもあります．

非決定性有限オートマトンであったにしても，決定性有限オートマトン同様，状態集合（Q），入力集合（Σ），状態遷移関数（σ），初期状態（q_0），そして受理状態（F）の5つより定義され，次のように表記されることは変わりません．

$$M = \langle Q, \Sigma, \sigma, q_0, F \rangle$$

決定性有限オートマトンと唯一異なるのが，状態遷移関数 σ が決定性有限オートマトンのときは

$$\sigma : Q \times \Sigma \to Q$$

だったのに対し，

$$\sigma : Q \times \Sigma \to 2^Q,$$

つまり，値域が集合 Q のべき集合となることです．

> **定義 9-4　決定性有限オートマトン，非決定性有限オートマトン**
>
> 有限オートマトン $M = \langle Q, \Sigma, \sigma, q_0, F \rangle$ に対し，状態遷移関数 σ が1つの出力を返す，つまり
>
> $$\sigma : Q \times \Sigma \to Q$$
>
> の場合，決定性有限オートマトンといい，2つ以上の出力を返す，つまり
>
> $$\sigma : Q \times \Sigma \to 2^Q$$
>
> の場合，非決定性有限オートマトンといいます．

それでは非決定性有限オートマトンの例を示しましょう．

非決定性有限オートマトンの例：

　最後が成功で終われば受理されるオートマトン M_3 を構成してみましょう．
　M_3 の例として，次のように構成することができます．

$M_3 = \langle Q, \Sigma, \sigma, q_0, F \rangle$

1. 状態集合（Q）を $Q = \{Q_0, Q_1\}$ とします．
2. 入力集合（Σ）を $\Sigma = \{成功, 失敗\}$ とします．
3. 状態遷移関数（σ）は $\sigma : Q \times \Sigma \to 2^Q$ であり，$\sigma(Q_0, 成功) = \{Q_0, Q_1\}$，$\sigma(Q_0, 失敗) = \{Q_0\}$，$\sigma(Q_1, 成功) = \{Q_1\}$，$\sigma(Q_1, 失敗) = \{Q_0\}$．
4. 初期状態（q_0）は $q_0 = Q_0$．
5. 受理状態（F）は $F = \{Q_1\}$．

最後が成功で終われば受理されるため，初期状態は受理状態に含まれませんが，最後に成功すればそれ以前にどのような入力が行われていても受理されるわけですから，まさに"終わりよければすべてよし"を表現するオートマトンですね．

それでは動作の説明をしましょう．非決定性有限オートマトンでは，同じ入力に対し，出力が複数許されるため，その遷移も複数存在することになります．つまり入力が終わった時点で受理状態にあるかどうかは，その遷移によって異なることがあることを示唆しています．このようなとき，非決定性有限オートマトンでは，受理状態となるケースが1つでも存在すれば，その入力を受理したと解釈するように定義されています．

例えば，成功，失敗，成功の順に入力がなされたとします．このとき，最初の成功で，内部状態は Q_0 のままか Q_1 です．次の失敗で，いずれのケースでも Q_0 に戻りますが，最後の成功でまた Q_0 のままか Q_1 に遷移して良いことになります．つまり，遷移の全ケースについて初期状態 Q_0 から始めて内部状態を時系列で並べると $Q_0 Q_0 Q_0 Q_0$，$Q_0 Q_0 Q_0 Q_1$，$Q_0 Q_1 Q_0 Q_0$，$Q_0 Q_1 Q_0 Q_1$ となります．前述したように，この4種類の中で，最終の内部状態が Q_1，つまり受理状態となるケースが2つ存在しますから，このオートマトン M_3 は入力"成功，失敗，成功"を受理することになります（確かに最後に成功しているから目的のオートマトンがで

きていますね).

最後にこのオートマトン M_3 の状態遷移図を示しておきましょう.

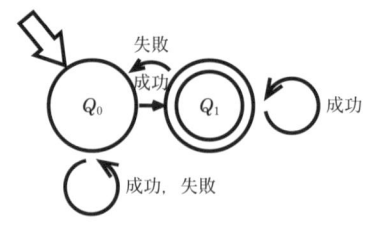

図 9.7：オートマトン M_3 の状態遷移図

なお,すべての非決定性有限オートマトンに対して,それと同じ入力を受理するような決定性有限オートマトンが存在することが知られています.実際,実用的な観点から,非決定性有限オートマトンが,決定性有限オートマトンに変換されることも良くあります.具体的には,非決定性有限オートマトンの遷移関数 σ の像の各要素を決定性有限オートマトンの新しい状態とすれば変換することができます.しかし,この変換は状態集合の要素数を増大させてしまうこともあります.

具体例を示しましょう.次のような非決定性有限オートマトン M_A を考えます.

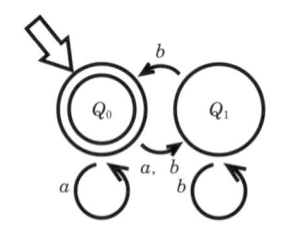

図 9.8：オートマトン M_A の状態遷移図

図 9.8 より,状態遷移関数 σ は $\sigma(Q_0, a) = \{Q_0, Q_1\}$, $\sigma(Q_0, b) = \{Q_1\}$, $\sigma(Q_1, a) = \emptyset$, $\sigma(Q_1, b) = \{Q_0, Q_1\}$ となっています.いま,状態 $\{Q_0, Q_1\}$ をラベル換えし,これを新たに Q_2 と定義すれば,新たな状態遷移関数 σ' は $\sigma'(Q_0, a) = Q_2$, $\sigma'(Q_0, b) = Q_1$, $\sigma'(Q_1, a) = \emptyset$, $\sigma'(Q_1, b) = Q_2$, $\sigma'(Q_2, a) = Q_2$, $\sigma'(Q_2, b) = Q_2$ となり,決定性有限オー

トマトンに変換できたことがわかります．なお，この際，状態 Q_2 はもともとの受理状態であった Q_0 を含むので，Q_2 も受理状態とします．変換された決定性有限オートマトンの状態遷移図を次に示します．

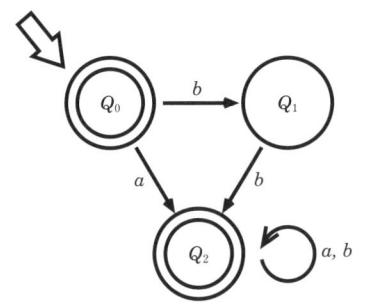

※Q_2 は $\{Q_0, Q_1\}$ のラベル換えしたもの
図9.9：DFA に変換されたオートマトン M_A の状態遷移図

■練習問題 9-5

先に構成したオートマトンの M_3 が次の入力を受理するか，その理由と共に述べよ．なお，入力は左から順になされるものとする．
1　失敗，成功，　2　失敗，失敗，　3　成功
4　失敗，成功，失敗，　5　成功，成功

第9章の章末問題

1. 2000円の商品を購入する順序機械（ミーリー型機械）を，次のそれぞれのケースについて構成しなさい．
   (1) 1000円札のみで購入する場合
   (2) 1000円札，2000円札で購入する場合
   (3) 1000円札，2000円札，5000円で購入する場合

2. 2回連続で成功した時点で受理される順序機械（ムーア型機械）の状態遷移図を作成しなさい．なお，入力集合は{成功, 失敗}とします．

3. ○の数が3の倍数"ではない"場合に受理される順序機械（ムーア型機械）の状態遷移図を作成しなさい．入力集合は{○, ×}とします．

4. 有限オートマトン M_4 は次のように記述されるとします．

$$M_4 = \langle Q, \Sigma, \sigma, q_0, F \rangle$$

・Q（状態集合）：$Q = \{Q_0, Q_1, Q_2\}$． ・Σ（入力集合）：$\Sigma = \{a, b\}$．
・σ（状態遷移関数）：$\sigma(Q_0, a) = Q_1$, $\sigma(Q_0, b) = Q_0$, $\sigma(Q_1, a) = Q_1$, $\sigma(Q_1, b) = Q_2$, $\sigma(Q_2, a) = Q_1$, $\sigma(Q_2, b) = Q_0$．
・q_0（初期状態）：$q_0 = Q_0$． ・F（受理状態）：$F = \{Q_2\}$．

このとき，以下の問いに答えなさい．
   (1) M_4 の動作を表す状態遷移図を作成しなさい．
   (2) M_4 はどのような入力を受理する有限オートマトンですか．

5. 1つの鍵に3つの数字を順番に正しくダイヤルすると開錠できるオートマトンを作りたい．入力は{1, 2, 3}のみを許すとし，次のようなオートマトンの状態遷移を構成しなさい．

(1) 1, 2, 3 の順で入力すると開錠できるようなオートマトン.

(2) 1, 2, 1 の順で入力すると開錠できるようなオートマトン.

(3) 1, 1, 2 の順で入力すると開錠できるようなオートマトン.

6. 図 9.7 の非決定性有限オートマトン M_3 を決定性有限オートマトンに書き換えなさい.

7. 次の図のような状態遷移図で表される有限オートマトンが受理する入力について説明しなさい.

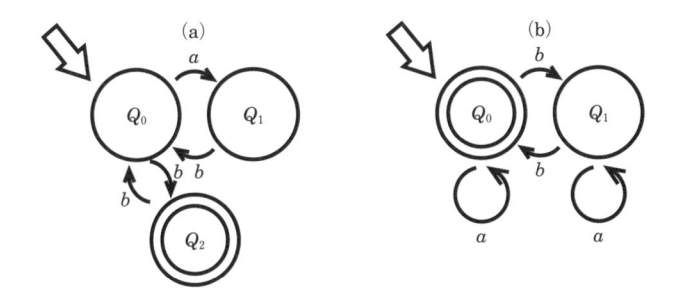

8. 次の図のような状態遷移図で表される非決定性有限オートマトンがあるとします. このとき, 以下の入力文字列 (左から入力) が受理されるかどうか判別しなさい.

(1) ab (2) aba (3) aaba

(4) baba

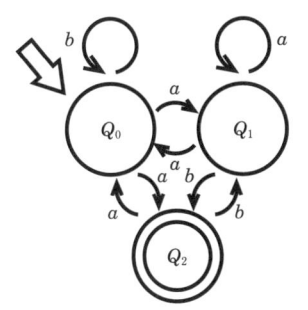

第10章 情報系の話

　まえがきにも書いたように，離散数学の分野で得られた知見・知識はコンピュータ・サイエンスの分野を始めとした情報系分野で幅広く応用されています．本章では，その裾野を垣間見て頂くために，本書で取り扱ったテーマや学習項目が，実際にどのように実用されているのか，役立つのかについてさまざまな対象に焦点をあてます．

1 検索を効率よく…「集合」の章から

(1) Google アドバンス検索

まずは Google アドバンス検索のインタフェース（図 10.1）です．

図 10.1：Google アドバンス検索のインタフェース

Google ではキーワードの間に半角スペースを入れると自動的に AND 演算となりますから，それ以外にはアドバンス検索で OR 演算，さらに Not 演算が用意されていることが見て取れますね（図 10.1 の（a）部が And 演算，（b）部，（c）部がそれぞれ OR 演算，NOT 演算用です）．我々の日常でもこのような，複合的な演算をすることがあることを示唆しているわけです．例えば，あなたが（あの）イチロー選手ではない鈴木一朗さんだったとしましょう．いま，自分に関連するホームページを効率よく検索したいとき，この文法に従えば，Google 検索用画面のテキストボックスに次のように入力することができます[1]．

"鈴木一朗" － "ヤンキース OR マリナーズ"

---

[1] 書式の詳細については，ヴァージョン等によっても異なる可能性がありますのでその都度 Google サイトでご確認下さい．

この問い合わせは「"鈴木一朗"という文字列を含み，かつ（半角スペース文字）"ヤンキース"や（OR）"マリナーズ"という文字列を含んでいない（-）ようなページを検索しなさい」を表します．このように情報検索には集合演算の知識が必要不可欠になってきます．

（2）効率よい検索を行うプログラミングに向けて

　プログラミングを行うときは，効率よく組んだり，処理速度が速くなるよう工夫することが求められます．例えば簡単な例で，ユーザが $p \wedge (p \wedge q)$ のような論理式を入力したら吸収律を使って p に置き換えてから論理演算や検索処理が行えるようにプログラム内で（前）処理ができれば理想的です．他にも，$\neg A \vee \neg B = \neg (A \wedge B)$（ド・モルガンの法則）を用いると，左辺では論理演算を3回（¬を2回，∨を1回）行うのに対し，右辺に変形すれば¬，∨それぞれ1回の計2回で済みます．

　また AND 演算，OR 演算の特徴を用いれば，$A_1 \wedge A_2 \wedge \cdots \wedge A_n$ という条件式を作成するときには，$p(A_1) < p(A_2) < \cdots < p(A_n)$（ここに $p(\cdot)$ は "・" が成立する確率を表すものとする）となるように各 A_i を並び替えれば処理速度が向上しそうです．AND 演算ではこの場合 A_1 から A_n までのどれか1つでも不成立の時，論理式の値を F と決定できるからです．簡単な例として，$p(A_1) = 0.1$，$p(A_2) = 0.8$ の場合，$A_2 \wedge A_1$ とすると A_2 の評価の後，80%の確率で A_1 を評価しなければなりませんが，$A_1 \wedge A_2$ とすれば最初の評価（A_1）でTになる可能性が10%しかないため，A_2 の評価まで行う確率を減らすことができます．逆に $A_1 \vee A_2 \vee \cdots \vee A_n$ の条件式で有れば $p(A_1) > p(A_2) > \cdots > p(A_n)$ とするのが効率よいだろうことも見当がつくでしょう[2]．

---

[2] ただ，このような効率化，高速化は，コンパイルの際，"最適化オプション" をつけることである程度コンパイラが解決してくれることもあります．

2 関係データベースの関係演算…「関係」の章から

関係データベース（リレーショナルデータベース）では，集積したデータを表の集まりで管理し，検索や加工などの処理を施します．

観光表

施設	交通	時間
遊園地	電車	60
植物園	バス	50
天守閣	電車	70

弁当表

品目	料金
うなぎ	1000
餃子	400

関係データベースでの表の例として2つの表を左に示します．このような表を**関係**あるいは**リレーション**といいます．例で示した観光表という関係は，3つの集合，(施設，交通，時間)の直積の部分集合です．このことは，関係の定義（p.32）に合致します．また，この部分集合の各要素，すなわち，(遊園地，電車，60)など表の各行を**組**といい，集合に付けた名前である施設，交通，時間を**属性**といいます．

そして，関係データベースでは関係（表）を操作するために，次の8つの演算が定義されています．なお，対象とする集合が同じであることを型が同じといいます．

　和は，同じ型の関係の間の和集合を求め，2つの関係の組を合わせた新しい関係を作ります．

　差は，同じ型の関係の間で，1つの関係にだけ属していてもう1つの関係には属していない組からなる関係を求めます．

　積は，同じ型の関係の間で共通の組からなる関係を求めます．

　直積は，2つの関係を $\{(a_1, \cdots, a_n)\}$ と $\{(b_1, \cdots, b_m)\}$ としたとき，関係 $\{(a_1, \cdots, a_n, b_1, \cdots, b_m)\}$ を求めます．例として観光表と弁当表との直積を観光弁当表と名付けて示します．

　射影は，指定された属性のみの関係を求めます．例として，観光表を施設，交通に射影した関係を施設交通表と名付けて示します．

情報系の話　　　　　　　　　　　　　　　　　　　　　　　　　　第 10 章

観光弁当表

施設	交通	時間	品目	料金
遊園地	電車	60	うなぎ	1000
遊園地	電車	60	餃子	400
植物園	バス	50	うなぎ	1000
植物園	バス	50	餃子	400
天守閣	電車	70	うなぎ	1000
天守閣	電車	70	餃子	400

観光表

施設	交通	時間
遊園地	電車	60
植物園	バス	50
天守閣	電車	70

＝射影⇒
属性を指定
（施設，交通）

施設交通表

施設	交通
遊園地	電車
植物園	バス
天守閣	電車

＝
選
択

組に対して
条件を指定
（時間≦60）

短時間観光表

施設	交通	時間
遊園地	電車	60
植物園	バス	50

選択は，条件に合う組からなる新しい関係を作ります．例として，時間 ≦60 を満たす組を観光表から抽出した短時間観光表を示します．

結合は，対応する属性が同じ 2 つの関係をつなげます．例として，短時間観光表と乗り場表を結合した短時間観光乗り場表を示します．

乗り場表

交通	駅	位置
バス	北	地上
電車	南	地下

短時間観光乗り場表

施設	交通	時間	駅	位置
遊園地	電車	60	南	地下
植物園	バス	50	北	地上

商は，割られる関係の組の中で，割る関係のすべての組を含むものを抽出し，割るほうの属性を除きます．例えば，食事表を弁当表で割ると，商として弁当希望者表が得られます．

以上の 8 つの演算は関係演算と呼ばれます．和・差・積・直積は集合演算の定義（p.8）で学んだ演算ですが，射影・選択・結合・商は関係データベース特有の演算です．上の例で，射影・選択・結合・商の結果を関係で表すと次の通りで

食事表

氏名	品目	料金
山田	うなぎ	1000
山田	餃子	400
川田	とろろ	800
町田	うなぎ	1000
町田	餃子	400

弁当表

品目	料金
うなぎ	1000
餃子	400

弁当希望者表

氏名
山田
町田

247

す.ただし,$s\in$施設,$k\in$交通,$j\in$時間,$e\in$駅,$i\in$位置,$n\in$氏名,$h\in$品目,$r\in$料金とします.

- 観光表を施設,交通に射影した関係は $\{(s, k)|(s, k, j)\in$観光表$\}$ です.
- 観光表から時間≤ 60 を選択した関係は $\{(s, k, j)|(s, k, j)\in$観光表,$j\leq 60\}$ です.
- 短時間観光表と乗り場表を結合した関係は $\{(s, k, j, e, i)|(s, k, j)\in$短時間観光表,$(k, e, i)\in$乗り場表$\}$ です.
- 食事表を弁当表で割ったときの商は $\{(n)|(n, h, r)\in$食事表,$(h, r)\in$弁当表$\}$ です.

③ プログラミング(言語)と関数…「関数・写像」の章から

(1) 関数型プログラミング

　プログラミング言語の中には「関数型プログラミング言語」と呼ばれるものがあります.ここで使われている「関数」とは,まさに本書で扱った関数と同じものです.他のプログラミングの手法として手続き型プログラミング,命令型プログラミングなどがありますが,これらはその処理過程において,副作用を持ちます.具体的にいうと,目的とする処理までの間にデータを一時的に記憶したり,条件を変化させてしまうがために,コンピュータの(論理的な)状態を変化させ,以降,得られる結果に影響を与えかねません.

　それに対し,関数型プログラミング言語では,そのような中間の状態を持たず,まさに数学における関数の「入力」と「出力」の状態のみで動作します.関数型プログラミング言語は,純粋関数型言語(例として Clean, Haskell, Miranda などがある)と非純粋関数型言語(Lisp など)に分かれます.純粋関数型言語は参照透過性[3]をもちますが,非純粋

関数型言語では，副作用があるような式や関数も作ることは可能です（詳細は省略）．

(2) モジュール間連結

プログラミングしたモジュールを連結させるときに，その入力と出力の範囲，すなわち定義域と値域を詳細に規定しておかないと，モジュールどうしの連携がうまくいかなくなります．まさに，合成関数と同じ考え方です．合成関数を定義するには，仮に $(g \cdot f)(x) = g(f(x))$ とした場合，f の像が g の定義域の部分集合になっていなければなりません．さもなくば，合成関数を定義できないわけです．これは，数学を学ぶ上では誰もが納得することではあるのですが，それにもかかわらず，プログラミングを行う段階で，それを忘れてしまう方が多いようです．数学とプログラミングはことのほか，共通点が多いのです．

④ CPUの整数演算…「代数」，「論理回路」の章から

私たちは整数を表現する際，0，1，…，9の数字を並べた10進数表示を使用しています．しかし，コンピュータは2進数を使っています．なぜなら，2進数を使うと，論理回路を用いて数の計算ができるようになるためです．非負整数 n の10進数表示を2進数表示への変換する方法を説明します．n を2で割ったときの余りを a_0 とします．以下，商が0になるまで2で割ることを繰り返して割った余りの列を $a_0, a_1, a_2, \cdots, a_m$ とします．このとき，$a_m a_{m-1} \cdots a_0$ が n の2進数表示となります．例えば $n = 39$ のとき，$39 = 19 \times 2 + 1$，$19 = 9 \times 2 + 1$，$9 = 4 \times 2 + 1$，$4 = 2 \times 2 + 0$，$2 = 1 \times 2 + 0$，$1 = 0 \times 2 + 1$ なので39の2進数表示は100111となります．

2進数表示に対する和の計算は $1 + 1 = 10$ という桁上がりに注意をして

---

[3] 文脈によらず式の値がその構成要素（例えば変数や関数）によってのみ定まることをいいます．

10進数と同じように桁ごとに演算を行います．例えば，101＋11＝1000では3回桁上がりします．

　整数を2進数で表したとき，桁のことをビットといいます．64ビットCPUは整数を2進数で桁数を64ビットに固定して計算します．よって，10進数表示では最大 $2^{64}-1=18446744073709551615$ まで扱えます．

　負の数の計算が成立つように，負の数を2の補数表現という方法で表します．簡単に説明すると，長さが固定された0, 1の列 x に対して0, 1をそれぞれ1, 0に置き換えた列に1を加えた2進数が x の2の補数表現です．わかりやすくするため3ビットCPUで説明します（3ビットCPUでは2進数の計算100＋100を1000と桁上がりができずに一番左のビットが消えた000を出力します）．10進数表示の正の整数1, 2, 3は2進数表示で001, 010, 011です．10進数表示で－1, －2, －3は001, 010, 011の2の補数表現である111, 110, 101になります．残りの100は10進数で－4とします．一番左側のビットが1のとき負の数であることを表します．演算表を書いてみると計算結果の絶対値が3以下の場合は正しく計算できることがわかります．例えば，011＋011＝110のように正しい計算が得られない状況を，計算がオーバーフローした（あふれた）といいます．オーバーフローにより正しい計算とはいえないのですが，p.112の演算の定義（定義5-1）の条件を満たしているので演算といえます．

　オーバーフローしたことを別の方法でCPUがプログラムに伝えることで，間違った計算を使わないように回避していますので安心してコンピュータを使用してください．

⑤ 加減算回路…「論理・命題」，「論理回路」の章から

　a, b を2進1桁（1ビット）の数としたときの，$a+b$ の和 s と桁上げ c の真理値表を表10.1に示します．これを論理式で表すと，$s = a\overline{b} \vee \overline{a}b$

$=a\oplus b$, $c=ab$ です.ここで,$\oplus$ は排他的論理和(XOR)(p.71)を表します.なお,3章(論理・命題)では別の記号を用いましたが論理回路では $\oplus$ を用います.

表 10.1:半加算器真理値表

a	b	c	s
0	0	0	0
0	1	0	1
1	0	0	1
1	1	1	0

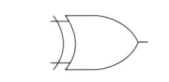

図 10.2:XOR ゲート

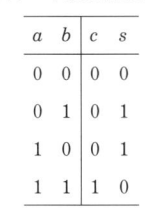

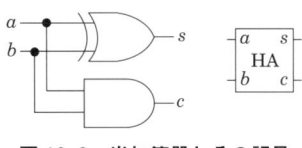

図 10.3:半加算器とその記号

上の論理式からわかるように,s と c の真理値は,a, b を入力としたXOR ゲート(図 10.2)の出力と AND ゲートの出力です.よって,両ゲートを用いて図 10.3 のように各論理関数を実現できます.この回路は下の桁からの桁上げを考慮せずに加算するので**半加算器**(Half Adder)と呼ばれます.そして,半加算器を以降では図 10.3 の右の記号で表します.

次に,下からの桁上げを c_i,上の桁への桁上げを c_o としたときの真理値表を表 10.2 に示します.これを実現した回路が図 10.6 に示す**全加算器**(Full Adder)であり,出力の論理式は $s=a\oplus b\oplus c_i$,$c_o=ab\vee ac_i\vee bc_i$ で表されます.

表 10.2:全加算器真理値表

a	b	c_i	c_o	s
0	0	0	0	0
0	0	1	0	1
0	1	0	0	1
0	1	1	1	0
1	0	0	0	1
1	0	1	1	0
1	1	0	1	0
1	1	1	1	1

この回路の第1段にある半加算器のs出力は$a \oplus b$, c出力はab, 第2段にある半加算器のs出力は$(a \oplus b) \oplus c$, c出力は$(a \oplus b)c_i$であることから, この回路で上の論理式が成立しています. なお, 全加算器を以降では図10.4の右の記号で表します.

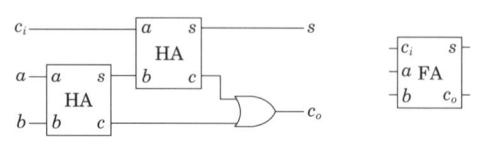

図10.4：全加算器とその記号

この全加算器をn個並べれば, nビットの加算器ができます. 3ビットの場合を図10.5に示します. なお, 最下位桁に入力する桁上げは0です.

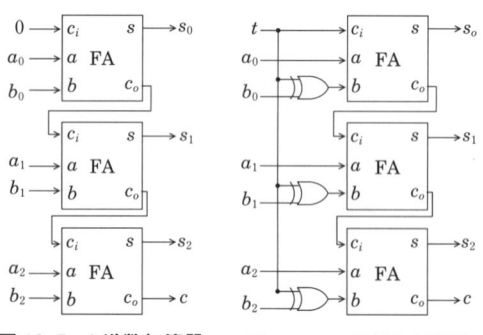

図10.5：2進数加算器　　**図10.6：2進数加減算器**

そして, この加算器を少し変更すれば減算もできます. いま, a_0, a_1, a_2が表す数をAとし, b_0, b_1, b_2が表す数をBとします. このとき減算$A-B$は$A+(-B)$として加算器で実現できます. この$(-B)$は本章④（CPUの整数演算）で学んだようにBの補数で表します.

そこで図10.6のようにBの各桁b_i, $i = 0, 1, 2$をXORゲートに入力します. そして, XORゲートのもう一方に加算と減算を切り換える信号tを入力します. そうすると, $t = 0$のときは$b_i \oplus 0 = b_i$がXORゲートから出力され最下位ビットに0が入力されるので$A+B$が計算されます. そして, $t = 1$のときは$b_i \oplus 1 = \overline{b_i}$がXORゲートから出力され最下位ビッ

トに1が入力されるので $A+(-B)$ が計算されます.

これで，2進数加減算器が実現できました.

6 公開鍵暗号システム，RSA暗号 …「代数」の章から

不正行為は道徳的に考えて行ってはいけないことであり法律でも厳しく罰せられますが，安心してインターネットを使うためには不正行為を防ぐ技術的な方法も必要です．

古代ローマのシーザーは，アルファベット a, b, …, w, x, y, z をそれぞれ d, e, …, z, a, b, c と3つ巡回して対応させることで文章を暗号化しました．例えば，暗号化された kdssb を復号化すると happy になります．この暗号システムをシーザー暗号といいます．

ネットワークにおいて送信者が送信したいデータ（平文という）を鍵を使い暗号化し，受信者に送ります．受信者は暗号化されたデータを鍵により復号化します．送信者と受信者の鍵が2人以外に秘密なとき，秘密鍵暗号システムといいます．シーザー暗号は，アルファベットを3つ巡回させるという秘密鍵からなる秘密鍵暗号システムです．

1976年にディフィーとヘルマンは受信者が暗号化のための鍵を公開し，暗号化のための鍵と異なる復号化の鍵を秘密にする公開鍵暗号システムを提案しました．さらに1977年にリベスト，シャミア，エーデルマンは公開鍵暗号システムを実現する方法を提案しました．3人の頭文字からRSA暗号と呼ばれています．

RSA暗号を具体的な数字で説明してみます．

- 受信者Aさんは $n=988027$ と $r=676553$ を公開していて，誰でもこれらの値を知ることができます．
- 送信者Bさんは $\{0, 1, …, n-1\}$ のうち n と互いに素な数 x をAさんに送ります．送りたい数字を $x=88883$ とするとき x^r を n で割

った余り $y = 165876$ をAさんに送ります.
・Cさんは，ネットワークから $y = 165876$ というデータを得て，公開されているデータ $n = 988027$, $r = 676553$ を知っています．また，x^{676553} を 988027 を割った余りが $y = 165876$ であることを知りました．

　Bさんはユークリッドの互除法で $\gcd(n, x) = 1$ を確かめることができます．また，Bさんが y を求めようとすると x^r の計算でオーバーフローしそうですが，次のように計算すると大丈夫です．x^2 を n で割った余りは 911824 です．x^4 を n で割った余りは 911824^2 を n で割った余り 262530 に等しいのでオーバーフローしません．以下，繰り返すと x^8, x^{16}, $\cdots$, x^{524288} を n で割った余りはそれぞれ 201461, 361415, $\cdots$, 362243 となります．したがって，$x^r = x^{676553} = x x^8 x^{64} x^{128} x^{512} x^{4096} x^{16384} x^{131072} x^{524288} \equiv 88883 \times 201461 \times \cdots \times 373994 \times 362243 \pmod{n}$ なので右辺を n 割った余りと求めることができます．

　理論的な背景の説明をします．n を正の整数とするとき，$\varphi(n) = |\{m | m \in \mathbb{Z}, 1 \leq m \leq n, \gcd(m, n) = 1\}|$ を**オイラー関数**といいます．n が小さい場合に計算をしてみると $\varphi(1) = |\{1\}| = 1$, $\varphi(2) = |\{1\}| = 1$, $\varphi(3) = |\{1, 2\}| = 2$, $\varphi(4) = |\{1, 3\}| = 2$, $\varphi(5) = |\{1, 2, 3, 4\}| = 4$ となります．一般的に，次の定理が成立します．

> **定理 10-1　オイラー関数の性質**
> p と q は異なる素数とします．$m \in \mathbb{Z}$, $m > 0$ とすると次が成立します．
> 1. $\varphi(p) = p - 1$　　2. $\varphi(p^m) = p^m - p^{m-1}$
> 3. $\varphi(pq) = (p-1)(q-1)$

> **定理 10-2** 正の整数 $n, r \in \mathbb{Z}$, $n, r > 0$ とします.
> 1. **オイラーの定理**
> $\gcd(r, n) = 1$ ならば $r^{\varphi(n)} \equiv 1 \pmod{n}$ です.
> 2. **フェルマーの定理**
>   素数 p に対して $r^{p-1} \equiv 1 \pmod{p}$ が成り立ちます.

それでは説明を再開します．A さんは異なる 2 つの素数 $p = 991$, $q = 997$ を使い $n = pq$ を作り, $\gcd(\varphi(n), r) = 1$ となる r を 1 つ決めて n, r を公開します．また，拡張ユークリッドの互除法を $\varphi(n), r$ に適用して $k\varphi(n) + rs = 1$ となる $k, s \in \mathbb{Z}$ を求めて s を秘密鍵とします．B さんは選んだ x から x^r を n で割った余り y をとしたので，$y \equiv x^r \pmod{n}$ が成り立ちます．すると，$y^s \equiv x^{rs} \pmod{n}$, $x^{rs} = x(x^{\varphi(n)})^{-k}$ です．オイラーの定理より $x(x^{\varphi(n)})^{-k} \equiv x \pmod{n}$ なので y^s を n で割った余りが x となります．A さんは秘密鍵 $s = 137$ をもっていて y^s を n で割った余り $x = 88883$ が B さんから送られたデータであると復号します．

A さんは p, q を知っているので $\varphi(n) = (p-1)(q-1)$ から s を求められるのですが，コンピュータを使っても大きな整数の素因数分解は困難なので，C さんは s を求められずこの方式は暗号になります．

❼ フラクタル…「数学的帰納法，組合せ数学」の章から

地図の縮尺を小さくしていくと，大きな縮尺の地図では見えなかった小さな半島や湾がみえてきます．

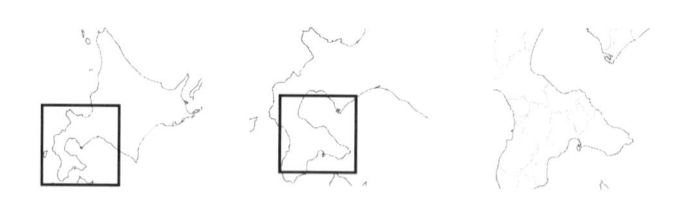

図10.7：縮尺別の地図

　海岸線の長さを測ろうとするとき，いくつかの海岸線上の地点を選び直線で結びその長さの和をとります．より小さな縮尺の地図では，選ぶ地点が増えるので大きな縮尺の地図で測るよりも長くなります．繰り返すと，海岸線の長さはいくらでも長くなりそうです．

　フラクタル図形の1つであるコッホ曲線を紹介します．ある長さの線分を用意します．フラクタルの定義はここでは省略することにします．専門用語では自己相似性を持つといいます．線分を3等分して真ん中の線分を正三角形の底辺を取り除いたものに置き換えます．以降，各線分を線分を3等分して真ん中の線分を正三角形の底辺を取り除いたものに置き換えるという操作を繰り返します．

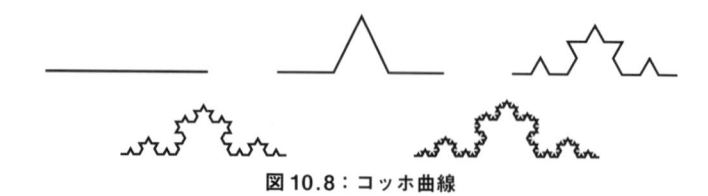

図10.8：コッホ曲線

　最初の線分（図10.8の左上）の長さを $a_1 = x$ とすると，図10.8の中央の上の線分の長さは $a_2 = \frac{4}{3}x$ です．以降，各線分が $\frac{4}{3}$ 倍されるので n 回目の曲線の長さは $a_n = \left(\frac{4}{3}\right)^{n-1} x$ となります．したがって，n を限りなく大きくすると，a_n も限りなく大きくなります．

8 行列，グラフ表現…「グラフ」の章から

　コンピュータソフトウエアの目的は，データを入力して必要な処理を行い結果を出力することです．データは，表の形式で入力されることがあります．例えば住所録，成績などです．画像データは色情報が並んだ表で，動画データは画像データ（表）の集まりとみることができます．コンピュータソフトウエア作成のためのプログラミング言語では表の集まりからなるデータを変数配列と呼ばれる番号付けられたデータとして表現することで効率よく処理しています（群 G から $\mathrm{GL}(n, \mathbb{C})$ への準同型写像を群 G の表現といい，抽象的な群も行列（配列）で表現します）．

　データの多くは行列（表）の形で与えられます．行列の行番号に対応する集合を $\{a, b, \cdots,\}$，列番号に対応する集合を $\{\alpha, \beta, \cdots\}$ します．成績データなら行番号に対応するのは氏名で，列番号に対応するのは科目名になります．このとき行列は，点集合を $V = \{a, b, \cdots, \} \cup \{\alpha, \beta, \cdots\}$ とする完全2部グラフで対応する行列の値，成績データなら点数が辺の重みとみることができます．つまり，多くの対象はグラフで表現できることを意味します．

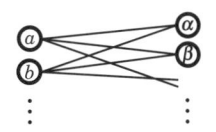

9 ことばを受け入れる…「オートマトン」の章から

　9章でも扱ったように，オートマトンは，その入力集合を文字（列）とするならば，ある特定のルールをもつ文字列の入力を受理する機構である

と捉えることができます．つまり，オートマトンを適宜構成することにより，言語ならびにその文法規則を定義することができるわけです．これは英文法についてもそうですし，C言語のような，プログラミング言語の文法にもあてはまります．ただ，オートマトンに複雑な文法をチェックさせるには，その複雑さに応じて，自由度ならびに表現能力の高い機構を用意する必要があります．9章で扱った有限オートマトンは，実は非常に簡単なモデルです．これに加え，さらに複雑なオートマトンが考案されています．

- プッシュダウン・オートマトン—有限オートマトンとスタック[4]を組み合わせたオートマトン．
- 線形拘束オートマトン—有限種類の文字を保持できるテープとそのテープの読み書きができるヘッドをもち，有限数の状態をもつもの．
- チューリングマシン—入出力を同じ一本のテープから行い，それを自分で思う順序で双方向に移動できるようにしたもの．

それでは上で定義したオートマトンがどのような表現能力をもつのか，つまり，どのような文法を受理するのか，見てみましょう．

表10.3：オートマトンの種類と受理される文法

オートマトンの種類	文法	言語の特徴
有限オートマトン	正規文法	多くのプログラミング言語で採用している正規表現を解釈する
非決定性プッシュダウン・オートマトン	文脈自由文法	前後の文脈に影響を受けずに，語を自由に表現できる
線形拘束オートマトン	文脈依存文法	語の使い方が文脈によって影響を受ける
チューリングマシン	句構造文法	文法に制限がない

なお，正規文法，文脈自由文法，文脈依存文法，句構造文法の順で複雑な言語となっていき（チョムスキー階層），これらは包含関係にあります（表内で上にある文法は下方にある文法に包含されます）．

人間の営みの中で自然に発生した日本語や英語などの言語は「自然言

---

[4] データを後入れ先出しで保持するデータ構造のこと．

語」，対して，特定の目的のために意図的に作られたプログラミング言語のような言語は「形式言語」と呼ばれますが，文脈自由文法は形式言語に分類される多くのプログラミング言語の文法の理論的基礎になっています．一方で，自然言語は文法に例外があることが多く，正確な分類は難しいですが，チョムスキー階層の中で一番近いのは文脈依存文法です．

　特にプログラミング言語に関しては，そのコンパイラやデバッガ内の字句解析や構文解析の処理の部分で，オートマトンが活躍します．プログラムを機械語命令に変換する（コンパイル）作業や，プログラムの不具合の発見や修正を支援する（デバッグ）作業を担います．

　興味深いのは，オートマトンを使うと，一般的には理工系（または情報系）で学ぶプログラミング言語と，文系（に分類される言語学）で学ぶ言葉や文法が，同じように議論することができる点です．このような領域の融合により例えば，コンピュータが言葉を理解できるようになる可能性が開かれますし，逆に，コンピュータが自然言語の文法を定義できれば，シミュレーションにより，与えられた文法でどんな文章が作成可能か，文学作品を作ることが果たしてできるのか，など調べることができます．言語間の比較実験なども含めてさまざまな可能性を秘めています．

10　デジタル画像…「集合」「関数」「写像」の章から

（1）カメラで撮るデジタル画像全体からなる集合

　皆さんがもっているカメラで撮ることのできる画像全体の集合は無限でしょうか有限でしょうか．それは有限です．何も，カメラがいつか壊れるから有限というわけではありません．それは，全画素（画像の点）の色を決めることによって1枚の画像ができあがるところ，デジタル（離散）だと画素の集合が有限であり色の集合も有限だからです．

　それでは，異なる画像の数を求めましょう．いま，画素数を m とし，各画素の色は赤・緑・青3成分に分けて各 n レベルで記録するとします．

そうすると各画素で，記録できるのはn^3色です．よって，n^3色から重複を許してm個を選び2次元に並べると画像ができますので，異なる画像はn^{3m}枚です．これがこのカメラで撮り得る画像の集合です．

ということは，既に決まっていたn^{3m}枚の画像から，シャッターを押すことによって私たちは画像1枚を選択しているのです．よって，これまでにない素晴らしい写真が撮れた，あるいは，照明を工夫した，使うカメラを換えたといっても，画素数・色のレベル数が同じである限りn^{3m}枚の画像以外は撮れないのです．

というようなことを，考えてみると面白いです．例えば，映画もデジタル化されていますので，映画の集合も有限でしょうか．さらに，画素数を増やした新製品を毎日毎日永遠に発売し続けるカメラメーカーが現れたときには事情が変わるのでしょうか．考えてください．

図 10.9：画像 $f(x, y)$

(2) デジタル画像の微分

連続と離散との間で演算の違いを，微分を例に考えましょう．

連続関数$f(x)$のxでの変化の割合は，xからちょっとだけ離れた（$x+h$）までの変化の割合（$f(x+h)-f(x))/h$で近似できます．そのhを限りなく小さくすることによってxでの変化の割合が求まります．それが$f(x)$のxでの微分値$f'(x)$であり次式で与えられます．

$$f'(x) = \lim_{h \to 0} \frac{f(x+h) - f(x)}{h}$$

次に，関数 $f(x)$ が離散であり $x \in \mathbb{Z}$ でのみ値をもつとします．このとき，$(f(x+h)-f(x))/h$ の h がとる最小値は 1 なので，$f(x)$ の微分値に対応するのは次の式の $\Delta f(x)$ です．これを**差分**といいます．

$$\Delta f(x) = f(x+1) - f(x)$$

では，画像を微分（差分）しましょう．ここで扱う画像はデジタルですし 2 次元ですから，横（x）方向と縦（y）方向に差分をとります．ただし，簡単のために画像は白黒（図 10.9）とし，位置（x, y）での濃淡値を関数 $f(x, y)$ で表します．そうすると，$f(x, y)$ の x 方向と y 方向の差分は次の式でそれぞれ $\Delta_x f(x, y)$ と $\Delta_y f(x, y)$ として与えられます．

$$\Delta_x f(x, y) = f(x+1, y) - f(x, y)$$
$$\Delta_y f(x, y) = f(x, y+1) - f(x, y)$$

この式ですべての（x, y）で $\Delta_x f(x, y)$ と $\Delta_y f(x, y)$ を求めた結果を図 10.10 に示します．図中では差分の値が大きいほど，白く表示しています．図 10.10(a) は画像 $\Delta_x f(x, y)$ であり，横方向に濃淡変化が大きい場所ほど白く表示されています．また，図 10.10(b) は画像 $\Delta_y f(x, y)$ であり縦方向の変化が表れています．

ここでは演算としての関数の微分をとり上げましたが，他にもさまざまな演算が画像に施され，コンピュータによる物体認識や人物認識などに用いられています．

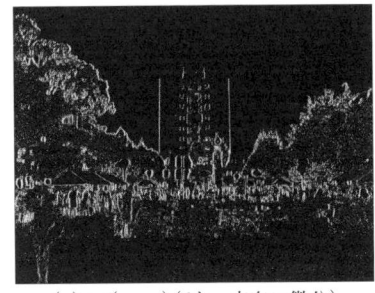

(a) $\Delta_x f(x, y)$（f を x 方向に微分） 　　(b) $\Delta_y f(x, y)$（f を y 方向に微分）

図 10.10：微分画像

練習・章末問題の解答

第1章の練習問題　解答

1-1　$A=\{-2,2,0\}$, $B=\{$水星, 金星, 地球, 火星, 木星, 土星, 天王星, 海王星$\}$.

1-2　$x \in A$ を仮定する．$A \subset B$ なので (1-1) より $x \in B$．$x \in B$, $B \subset C$ なので (1-1) より $x \in C$．ゆえに $\forall x \in A \to x \in C$ なので (1-1) より $A \subset C$．

1-3　1 誤り．空集合は X の要素にない．すなわち，$\emptyset \neq -2$ かつ $\emptyset \neq 2$ なので $\emptyset \notin X$．2 正しい．空集合は任意の集合の部分集合．3 誤り．そもそも $\subset$ の左辺も右辺も集合でないと誤り．4 正しい．$\{2\}$ の要素 2 は X の要素．p.5, (1-1) から $\{2\} \subset X$．5 誤り．X は X に属していない．6 誤り．X の要素 2 も -2 も $\{X\}$ の要素ではない．

1-4　$A \cap B = \{2\}$, $A \cup B = \{1,2,3,4\}$, $A \setminus B = \{1,3\}$, $\overline{A} = \{4,5\}$.

1-5　左辺 $\overset{\text{交換律}}{=} (B \cup A) \cap (B \cup \overline{A}) \overset{\text{分配律}}{=} B \cup (A \cap \overline{A}) \overset{\text{補元律}}{=} B \cup \emptyset \overset{\text{空集合の性質}}{=} $ 右辺．

1-6　$(\overline{A} \cap U) \cup (\overline{B} \cup \emptyset) = \overline{A \cap B}$．ベン図は省略．

1-7　1 正しい．2 誤り．$|A \cap B \cap C| = 1$, $|\overline{A} \cup \overline{B} \cup \overline{C}| = 0$ のとき $|A \cup B \cup C| = 1$．

1-8　$1, 2, \cdots, 5$ を並べたときに，乱列になる並べ方と同じ．
$5! - {}_5C_1 \cdot 4! + {}_5C_2 \cdot 3! - {}_5C_3 \cdot 2! + {}_5C_4 \cdot 1! - {}_5C_5 \cdot 0! = 44$ 通り．

1-9　$2^{\{\ \}} = \{\{\ \}\} = \{\emptyset\}$, $|2^{\{\ \}}| = 2^{|\{\ \}|} = 2^0 = 1$.
$2^{\{0\}} = \{\{\ \}, \{0\}\}$, $|2^{\{0\}}| = 2^{|\{0\}|} = 2^1 = 2$.
$2^{\{0,1\}} = \{\{\ \}, \{0\}, \{1\}, \{0,1\}\}$, $|2^{\{0,1\}}| = 2^{|\{0,1\}|} = 2^2 = 4$.
$2^{\{0,1,2\}} = \{\{\ \}, \{0\}, \{1\}, \{2\}, \{0,1\}, \{0,2\}, \{1,2\}, \{0,1,2\}\}$.
$|2^{\{0,1,2\}}| = 2^{|\{0,1,2\}|} = 2^3 = 8$.

1-10　$n \in \mathbb{Z}$ として，偶数 $2n$ から奇数 $2n-1$ への対応はもれのない 1 対 1 対応だから濃度は等しい．

1-11　$n = 1, 2, 3, \cdots$ として，$2n \in \mathbb{N}$ に対し $n \in \mathbb{Z}$ を，$2n-1 \in \mathbb{N}$ に対し $1-n \in \mathbb{Z}$ を対応付けることで，$\mathbb{N}$ から $\mathbb{Z}$ へもれのない 1 対 1 対応が定まる．よって，$|\mathbb{Z}| = |\mathbb{N}| = \aleph_0$ であり $\mathbb{Z}$ は可算集合である．

1-12 可算集合．なぜなら，A, B が可算集合ならば，$A \times B$ も可算集合，かつ $\mathbb{Q}$ は可算集合だから．

1-13 $y = (d-c)(x-a)/(b-a) + c$ によって，x から y へもれなく 1 対 1 に対応付けられるから．

第 2 章の練習問題 解答

2-1 $R = \{$(大阪府, 京都府)，(京都府, 大阪府)，(大阪府, 奈良県)，(奈良県, 大阪府)，(京都府, 奈良県)，(奈良県, 京都府)，(静岡県, 神奈川県)，(神奈川県, 静岡県)，(神奈川県, 東京都)，(東京都, 神奈川県)$\}$．

2-2 方法 1. $R = \{(1, 1), (1, 2), (1, 3), (1, 4), (2, 2), (2, 3), (2, 4), (3, 3), (3, 4), (4, 4)\}$．　方法 2. $R = \{(x, y) | x, y \in A, x \leq y\}$．

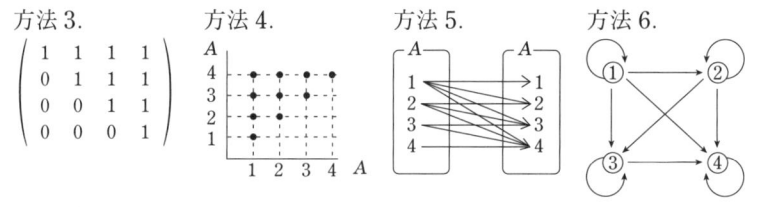

方法 3.
$\begin{pmatrix} 1 & 1 & 1 & 1 \\ 0 & 1 & 1 & 1 \\ 0 & 0 & 1 & 1 \\ 0 & 0 & 0 & 1 \end{pmatrix}$

方法 4.

方法 5.

方法 6.

2-3
$\begin{pmatrix} 1 & 0 & 0 & 0 & 1 \\ 0 & 1 & 0 & 1 & 0 \\ 0 & 0 & 0 & 0 & 0 \\ 0 & 1 & 0 & 1 & 0 \\ 1 & 0 & 0 & 0 & 1 \end{pmatrix}$

2-4 1. 反射的でない．対称的でない．反対称的．推移的．
2. 反射的．対称的でない．反対称的．推移的．
3. 反射的．対称的でない．反対称的．推移的．
4. 反射的．対称的でない．例えば $(-2) R 2$ かつ $2 R (-2)$ だが $-2 \neq 2$，よって反対称的でない．推移的．

2-5 単位行列．

2-6 aR^+b: $\underset{\underset{a}{\parallel}}{a_1} \xrightarrow{R} \underset{}{a_2} \xrightarrow{R} \cdots \xrightarrow{R} a_{m-1} \xrightarrow{} \underset{\underset{b}{\parallel}}{a_m}$ かつ bR^+c: $\underset{\underset{b}{\parallel}}{b_1} \xrightarrow{R} b_2 \xrightarrow{R} \cdots \xrightarrow{R} b_{n-1} \xrightarrow{} \underset{\underset{c}{\parallel}}{b_n}$

ならば

aR^+c: $\underset{\underset{a}{\parallel}}{\underset{a_1}{\parallel}} c_1 \xrightarrow{R} \underset{a_2}{\parallel} c_2 \xrightarrow{R} \cdots \xrightarrow{R} \underset{\underset{\underset{b}{\parallel}}{b_1}}{\underset{a_m}{\parallel}} c_m \xrightarrow{R} \underset{b_2}{\parallel} c_{m+1} \cdots \xrightarrow{} \underset{b_{n-1}}{\parallel} c_{m+n-2} \xrightarrow{R} \underset{\underset{c}{\parallel}}{\underset{b_n}{\parallel}} c_{m+n-1}$

aR^+b, $bR^+c \to aR^+c$ を示して R^+ が推移的であることを証明する. aR^+b, bR^+c と仮定する. まず, aR^+b から, $a_1=a$, $a_m=b$, $m \geq 2$ として a_iRa_{i+1} である列 $a_1, \cdots, a_m$ が存在する. 次に, bR^+c から $b_1=b$, $b_n=c$, $n \geq 2$ として b_iRb_{i+1} である列 $b_1, \cdots, b_n$ が存在する. そこで, $c_1=a_1=a, \cdots, c_m=a_m=b_1, \cdots, c_{m+n-1}=b_n=c$ とすれば, 列 c_1, $\cdots, c_{m+n-1}$ では c_iRc_{i+1}. よって, $aR^{m+n-2}c$ となり, aR^+c.

2-7 $x, y, z \in A$ とする. まず R は, 例えば $(f, f) \notin R$ だから反射的でなく, $(f, e) \in R$ かつ $(e, f) \notin R$ だから対称的でなく, 例えば (b, c), $(c, b) \in R$ かつ $(b, b) \notin R$ だから推移的でない. また R^+ は, 例えば $(f, f) \notin R^+$ だから反射的でなく, $(f, e) \in R^+$ かつ $(e, f) \notin R^+$ だから対称的でなく, $(x, y), (y, z) \in R^+ \to (x, z) \in R^+$ を満たすので推移的. また R^* は, 任意の x に対して $(x, x) \in R^*$ だから反射的, $(f, e) \in R^*$ かつ $(e, f) \notin R^*$ だから対称的でなく, $(x, y), (y, z) \in R^* \to (x, z) \in R^*$ を満たすので推移的. 有向グラフは省略.

2-8 R の反射閉包は $\{(1, 2), (1, 3), (2, 3)\} \cup \{(1, 1), (2, 2), (3, 3), (4, 4)\} = \{(1, 1), (1, 2), (1, 3), (2, 2), (2, 3), (3, 3), (4, 4)\}$. R の対称閉包は $\{(1, 2), (1, 3), (2, 3)\} \cup \{(2, 1), (3, 1), (3, 2)\} = \{(1, 2), (1, 3), (2, 1), (2, 3), (3, 1), (3, 2)\}$.

2-9 1. 同値関係. 2. 対称的でないので同値関係ではない.

2-10 $p \in \cup_{x \in A}[x]$ を仮定する. すると, $p \in [x]$ となる x が存在. よって xRp, R は A 上の関係だから, $p \in A$. よって $\cup_{x \in A}[x] \subset A$. 次に, p

$\in A$ を仮定する．すると，$p\in[p]$ だから，$p\in\cup_{x\in A}[x]$．よって $A\subset \cup_{x\in A}[x]$．したがって，$\cup_{x\in A}[x]=A$．

2-11　1．半順序．　　2．半順序でない．　　3．半順序．　　4．半順序でない．

2-12　半順序関係でない．なぜなら，例えば $x=x'$, $y\neq y'$ に対して，$(x, y)\leq (x', y')$ かつ $(x', y')\leq(x, y)$，しかし $(x, y)\neq(x', y')$ で反対称的でないから．

2-13　$(0, 0)\leq(0, 1)\leq(0, 2)\leq(1, 0)\leq(1, 1)\leq(1, 2)\leq(2, 0)\leq(2, 1)\leq(2, 2)$．

第3章の練習問題　解答

3-1　1．命題ではない．童話にあるようにうさぎが亀よりも速い，わけではない．そもそも泳がせたら一体どちらが速いのか？　　2．T の命題．アルキメデスによる円周率の計算法参照．　　3．T の命題．　　4．F の命題．

3-2　1．$p=\mathrm{T}$．　　2．$p=\mathrm{F}$．　　3．$p=\mathrm{F}$．　　4．$p=\mathrm{T}$．　　5．$p=\mathrm{F}$．

3-3　1．命題関数．T および F となる例：$p(2012)=\mathrm{T}$, $p(2100)=\mathrm{F}$（グレゴリオ暦では，うるう年として，西暦年が 400 で割り切れるか，あるいは 4 で割り切れかつ 100 で割り切れないとき，と定めている）．
2．命題関数ではない．差の大小は絶対的に判断できない．
3．命題関数．T および F となる例：$p(1)=p(2)=\mathrm{F}$, $p(k)=\mathrm{T}$, k は 3 以上の整数（参考：フェルマーの最終定理）．

3-4　1．$\neg p=$「$\exists x\in\mathbb{R}$, $|\sin x|>|x|$」（$=\mathrm{F}$）．　　2．$\neg p=$「$\exists x\in\mathbb{R}$, $x^2\leq 0$」（$=\mathrm{T}$）．　　3．$\neg p=$「$\exists x\in\mathbb{R}$, $\forall y\in\mathbb{R}$, $x+y\neq 1$」（$=\mathrm{F}$）．

3-5　1．(1) $-1<x<1$ のときのみ $p(x)=q(x)=\mathrm{T}$ となる．よって $-1<x<1$ のとき T，それ以外で F．(2) すべての $x\in\mathbb{R}$ に対して，$p(x)$, $q(x)$ のうち少なくともどちらか 1 つは成立．よって常に T．(3) (1), (2) より $-1<x<1$ のとき F，それ以外で T となる．
2．すべての実数 x に対して $p(x)=\mathrm{T}$．一方，$q(x)$ は $x=0$ のとき T，それ以外で F（$y=\pm x$ で成立する）．よって (1) $x=0$ のとき T，それ以外で F．(2) 常に T．(3) (1), (2) より $x=0$ のとき F，それ以外で T．

| 解答 |

3-6 1.

p	q	$p \to q$	$p \to (p \to q)$
T	T	T	T
T	F	F	F
F	T	T	T
F	F	T	T

2.

p	q	r	$p \to q$	$q \to r$	$(p \to q) \to (q \to r)$
T	T	T	T	T	T
T	T	F	T	F	F
T	F	T	F	T	T
T	F	F	F	T	T
F	T	T	T	T	T
F	T	F	T	F	F
F	F	T	T	T	T
F	F	F	T	T	T

3-7 1.

p	q	$p \veebar q$	$p \to q$	$(p \veebar q) \wedge (p \to q)$
T	T	F	T	F
T	F	T	F	F
F	T	T	T	T
F	F	F	T	F
①	②	③	④	⑤
		①∨②	①→②	③∧④

2.

p	q	$q \wedge p$	$p \veebar q \wedge p$	$p \veebar q \wedge p \to q$
T	T	T	F	T
T	F	F	T	F
F	T	F	F	T
F	F	F	F	T
①	②	③	④	⑤
		②∧①	①∨③	④→②

3-8 1. $\neg(p \vee \neg q) \wedge (q \vee r)$ $\overset{\text{ド・モルガンの法則}}{=}$ $(\neg p \wedge q) \wedge (q \vee r)$ $\overset{\text{結合律}}{=}$ $\neg p \wedge (q \wedge (q \vee r))$ $\overset{\text{吸収律}}{=}$ $\neg p \wedge q$. 2. $(p \to q) \to (p \wedge q)$ $\overset{\text{式 (3-1)}}{=}$ $(\neg p \vee q) \to (p \wedge q)$ $\overset{\text{式 (3-1)}}{=}$ $\neg(\neg p \vee q) \vee (p \wedge q)$ $\overset{\text{ド・モルガンの法則}}{=}$ $(p \wedge \neg q) \vee (p \wedge q)$ $\overset{\text{分配律}}{=}$ $p \wedge (\neg q \vee q)$ $\overset{\text{補元律}}{=}$ $p \wedge T$ $\overset{\text{真の性質}}{=}$ p. 3. $(p \to q) \leftrightarrow p$ $\overset{\text{定義より}}{=}$ $((p \to q) \to p) \wedge (p \to (p \to q))$ $\overset{\text{式 (3-1)}}{=}$ $((\neg p \vee q) \to p) \wedge (p \to (\neg p \vee q))$ $\overset{\text{ド・モルガンの法則, 結合律}}{=}$ $(\neg(\neg p \vee q) \vee p) \wedge (\neg p \vee (\neg p \vee q))$ $\overset{\text{交換律, べき等律}}{=}$ $((p \wedge \neg q) \vee p) \wedge ((\neg p \vee \neg p) \vee q)$ $\overset{\text{吸収律}}{=}$ $(p \vee (p \wedge \neg q)) \wedge (\neg p \vee q)$ $\overset{\text{分配律}}{=}$ $p \wedge (\neg p \vee q)$ $\overset{\text{補元律}}{=}$ $(p \wedge \neg p) \vee (p \wedge q)$ $\overset{\text{偽の性質}}{=}$ $F \vee (p \wedge q)$ $=$ $p \wedge q$.

3-9 1. 逆:「$x^2 = 1$」→「$x = 1$」(F, $x = -1$ も $x^2 = 1$ を満たす), 裏:「$x \neq 1$」→「$x^2 \neq 1$」(F, 逆命題が F なので裏命題も F となる), 対偶:「$x^2 \neq 1$」→「$x \neq 1$」(T, 順命題が T なので対偶命題も T となる).
2. 逆:「$a = b = 0$」→「実数 a, b に対して $a^2 + b^2 = 0$ が成り立つ」(T), 裏:「実数 a, b に対して $a^2 + b^2 \neq 0$ が成り立つ」→「$a \neq 0$ または $b \neq 0$」(T, 逆命題が T なので裏命題も T となる), 対偶:「$a \neq 0$ または $b \neq 0$」→「実数 a, b に対して $a^2 + b^2 \neq 0$ が成り立つ」(T, 順命題が T なので対偶命題も T となる).

3-10 まず, 次のように命題 p, q, r をそれぞれ定義する.

1. p=「離散数学の知識獲得に失敗する」，2. q=「離散数学の勉強をする」，3. r=「離散数学の単位を取得する」．すると命題（a），（b），（c）は $p \to \neg q$, $\neg p \to r$, q と表すことができる．つまり，$(p \to \neg q) \land (\neg p \to r) \land q \to r$ がトートロジーであることを示せば十分である．

p	q	r	$\neg p$	$\neg q$	$p \to \neg q$	$\neg p \to r$	$(p \to \neg q) \land (\neg p \to r) \land q$	$(p \to \neg q) \land (\neg p \to r) \land q \to r$
T	T	T	F	F	F	T	F	T
T	T	F	F	F	F	T	F	T
T	F	T	F	T	T	T	F	T
T	F	F	F	T	T	T	F	T
F	T	T	T	F	T	T	T	T
F	T	F	T	F	T	F	F	T
F	F	T	T	T	T	T	F	T
F	F	F	T	T	T	F	F	T
①	②	③	④	⑤	⑥	⑦	⑧	⑨
			¬①	¬②	①→⑤	④→③	⑥∧⑦∧②	⑧→③

以上の真理値表より，離散数学の単位取得に成功することが証明された．

第4章の練習問題　解答

4-1　1. 関数．2. 関数ではない．$f(A) \subset B$ を満たさない $x \in A$ が存在（例：$x=1.5$）．3. 関数ではない．1つの入力に関数値が2つ存在．4. 関数ではない．$f(A) \subset B$ を満たさない $x \in A$ が存在（例：$x=-0.5$）．

4-2　1. 関数ではない．A の中に，対応関係 f で定義されない要素が存在（$3 \in A$）．2. 関数ではない．$3 \in A$ に対して関数値が2つ存在．3. 関数．4. 関数ではない．2月の日数は28日のときも29日のときもある（入力として西暦年の情報も必要）．

4-3　1. $f(A)=[0, \infty)$．　2. $f(A)=\{0, 1, \cdots, n-1\}$．　3. $f(A)=\{2\}$．

4-4　1. $x_1 \neq x_2$ でありながら $f(x_1)=f(x_2)$ を満たす x_1, x_2 が存在し，単射ではない（例：$x_1=-1/2, x_2=1/2$）．2. 単射．3. そもそも関数でないため，単射でもない（例：$-7/4 \in A$ だが，$f(-7/4) \notin B$）．

4-5 1. 全射ではない（$2/7 = 0.\dot{2}8571\dot{4}285714\cdots = 0.\dot{2}8571\dot{4}$ と循環小数であり，例えば 3 や 6 はどの桁にも現れない）．2. 全射ではない（$f(A) = \{0, 1, 2, \cdots, n-1\}$ であり，$n \in B$ に対して，$n \notin f(A)$ であるため）．

4-6 1.（例）$(3, c)$ を追加すればよい．2.（例）$(3, a)$ を削除すればよい．3.（例）$(3, b)$ を削除し，代わりに $(3, c)$ を追加すればよい．

4-7 1 いずれでもない． 2 単射． 3 全射． 4 全単射．

4-8 1. $f_3(x)$, $f_4(x)$, $f_5(x)$, f_9. 2. $f_1(x)$, $f_3(x)$, $f_4(x)$, $f_5(x)$, $f_7(x)$, f_8, f_9.

4-9 1. 奇関数（$f(x) = \tan x$ は常に $f(-x) = \tan(-x) = \sin(-x)/\cos(-x) = -\sin x/\cos x = -f(x)$ が成り立つため）． 2. 偶関数（f 内の順序対は (a, b) に対し，$(-a, b)$ も常に存在する）． 3. どちらでもない（$x \in (-\infty, 0) \cup (0, \infty)$ を考えれば奇関数であるが，$1 = f(0) = f(-0) \neq -f(0) = -1$ より奇関数ではない．偶関数でないことは自明）．

4-10 1. $f(A) = \{-\pi/2, 0, \pi/2\}$． 2. $f(A) = \{0, \pi/3, \pi/2, 2\pi/3, \pi\}$．

4-11 1. $f \cdot g = \{(1, 2), (2, 1), (3, 2)\}$． 2. $h \cdot h = \{(1, 2), (2, 2), (3, 2)\}$． 3. $f \cdot g \cdot h = \{(1, 1), (2, 1), (3, 1)\}$．

第 5 章の練習問題　解答

5-1

+	[0]	[1]	[2]	[3]
[0]	[0]	[1]	[2]	[3]
[1]	[1]	[2]	[3]	[0]
[2]	[2]	[3]	[0]	[1]
[3]	[3]	[0]	[1]	[2]

×	[0]	[1]	[2]	[3]
[0]	[0]	[0]	[0]	[0]
[1]	[0]	[1]	[2]	[3]
[2]	[0]	[2]	[0]	[2]
[3]	[0]	[3]	[2]	[1]

5-2 1. $\forall x, y \in \mathbb{Q}$ とすると，ある整数 $m, n, m'n'$（$n, n' \neq 0$）に対して $x = \dfrac{m}{n}$, $y = \dfrac{m'}{n'}$ と書ける．$mn' + m'n$, $nn' \in \mathbb{Z}$, $nn' \neq 0$ なので $x + y = \dfrac{mn' + m'n}{nn'} \in \mathbb{Q}$ となる．ゆえに加法に関して閉じている．

2. $1, 2 \in \mathbb{N}$, $1-2 \notin \mathbb{N}$ なので, $\mathbb{N}$ は $-$ で閉じていない.

5-3 1. $\forall [a], [b], [c] \in \mathbb{Z}_n$ とすると, $([a] \times [b]) \times [c] = [ab] \times [c] = [(ab)c] = [a(bc)] = [a] \times [bc] = [a] \times ([b] \times [c])$. $[1] \in \mathbb{Z}_n$ に対して $[a] \times [1] = [a] = [1] \times [a]$. ゆえに, $\mathbb{Z}_n$ はモノイド.

2. $\forall x, y, z \in \mathbb{Q}$ とすると, ある整数 m, n, m', n', m'', n'' ($n, n', n'' \neq 0$) に対して $x = \dfrac{m}{n}$, $y = \dfrac{m'}{n'}$, $z = \dfrac{m''}{n''}$ と書ける. $(xy)z = \dfrac{mm'}{nn'} \dfrac{m''}{n''}$
$= \dfrac{(mm')m''}{(nn')n''} = \dfrac{m(m'm'')}{n(n'n'')} = \dfrac{m}{n} \dfrac{m'm''}{n'n''} = x(yz)$.
また, $1 = \dfrac{1}{1} \in \mathbb{Q}$ に対して $x1 = \dfrac{m}{n} \dfrac{1}{1} = \dfrac{m1}{n1} = \dfrac{m}{n} = x$, $1x = \dfrac{1}{1} \dfrac{m}{n} = \dfrac{1m}{1n} = \dfrac{m}{n} = x$. ゆえに, $\mathbb{Q}$ はモノイド.

3. $(a \cdot b) \cdot c = a \cdot (b \cdot c)$ より $((a \cdot b) \cdot c) \cdot d = (a \cdot (b \cdot c)) \cdot d$. $(b \cdot c) \cdot d = b \cdot (c \cdot d)$ より $a \cdot ((b \cdot c) \cdot d) = a \cdot (b \cdot (c \cdot d))$. $f = b \cdot c$ とおくと $(a \cdot f) \cdot d = a \cdot (f \cdot d)$ より $(a \cdot (b \cdot c)) \cdot d = a \cdot ((b \cdot c) \cdot d)$. $f = a \cdot b$ とおくと $(f \cdot c) \cdot d = f \cdot (c \cdot d)$ より $((a \cdot b) \cdot c) \cdot d = (a \cdot b) \cdot (c \cdot d)$. ゆえに, 成立する.

4. $1, 2, 3 \in \mathbb{Z}$, $(1-2)-3 \neq 1-(2-3)$ なので, $\mathbb{Z}$ は減法 $-$ に関して半群ではない.

5-4 1. $\forall [a], [b], [c] \in \mathbb{Z}_n$ とすると, $([a]+[b])+[c] = [(a+b)+c] = [a+(b+c)] = [a]+([b]+[c])$. $[a]+[0] = [a+0] = [a] = [0+a] = [0]+[a]$ なので $[0] \in \mathbb{Z}_n$ が単位元. $[-a] \in \mathbb{Z}_n$ に対して $[a]+[-a] = [a+(-a)] = [0] = [(-a)+a] = [-a]+[a]$ なので $[-a]$ が $[a]$ の逆元. $[a]+[b] = [a+b] = [b+a] = [b]+[a]$. ゆえに, $\mathbb{Z}_n$ は加法に関してアーベル群.

2. $(a \cdot b) \cdot (b^{-1} \cdot a^{-1}) = a \cdot (b \cdot b^{-1}) \cdot a^{-1} = a \cdot a^{-1} = e$, $(b^{-1} \cdot a^{-1}) \cdot (a \cdot b) = b^{-1} \cdot (a \cdot a^{-1}) \cdot b^{-1} = b \cdot b^{-1} = e$ なので $(a \cdot b)^{-1} = b^{-1} \cdot a^{-1}$.

| 解答 |

5-5　1. 5-2 の 1 で $\forall x, y \in \mathbb{Q} \to x+y \in \mathbb{Q}$ は示した．$\forall x \in \mathbb{Q}$ とすると，ある整数 $m, n \in \mathbb{Z}(n \neq 0)$ に対して $x = \dfrac{m}{n}$ と書ける．$x' = \dfrac{-m}{n}$ とおくと，$x' \in \mathbb{Q}$, $x+x' = \dfrac{m+(-m)}{n} = 0 = \dfrac{(-m)+m}{n} = x'+x$ なので x' は x の逆元．ゆえに，$\mathbb{Q}$ は $\mathbb{C}$ の部分群．

2. $[0]+[0]=[0]$, $[0]+[2]=[2]+[0]=[2]$, $[2]+[2]=[0]$ より $-[0]=[0]$, $-[2]=[2] \in H$ なので H は $\mathbb{Z}_4$ の部分群．

3. $\forall \alpha, \beta \in G$ とすると $\alpha^8 = \beta^8 = 1$．$\alpha\beta \in \mathbb{C}$, $(\alpha\beta)^8 = \alpha^8\beta^8 = 1$ なので $\alpha\beta \in G$．$\alpha^{-1} \in \mathbb{C}$, $(\alpha^{-1})^8 = (\alpha^8)^{-1} = 1$ なので $\alpha^{-1} \in G$．ゆえに，G は $\mathbb{C} \setminus \{0\}$ の部分群．

4. $\alpha = \cos\left(\dfrac{2\pi}{8}\right) + i\sin\left(\dfrac{2\pi}{8}\right)$ とおくと $G = \{1, \alpha, \alpha^2, \alpha^3, \alpha^4, \alpha^5, \alpha^6, \alpha^7\}$ となる．このとき，G の部分群は $\{1\}$, $\{1, \alpha^4\}$, $\{1, \alpha^2, \alpha^4, \alpha^6\}$, G.

5-6　5-5 で求めた部分群に対し，$\langle 1 \rangle = \{1\}$, $\langle \alpha^4 \rangle = \{1, \alpha^4\}$, $\langle \alpha^2 \rangle = \{1, \alpha^2, \alpha^4, \alpha^6\}$, $\langle \alpha \rangle = G$ となるので G の任意の部分群は巡回群．

5-7　1. $e = \begin{pmatrix} 1 & 2 & 3 & 4 \\ 1 & 2 & 3 & 4 \end{pmatrix}$, $a = \begin{pmatrix} 1 & 2 & 3 & 4 \\ 2 & 1 & 4 & 3 \end{pmatrix}$, $b = \begin{pmatrix} 1 & 2 & 3 & 4 \\ 3 & 4 & 1 & 2 \end{pmatrix}$, $c = \begin{pmatrix} 1 & 2 & 3 & 4 \\ 4 & 3 & 2 & 1 \end{pmatrix}$ とおくと演算表は次のようになる．

∘	e	a	b	c
e	e	a	b	c
a	a	e	c	b
b	b	c	e	a
c	c	b	a	e

演算表より $\forall x, y \in K \to x \circ y \in K$．また，$e^{-1} = e$, $a^{-1} = a$, $b^{-1} = b$, $c^{-1} = c$．ゆえに K は S^X の部分群．また，e が単位元なので $a \circ e = e \circ a$, $b \circ e = e \circ b$, $c \circ e = e \circ c$．演算表より $a \circ b = b \circ a = c$, $a \circ c = c \circ a = b$, $b \circ c = c \circ b = a$．ゆえに K はアーベル群．

2. $S^X = \left\{ \begin{pmatrix} 1 & 2 & 3 \\ 1 & 2 & 3 \end{pmatrix}, \begin{pmatrix} 1 & 2 & 3 \\ 1 & 3 & 2 \end{pmatrix}, \begin{pmatrix} 1 & 2 & 3 \\ 2 & 1 & 3 \end{pmatrix}, \right.$
$\left. \begin{pmatrix} 1 & 2 & 3 \\ 2 & 3 & 1 \end{pmatrix}, \begin{pmatrix} 1 & 2 & 3 \\ 3 & 1 & 2 \end{pmatrix}, \begin{pmatrix} 1 & 2 & 3 \\ 3 & 2 & 1 \end{pmatrix} \right\}$, $|S^X| = 3! = 6$.

3. $f = \begin{pmatrix} 1 & 2 & 3 & \cdots & n \\ 2 & 1 & 3 & \cdots & n \end{pmatrix}$, $g = \begin{pmatrix} 1 & 2 & 3 & \cdots & n \\ 3 & 2 & 1 & \cdots & n \end{pmatrix} \in S^X$ とすると,
$f \cdot g \neq g \cdot f$ なのでアーベル群ではない.

5-8 1. $[x], [y] \in \mathbb{Z}_3$ に対し, $f([x]+[y]) = f([x+y]) = \omega^{x+y} = \omega^x \omega^y = f([x])f([y])$ なので f は準同型写像. $f([x]) = f([y])$ とすると $\omega^x = \omega^y$ なので $\omega^{x-y} = 1$ より $[x] = [y]$. ゆえに, f は単射. $\forall y \in \langle \omega \rangle$ とすると, ある $x \in \{0, 1, 2\}$ に対し $y = \omega^x$ と書ける. すると, $f([x]) = \omega^x = y$ なので f は全射. ゆえに f は同型写像. 2. $a, b \in \mathbb{Z}$ に対して $f(a+b) = [a+b] = [a] + [b] = f(a) + f(b)$ なので f は準同型写像.

5-9 1. $[2] \times [0] = [0]$, $[2] \times [1] = [2]$, $[2] \times [2] = [0]$, $[2] \times [3] = [2]$ より $[2]$ の乗法に関する逆元が存在しないので $\mathbb{Z}_4$ は体ではない.
2. 例題 5-10 より, $\mathbb{Z}_3$ は可換環. p.113 の例題 5-1 より, $[1]^{-1} = [1]$, $[2]^{-1} = [2]$ なので体の定義（定義 5-11）の逆元の存在を満たす. ゆえに, $\mathbb{Z}_3$ は可換体となる.
3. $\forall x, y, z \in \mathbb{Q}(\sqrt{2})$ とすると, ある有理数 a, b, c, d, e, f に対して $x = a + b\sqrt{2}$, $y = c + d\sqrt{2}$, $z = e + \sqrt{2}$ と書ける. $x + y = (a+c) + (b+d)\sqrt{2} \in \mathbb{Q}(\sqrt{2})$, $xy = (ac + 2bd) + (ad + bc)\sqrt{2} \in \mathbb{Q}(\sqrt{2})$ なので, $\mathbb{Q}(\sqrt{2})$ は加法と乗法に関して代数系で, $(x+y) + z = ((a+c) + e) + ((b+d) + f)\sqrt{2} = (a + (c+e)) + (b + (d+f))\sqrt{2} = x + (y+z)$. $x + 0 = 0 + x = x$ なので $0 \in \mathbb{Q}(\sqrt{2})$ が零元. $(-a) + (-b)\sqrt{2}$ が x の加法に関する逆元で, $x + y = (a+c) + (b+d)\sqrt{2} = (c+a) + (d+b)\sqrt{2} = y + x$, $(xy)z = (ace + 2bde + 2bcf + 2adf) + (ace + adf + bce + bdf)\sqrt{2} = x(yz)$. $1 \in \mathbb{Q}(\sqrt{2})$ が単位元. $xy = (ac + 2bd) + (ad + bc)\sqrt{2} = (ca + 2db) + (da + cb)\sqrt{2} = yx$, $x(y+z) = (ac + ae + 2bd + 2bf) + (ad + af + bc + be)\sqrt{2} = xy + xz$, $(y+z)x = (ac + ae + 2bd + 2bf) + (ad + af + bc + be)\sqrt{2} = yx + zx$. $\dfrac{a}{a^2 - 2b^2} + \dfrac{-b}{a^2 - 2b^2}\sqrt{2}$

が x の乗法に関する逆元．ゆえに，$\mathbb{Q}(\sqrt{2})$ は体．

5-10 1. 例題 5-10 より $\mathbb{Z}_P$ は可換環．素数 p について §5.3②の最後の段落で各 $[x]\in\mathbb{Z}_P\backslash[0]$ に対し乗法に関する逆元の存在を示した．体の定義を満たすので，$\mathbb{Z}_P$ は可換体．
2. $[1]^{-1}=[1]$, $[2]^{-1}=[3]$, $[3]^{-1}=[2]$, $[4]^{-1}=[4]$.

5-11 1. $f(x)+g(x)=[1]x^2+[2]x$, $f(x)\times g(x)=[1]\ x^3+[2]$, $f(x)$ を $g(x)$ で割った商は $[1]x+[2]$ で余り $[0]$． 2. $[1]x^2+[1]$, $[1]x^2+[1]x+[2]$, $[1]x^2+[2]x+[2]$． 3. 乗法に関する逆元だけ書く． $[2]^{-1}=[2]$, $([1]x)^{-1}=[2]x$, $([1]x+[1])^{-1}=[1]x+[2]$, $([1]x+[2])^{-1}=[1]x+[1]$, $([2]x+[1])^{-1}=[2]x+[2]$, $([2]x+[2])^{-1}=[2]x+[1]$.

5-12 1. $M(n,\mathbb{C})$ が環の定義（定義 5-10）の条件を満たすことを示す．$\forall A=(a_{ij})$, $B=(b_{ij})$, $C=(c_{ij})\in M(n,\mathbb{C})$ とする．$A+B=(a_{ij}+b_{ij})\in M(n,\mathbb{C})$．$(A+B)+C=(a_{ij}+b_{ij})+(c_{ij})=((a_{ij}+b_{ij})+c_{ij})=(a_{ij}+(b_{ij}+c_{ij}))=(a_{ij})+(b_{ij}+c_{ij})=A+(B+C)$．すべての成分が 0 の零行列 O に対して $A+O=A=O+A$, $A'=(-a_{ij})$ とすると $A+A'=(a_{ij}+(-a_{ij}))=O=(-a_{ij}+a_{ij})=A'+A$．$A+B=(a_{ij}+b_{ij})=(b_{ij}+a_{ij})=B+A$．$AB=\left(\sum_{k=1}^n a_{ik}b_{kj}\right)\in M(n,\mathbb{C})$．$(AB)C=\left(\sum_{k=1}^n a_{ik}b_{kj}\right)(c_{ij})=\left(\sum_{l=1}^n\left(\sum_{k=1}^n a_{ik}b_{kl}\right)c_{lj}\right)=\left(\sum_{k=1}^n a_{ik}\sum_{l=1}^n b_{kl}c_{lj}\right)=(a_{ij})\left(\sum_{l=1}^n b_{il}c_{lj}\right)=A(BC)$.

単位行列 $I\in M(n,\mathbb{C})$ に対して $AI=A=IA$．$A(B+C)=(a_{ij})(b_{ij}+c_{ij})=\left(\sum_{k=1}^n a_{ik}(b_{kj}+c_{kj})\right)=\left(\sum_{k=1}^n a_{ik}b_{kj}+\sum_{k=1}^n a_{ik}c_{kj}\right)=\left(\sum_{k=1}^n a_{ik}b_{kj}\right)+\left(\sum_{k=1}^n a_{ik}c_{kj}\right)=AB+AC$, $(B+C)A=(b_{ij}+c_{ij})(a_{ij})=\left(\sum_{k=1}^n(b_{ik}+c_{ik})a_{kj}\right)=\left(\sum_{k=1}^n b_{ik}a_{kj}+\sum_{k=1}^n c_{kj}a_{kj}\right)=\left(\sum_{k=1}^n b_{ik}a_{kj}\right)+\left(\sum_{k=1}^n c_{kj}a_{kj}\right)=BA+CA$.
ゆえに，$M(n,\mathbb{C})$ は環．

$X = \begin{pmatrix} 0 & 1 & \cdots \\ 1 & 1 & \cdots \\ \cdots & \cdots & \cdots \end{pmatrix}, Y = \begin{pmatrix} 1 & 0 & \cdots \\ 1 & 1 & \cdots \\ \cdots & \cdots & \cdots \end{pmatrix} \in M(n, \mathbb{C})$ （…の部分は
すべて0とする）に対して，$XY \neq YX$ なので，積に関する交換法則
が成立しない．ゆえに，$M(n, \mathbb{R})$ は可換環ではない．

2. $\forall A = (a_{ij}), B = (b_{ij}), C = (c_{ij}) \in GL(2, \mathbb{C})$ とする．$|AB| = |A||B|$
$\neq 0$ より $AB \in GL(2, \mathbb{C})$．1の証明より $(AB)C = A(BC)$．単位行
列 $I \in GL(2, \mathbb{C})$ に対して，$AI = IA = A$．$|A| \neq 0$ なので A の逆行列
$A^{-1} \in GL(2, \mathbb{C})$ が存在して，$AA^{-1} = A^{-1}A = I$．よって，$GL(2, \mathbb{C})$
は群．

$X = \begin{pmatrix} 0 & 1 \\ 1 & 1 \end{pmatrix}, Y = \begin{pmatrix} 1 & 0 \\ 1 & 1 \end{pmatrix} \in GL(2, \mathbb{C})$ に対し，$XY \neq YX$ なので
交換法則が成立しない．ゆえに，$GL(2, \mathbb{C})$ はアーベル群ではない．

5-13　1. A の演算表は次のようになる．

∨	1	2	3	6
1	1	2	3	6
2	2	2	6	6
3	3	6	3	6
6	6	6	6	6

∧	1	2	3	6
1	1	1	1	1
2	1	2	1	2
3	1	1	3	3
6	1	2	3	6

例題 5-11 より $2^{\{1,2\}} = \{\emptyset, \{1\}, \{2\}, \{1,2\}\}$ はブール代数．$X_1 = \emptyset$，
$X_2 = \{1\}$，$X_3 = \{2\}$，$X_6 = \{1, 2\}$ とすると，演算表は次のようになる．

∪	X_1	X_2	X_3	X_6
X_1	X_1	X_2	X_3	X_6
X_2	X_2	X_2	X_6	X_6
X_3	X_3	X_6	X_3	X_6
X_6	X_6	X_6	X_6	X_6

∩	X_1	X_2	X_3	X_6
X_1	X_1	X_1	X_1	X_1
X_2	X_1	X_2	X_1	X_2
X_3	X_1	X_1	X_3	X_3
X_6	X_1	X_2	X_3	X_6

ゆえに，A と $2^{\{1,2\}}$ は順序的構造と代数的構造が同じなので A はブール代数．　2. $\sup\{F, T\} = T$，$\inf\{F, T\} = F$ なので $\{F, T\}$ は束．命題代数（p.77，§3-6）より分配律が成立する．最大元，最小元はそれぞれT, Fです．$F \vee T = T$，$F \wedge T = F$ かつ $T \vee F = T$，$T \wedge F = F$ なので補元律が成立する．ゆえに，$\{F, T\}$ はブール代数．

第6章の練習問題　解答

6-1　1. $_7P_3 = 210$, $_7P_4 = 840$.　2. $a_1 = 1$, $n \geq 2$ のとき $a_n = n a_{n-1}$.

6-2　$_7C_3 = 35$, $_7C_4 = 35$.

6-3　1. $n = 1$ のとき, $(1+x)^1 = {_1C_0} + {_1C_1}x$ なので成立.

$k \geq 1$ のとき $(1+x)^k = \sum_{i=0}^{k} {_kC_i} x^i$ と仮定すると $(1+x)^{k+1} = (1+x)^k (1+x) = ({_kC_0} + {_kC_1}x + \cdots + {_kC_k}x^k)(1+x) = {_kC_0} + ({_kC_0} + {_kC_1})x + \cdots + ({_kC_{k-1}} + {_kC_k})x^k + {_kC_k}x^{k+1}$. p.155 の組合せの性質（定理6-3）より ${_kC_0} = {_{k+1}C_0}$, ${_kC_k} = {_{k+1}C_{k+1}}$, $1 \leq i \leq k$ のとき ${_kC_{i-1}} + {_kC_i} = {_{k+1}C_i}$ なので $(1+x)^{k+1} = \sum_{i=0}^{k+1} {_{k+1}C_i} x^i$ が成立する. つまり, $n = k+1$ のときも成立する. ゆえに, 任意の n に対して $(1+x)^n = \sum_{i=0}^{n} {_nC_i} x^i$ が成立する.　2. $\binom{X}{2}$ = {{1, 2}, {1, 3}, {1, 4}, {1, 5}, {2, 3}, {2, 4}, {2, 5}, {3, 4}, {3, 5}, {4, 5}}.　3. $\overline{\{1, 2\}} = \{3, 4, 5\}$, $\overline{\{1, 3\}} = \{2, 4, 5\}$, $\overline{\{1, 4\}} = \{2, 3, 5\}$, $\overline{\{2, 3\}} = \{1, 4, 5\}$, $\overline{\{2, 4\}} = \{1, 3, 5\}$, $\overline{\{2, 5\}} = \{1, 3, 4\}$, $\overline{\{3, 4\}} = \{1, 2, 5\}$, $\overline{\{3, 5\}} = \{1, 2, 4\}$, $\overline{\{4, 5\}} = \{1, 2, 3\}$

6-4　$_7C_3 - ({_{7-2}C_3} + {_{7-3}C_2} + {_{7-5}C_1}) = 17$ なのでランク17.

6-5　10, 50, 100円はそれぞれ最高14, 2, 1枚使える. よって, $(1 + x + \cdots + x^{14})(1 + x^5 + x^{10})(1 + x^{10})$ の x^{14} の係数4が答えとなる.

第7章の練習問題　解答

7-1　$V = \{1, 2, 3, 4\}$ とするとき, $E_1 = \emptyset$, $E_2 = \{\{1, 2\}\}$, $E_3 = \{\{1, 2\}, \{2, 3\}\}$, $E_4 = \{\{1, 2\}, \{3, 4\}\}$, $E_5 = \{\{1, 2\}, \{2, 3\}, \{3, 4\}\}$, $E_6 = \{\{1, 2\}, \{1, 3\}, \{2, 3\}\}$, $E_7 = \{\{1, 2\}, \{2, 3\}, \{2, 4\}\}$, $E_8 = \{\{1, 2\}, \{1, 4\}, \{2, 3\}, \{3, 4\}\}$, $E_9 = \{\{1, 2\}, \{1, 3\}, \{2, 3\}, \{3, 4\}\}$, $E_{10} = \{\{1, 2\}, \{1, 3\}, \{1, 4\}, \{2, 3\}, \{3, 4\}\}$, $E_{11} = \{\{1, 2\}, \{1, 3\}, \{1, 4\}, \{2, 3\}, \{2, 4\}, \{3, 4\}\}$ を辺集合とするグラフ, または

それぞれに同型なグラフ.

7-2 7-1 の V と E_i に対して $G_i = (V, E_i)$ とすると，次のようになる.

サイズ	連結グラフ	非連結グラフ
0		G_1
1		G_2
2		G_3, G_4
3	G_5, G_7	G_6
4	G_8, G_9	
5	G_{10}	
6	G_{11}	

7-3 1. $A = \begin{pmatrix} 0 & 1 & 0 & 1 \\ 1 & 0 & 1 & 1 \\ 0 & 1 & 0 & 1 \\ 1 & 1 & 1 & 0 \end{pmatrix}$, 2. $A^2 = \begin{pmatrix} 2 & 1 & 2 & 1 \\ 1 & 3 & 1 & 2 \\ 2 & 1 & 2 & 1 \\ 1 & 2 & 1 & 3 \end{pmatrix}$, $A^3 = \begin{pmatrix} 2 & 5 & 2 & 5 \\ 5 & 4 & 5 & 5 \\ 2 & 5 & 2 & 5 \\ 5 & 5 & 5 & 4 \end{pmatrix}$.

3. 例えば, $\tilde{m}_{11} = (-1)^{1+1} \begin{pmatrix} 3 & -1 & -1 \\ -1 & 3 & -1 \\ -1 & -1 & 2 \end{pmatrix} = 8$.

7-4 最短経路を記録する集合を作成し，アルゴリズムの手順 5 で $d(v)$ の値を小さい値に変えるときにその辺を記録する手順を追加，または，アルゴリズムで最短距離を求めたあと y から逆向きに点を選んでいく.

7-5 $v = 12 \in V$ のとき，(31, 25, 13, 45, 23, 14, 35, 24, 15, 34) が誘導部分グラフのハミルトン閉路．さらに，この答えの数に対して置換

$\begin{pmatrix} 1 & 2 & 3 & 4 & 5 \\ 1 & 3 & 2 & 4 & 5 \end{pmatrix}$, $\begin{pmatrix} 1 & 2 & 3 & 4 & 5 \\ 1 & 4 & 3 & 2 & 5 \end{pmatrix}$, $\begin{pmatrix} 1 & 2 & 3 & 4 & 5 \\ 1 & 5 & 3 & 4 & 2 \end{pmatrix}$,

$\begin{pmatrix} 1 & 2 & 3 & 4 & 5 \\ 3 & 2 & 1 & 4 & 5 \end{pmatrix}$, $\begin{pmatrix} 1 & 2 & 3 & 4 & 5 \\ 4 & 2 & 3 & 1 & 5 \end{pmatrix}$, $\begin{pmatrix} 1 & 2 & 3 & 4 & 5 \\ 5 & 2 & 3 & 4 & 1 \end{pmatrix}$,

$\begin{pmatrix} 1 & 2 & 3 & 4 & 5 \\ 3 & 4 & 1 & 1 & 5 \end{pmatrix}$, $\begin{pmatrix} 1 & 2 & 3 & 4 & 5 \\ 3 & 5 & 1 & 4 & 2 \end{pmatrix}$, $\begin{pmatrix} 1 & 2 & 3 & 4 & 5 \\ 4 & 5 & 3 & 1 & 2 \end{pmatrix}$

を施したものが答え.

第8章の練習問題　解答

8-1　2^{2^n}．

8-2　積和標準形：$f_{10} = \bar{x}_1\bar{x}_2 \vee x_1\bar{x}_2$，和積標準形：$f_{10} = (x_1 \vee \bar{x}_2)(\bar{x}_1 \vee \bar{x}_2)$．

8-3　積和標準形　$\bar{x}_1 x_2 x_3 \vee x_1 \bar{x}_2 x_3 \vee x_1 x_2 \bar{x}_3$．
和積標準形　$(x_1 \vee x_2 \vee x_3)(x_1 \vee x_2 \vee \bar{x}_3)(x_1 \vee \bar{x}_2 \vee x_3)(\bar{x}_1 \vee x_2 \vee x_3)$
$(\bar{x}_1 \vee \bar{x}_2 \vee \bar{x}_3)$．

8-4　(01001)，(11100) のハミング距離は 3．

8-5　$f = \bar{x}_1\bar{x}_2(\bar{x}_3 \vee x_3) \vee \bar{x}_1 x_2(\bar{x}_3 \vee x_3) \vee x_1 x_2(\bar{x}_3 \vee x_3) = \bar{x}_1\bar{x}_2 \vee \bar{x}_1 x_2 \vee x_1 x_2 =$
$\bar{x}_1\bar{x}_2 \vee \bar{x}_1 x_2 \vee \bar{x}_1 x_2 \vee x_1 x_2 = \bar{x}_1(\bar{x}_2 \vee x_2) \vee (\bar{x}_1 \vee x_1)x_2 = \bar{x}_1 \vee x_2$．

8-6　$f = x_1 \bar{x}_3 \vee \bar{x}_3 x_4 \vee \bar{x}_1 x_2 x_4$．

8-7　

8-8　

8-9　(1)　　　(2)

第9章の練習問題　解答

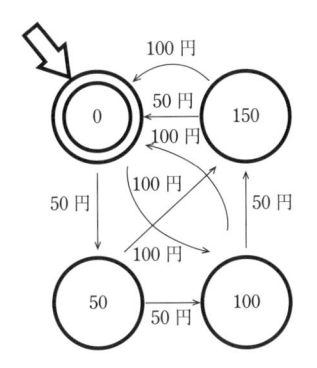

9-1

9-2

9-3 目的とするオートマトンを $M = \langle Q, \Sigma, \sigma, q_0, F \rangle$ とする．ここに $Q = \{0\text{円}, 50\text{円}, 100\text{円}, 150\text{円}\}$，$\Sigma = \{50\text{円}, 100\text{円}\}$，$\sigma(0\text{円}, 50\text{円}) = 50\text{円}$，$\sigma(0\text{円}, 100\text{円}) = 100\text{円}$，$\sigma(50\text{円}, 50\text{円}) = 100\text{円}$，$\sigma(50\text{円}, 100\text{円}) = 150\text{円}$，$\sigma(100\text{円}, 50\text{円}) = 150\text{円}$，$\sigma(100\text{円}, 100\text{円}) = 0\text{円}$，$\sigma(150\text{円}, 50\text{円}) = 0\text{円}$，$\sigma(150\text{円}, 100\text{円}) = 0\text{円}$，$q_0 = 0\text{円}$，$F = \{0\text{円}\}$．

9-4

9-5 遷移の全ケースについて初期状態 Q_0 から始めて内部状態を時系列で並べると各々以下のようになる．1　$Q_0Q_0Q_0$，$Q_0Q_0Q_1$．2番目が受理状態であるため，受理される．2　$Q_0Q_0Q_0$．受理状態で終了しないため，受理されない．3　Q_0Q_0，Q_0Q_1．2番目が受理状態であるため，受理される．4　$Q_0Q_0Q_0Q_0$，$Q_0Q_0Q_1Q_0$．受理されない．5　$Q_0Q_0Q_0$，$Q_0Q_0Q_1$，$Q_0Q_1Q_1$．2番目，3番目が受理状態であるため，受理される．

第1章の章末問題　解答

1. $A = \{1, 2, 3, 4, 5, 6, 7, 8, 9, 10\}$, $B = \{1, 2, 3\}$, $C = \{-3, -2, -1, 1, 2, 3\}$, $B \subset A$, $B \subset C$.

2. (1) $\emptyset$. (2) $\{1, 2, 3, 4, 5, 6, 7\}$. (3) $\{1, 2\}$. (4) $\{4\}$.

3. (1) $(A \cup B) \cap (A \cup \overline{B})\} \overset{\text{分配律}}{=} A \cup (B \cap \overline{B}) \overset{\text{補元律}}{=} A \cup \emptyset \overset{\text{空集合の性質}}{=} A$. (2) $(A \cap B) \cup (A \cap \overline{B}) = A$. (3) $(A \cap B) \cup (A \cap \overline{B}) = A \cap (B \cup \overline{B}) = A \cap U = A$.

4. ($\rightarrow$ の証明) $\forall x \in A \rightarrow x \in A \cup B$, さらに $A \cup B = A \cap B$ から $x \in A \cap B$ であるので $x \in B$. よって $A \subset B$. 同様に, $x \in B \rightarrow x \in A$. よって $B \subset A$. $A \subset B$ かつ $B \subset A$ だから $A = B$. ($\leftarrow$ の証明) $A \cup B = A \cup A = A = A \cap A = A \cap B$.

5. 8桁の2進数のうち, 00で始まるものの集合を A, 01で終わるもの集合を B, 1の数が5個のものの集合を C とする. A と B は2桁は決まっていて残り6桁の順列なので $|A| = |B| = 2^6$. C は5桁が1なので $|C| = {}_8C_5$. $A \cap B$ は4桁は決まっていて残り4桁の順序なので $|A \cap B| = 2^4$. $A \cap C$ は2桁は決まっていて残り6桁のうち5桁が1なので $|A \cap C| = {}_6C_5$. $B \cap C$ は2桁は決まっていて残り6桁のうち4桁が1なので $|B \cap C| = {}_6C_4$. $A \cap B \cap C$ は 00111101 しかないので, $|A \cap B \cap C| = 1$.
   よって, $|A| + |B| + |C| - |A \cap B| - |A \cap C| - |B \cap C| + |A \cap B \cap C| = 148$.

6. ヒントにある a が式の両辺で同じだけ数えられること示すことによって, 式が成立することを証明する.
   a が数えられるのは左辺では一度だけ. 右辺で数えられる回数を合計する. まず, $|A_1| + |A_2| + \cdots + |A_n| = \sum_{i=1}^{n} |A_i|$ では, a は h 個の集合 $A_{j_1}, \cdots, A_{j_h}$ に属しているので h 回数えられる. 次の $-(|A_1 \cap A_2| + |A_1 \cap A_3| + \cdots + |A_{n-1} \cap A_n|) = -\sum_{1 \leq i_1 < i_2 \leq n} |A_{i_1} \cap A_{i_2}|$ では, i_1, i_2 が $j_1, \cdots, j_h$ の中から2個を選ぶ組み合わせの数 ${}_hC_2$ だけ数えられ, 引かれる. 一般に, $(-1)^{k-1}(|A_1 \cap A_2 \cap \cdots \cap A_k| + \cdots + |A_{n-k+1} \cap \cdots \cap A_{n-1} \cap A_n|) = (-1)^{k-1} \sum_{1 \leq i_1 < \cdots < i_k \leq n} |A_{i_1} \cap \cdots \cap A_{i_k}|$ では $k \leq h$ と $k > h$ との場合に分ける. $k \leq h$ で

は，$i_1, \cdots, i_k$ の k 個を $j_1, \cdots, j_h$ から選ぶ組合せの数だけ数えられ，k が奇数なら足され，偶数なら引かれる．$k > h$ では，a は最大 h 個の集合の積集合にしか属さないので，数えられる回数は 0．したがって，右辺で a が数えられる回数は，${}_hC_1 - {}_hC_2 + \cdots + (-1)^{k-1}{}_hC_k + \cdots + (-1)^{h-1}{}_hC_h$．ここで，2項定理 $(x+y)^n = {}_nC_0 y^n + {}_nC_1 xy^{n-1} + {}_nC_2 x^2 y^{n-2} + \cdots + {}_nC_k x^k y^{n-k} + \cdots + {}_nC_n x^n$ に $x = -1, y = 1$ を代入すると $0 = 1 - {}_nC_1 + {}_nC_2 + \cdots + (-1)^k {}_nC_k + \cdots + (-1)^n {}_nC_n$ となるので，${}_hC_1 - {}_hC_2 + \cdots + (-1)^{k-1}{}_hC_k + \cdots + (-1)^{h-1}{}_hC_h = 1$．したがって，右辺でも a が数えられる回数は 1．

7. (1) $x \in A \to (\exists k \in \mathbb{Z}, x = 10k) \to x = 2(5k) \to x \in B$ より $A \subset B$．
   (2) 例えば $2 \in B$ だが $2 \notin A$ なので $A \neq B$．
   (3) $10n \in A (n \in \mathbb{N})$ に対し $2n \in B$ を対応付けることによって，A から B へもれなく 1 対 1 に対応付けられるので $|A| = |B|$．

8. (1) 可算無限集合．C言語で使用可能な文字の列がプログラム．文字集合の濃度を n とすると1つのプログラムは1つの n 進数に対応．
   (2) 可算集合でない無限集合．実数と同じ濃度をもつ．

9. まず $x \in A \times (B \cap C)$ を仮定する．すると $x = (a, z)$ ただし $a \in A, z \in B \cap C$．$z \in B$ より $x \in A \times B$，かつ $z \in C$ より $x \in A \times C$，よって $x \in (A \times B) \cap (A \times C)$．ゆえに $A \times (B \cap C) \subset (A \times B) \cap (A \times C)$．次に $x \in (A \times B) \cap (A \times C)$ を仮定する．すると $x \in A \times B$ より $x = (a, z)$ ただし $a \in A, z \in B$，かつ $x \in A \times C$ より $x = (a, z)$ ただし $a \in A, z \in C$，よって $x = (a, z)$ ただし $a \in A, z \in B \cap C$．よって $x \in A \times (B \cap C)$．ゆえに $(A \times B) \cap (A \times C) \subset A \times (B \cap C)$．したがって，$A \times (B \cap C) = (A \times B) \cap (A \times C)$．

10. (1) 不成立．例えば，$A = \{1\}, B = \{2\}$ のとき $\{1, 2\} \in 2^{A \cup B}$ だが $2^A = \{\emptyset, \{1\}\}, 2^B = \{\emptyset, \{2\}\}$ より $2^A \cup 2^B = \{\emptyset, \{1\}, \{2\}\}$ であるので $\{1, 2\} \notin 2^A \cup 2^B$．(2) 成立．$2^{A \cap B} = 2^A \cap 2^B$ を示すために，$2^{A \cap B} \subset 2^A \cap 2^B$，かつ $2^A \cap 2^B \subset 2^{A \cap B}$ を示す．まず，$X \in 2^{A \cap B} \to X \subset A \cap B \to (X \subset A$ かつ $X \subset B) \to (X \in 2^A$ かつ $X \in 2^B) \to X \in 2^A \cap 2^B$，だから $2^{A \cap B} \subset 2^A \cap 2^B$．逆にたどると $2^A \cap 2^B \subset 2^{A \cap B}$．(3) 不成立．例えば，$A = B$ のとき，$2^{A \setminus A} = 2^\emptyset = \{\emptyset\} \neq \emptyset = 2^A \setminus 2^A$．

第2章の章末問題　解答

1. (1) $R^2 = \{(x, y) | x$ は y の孫$\}$，
   $S^2 = \{(x, y) | x$ は y の孫，あるいは，y は x の孫，あるいは，x と y とは同一人物，あるいは，x と y とは兄弟姉妹，あるいは，x と y とは夫婦$\}$．
   (2) ・$R^2 \subset S^2$ 正しい．・$R \circ S = S \circ R$ は誤り．なぜなら $xR \circ Sy$ は，x は（y の親あるいは子）の子，すなわち，x は y の（親の子あるいは子の子）を表し，$xS \circ Ry$ は，x は（y の子）の（親あるいは子）すなわち，x は y の（子の親あるいは子の子）を表すから．

2. $(R \circ S) \circ T \subset R \circ (S \circ T)$ と $R \circ (S \circ T) \subset (R \circ S) \circ T$ とを示せばよい．
   まず，$(a, d) \in (R \circ S) \circ T$ ならば，$a(R \circ S)c$ かつ cTd なる $c \in C$ が存在，よって，$a(R \circ S)c$ から aRb かつ bSc なる $b \in B$ が存在，よって，bSc かつ cTd から $b(S \circ T)d$，よって，aRb かつ $b(S \circ T)d$ から $aR \circ (S \circ T)d$，よって，$(a, d) \in R \circ (S \circ T)$．ゆえに $(R \circ S) \circ T \subset R \circ (S \circ T)$．次に，$(a, d) \in R \circ (S \circ T)$ ならば，aRb かつ $b(S \circ T)d$ なる $b \in B$ が存在，よって，$b(S \circ T)d$ から bSc かつ cTd なる $c \in C$ が存在，よって，aRb かつ bSc から $a(R \circ S)c$，よって，$a(R \circ S)c$ かつ cTd から $a(R \circ S) \circ Td$，よって，$(a, d) \in (R \circ S) \circ T$．ゆえに $R \circ (S \circ T) \subset (R \circ S) \circ T$．

3. （→の証明）R が対称的と仮定する．$(x, y) \in R$ ならば $(y, x) \in R$，さらに，$(y, x) \in R$ から $(x, y) \in R^{-1}$，よって，$(x, y) \in R \to (x, y) \in R^{-1}$ から $R \subset R^{-1}$．次に $(x, y) \in R^{-1}$ ならば $(y, x) \in R$，さらに対称的だから $(x, y) \in R$，よって，$R^{-1} \subset R$．ゆえに，$R = R^{-1}$．（←の証明）$R = R^{-1}$ と仮定する．$(x, y) \in R$ ならば，$(y, x) \in R^{-1} = R$，よって，R は対称的．

4. 誤り．「すべての $x \in R$ に対して $(x, x) \in R$」とはいえない．(x, y) という y をもつような x に対しては $(x, x) \in R$ だが，要素によっては $(x, y) \in R$ となる y をもたないかも知れない．例えば，$\{x, y\}$ 上の関係 $R = \{(x, x)\}$ は，対称的かつ推移的だが反射的ではない．

5. $R^0 = \{(x, x) | x \in A\}$，$R^1 = R = \{(x, y) | x, y \in A, x$ と y とは 1 歳違い$\}$，$R^2 = \{(x, y) | x, y \in A, x$ と y とは同じ歳か 2 歳違い$\}$，$R^+ = R^* = \{(x, y) | x, y \in A\}$．

6. 誤り．例えば，$\{x, y\}$ 上の関係 $R = \{(x, x)\}$ は，反対称的だが非反射的ではない．

7. $Q = \bigcap_{R \in S} R$ とする． ・$\forall x \in A$ とすると，すべての $R \in S$ に対して $(x, x) \in R$ なので $(x, x) \in Q$．ゆえに，Q は反射的． ・$\forall (x, y) \in Q$ とすると，すべての $R \in S$ に対して $(x, y) \in R$ であり R が対称的なので $(y, x) \in R$．よって，$(y, x) \in Q$．ゆえに，Q は対称的． ・$\forall (x, y), (y, z) \in Q$ とすると，すべての $R \in S$ に対して $(x, y), (y, z) \in R$ より R が推移的なので $(x, z) \in R$．よって $(x, z) \in Q$．ゆえに，Q は推移的．

8. (1)

(2) 反射律，対称律，推移律が成立することを示せるので同値関係．

(3) $X/R = \{\{a, d\}, \{b, c, f\}, \{e\}\}$．

9. $\mathbb{N}/R = \{[1], [2], [3]\}$，ここで，$[1] = \{x | x = 3n-2, n \in \mathbb{N}\}$，$[2] = \{x | x = 3n-1, n \in \mathbb{N}\}$，$[3] = \{x | x = 3n, n \in \mathbb{N}\}$．

10. $(x, y) \leq (x', y') \leftrightarrow x \leq x'$ かつ $y \leq y'$ で定めた半順序関係．

	$x < x'$	$x = x'$	$x' < x$
$y' < y$	比較不可能	$(x, y') \leq (x, y)$	$(x', y') \leq (x, y)$
$y' = y$	$(x, y) \leq (x', y)$	$(x, y) \leq (x, y)$	$(x', y) \leq (x, y)$
$y < y'$	$(x, y) \leq (x', y')$	$(x, y) \leq (x, y')$	比較不可能

$(x, y) \leq (x', y') \leftrightarrow x \leq x''$ または $y \leq y'$ で定めた関係．

	$x < x'$	$x = x'$	$x' < x$
$y' < y$	$(x, y) \leq (x', y')$ かつ $(x', y') \leq (x, y)$	$(x, y) \leq (x, y')$ かつ $(x, y') \leq (x, y)$	$(x', y') \leq (x, y)$
$y' = y$	$(x, y) \leq (x', y)$ かつ $(x', y) \leq (x, y)$	$(x, y) \leq (x, y)$	$(x, y) \leq (x', y)$ かつ $(x', y) \leq (x, y)$
$y < y'$	$(x, y) \leq (x', y')$	$(x, y) \leq (x, y')$ かつ $(x, y') \leq (x, y)$	$(x, y) \leq (x', y')$ かつ $(x', y') \leq (x, y)$

第 3 章の章末問題　解答

1. (1) $p = \text{T}$. 　(2) $p = \text{F}$, $x^2 + x + 1 = \left(x + \dfrac{1}{2}\right)^2 + \dfrac{3}{4} > 0$. 　(3) $p = \text{F}$. $1/3 = 0.333\cdots$ の両辺を 3 倍すれば $1 = 0.999\cdots$.

2. (1) $p = \text{F}$. 反例：100 の倍数でかつ 400 の倍数ではない年．(2) $p = \text{T}$. a と b の中点を c とし，次に a と c の中点をまた c と呼ぶことにすれば，以降このように得られる c はすべて a と b の間の実数となる．(3) $p = \text{T}$. (4) $p = \text{F}$. $0 \in \mathbb{R}$ であるが，$0^2 > 0$ は真ではない．

3. (1)「$\forall x \in \mathbb{R}, x^2 \geq 0$」．(2)「$\exists x \in \mathbb{R}, x^2 \leq 0$」．(3)「$\forall x \in \mathbb{R}, \exists y \in \mathbb{R}, x^y = 1$」．(4)「$\forall \varepsilon > 0, \exists \delta > 0, \forall x \in \mathbb{R}, 0 < |x - a| < \delta \to |f(x) - b| < \varepsilon$」．

4. (1)「任意の実数 x に対して，$x + y = 1$ を満たす実数 y が存在する」，T．(どんな実数 x を選んでも，$x + y = 1$ を満たす実数 y は存在する（$y = 1 - x$ を選べばよい）．) (2)「どんな実数 y に対しても $x + y = 1$ を満たすような実数 x が存在する」，F．(どんな実数 y に対しても $x + y = 1$ を満たすような実数 x は存在しない．) (3)「任意の n 次実正方行列 A, B に対して，$AB = 0$ ならば $A = 0$ または $B = 0$ である」，F．($AB = 0$ のとき，常に $A = 0$ または $B = 0$ が成り立つわけではない（反例：$A = \begin{pmatrix} 1 & -1 \\ -1 & 1 \end{pmatrix}$, $B = \begin{pmatrix} 1 & 1 \\ 1 & 1 \end{pmatrix}$.)) (4)「任意の n 次実正方行列 A, B に対して，$A = 0$ または $B = 0$ ならば $AB = 0$ である」，T．($A = 0$ または $B = 0$ が成り立つとき，常に $AB = 0$ が成立する．)

5. (1)「円周率は $3\dfrac{1}{7}$ 以上あるいは $3\dfrac{10}{71}$ 以下である」（ド・モルガンの法則より $\neg(p \wedge q) = (\neg p) \vee (\neg q)$（"$p$ かつ q" の否定" は "p の否定" または（q の否定）" が成立するため）．(2)「$\forall x \in \mathbb{R}, \exists y \in \mathbb{R}, x + y \neq 1$」．

6. $q = \neg p$ の関係が成立する．よって (1) $p \wedge q = p \wedge \neg p = \text{F}$, (2) $p \vee q = p \vee \neg p = \text{T}$, (3) $p \veebar q = p \veebar \neg p = \text{T}$.

7. (1) $(p \to q) \to p = \neg(p \to q) \vee p = \neg(\neg p \vee q) \vee p = (p \wedge \neg q) \vee p = p$.
   (2) $(\neg p \to \neg q) \to (q \to r) = (p \vee \neg q) \to (\neg q \vee r) = \neg(p \vee \neg q) \vee (\neg q \vee$

$r) = (\neg p \wedge q) \vee \neg q \vee r = (\neg p \vee \neg q) \wedge (q \vee \neg q) \vee r = \neg p \vee \neg q \vee r.$

8. (1)

p	q	$\neg p$	$\neg q$	$p \wedge \neg q$	$\neg p \wedge q$	$(p \wedge \neg q) \vee (\neg p \wedge q)$	$p \veebar q$
T	T	F	F	F	F	F	F
T	F	F	T	T	F	T	T
F	T	T	F	F	T	T	T
F	F	T	T	F	F	F	F
①	②	③	④	⑤	⑥	⑦	⑧
		¬①	¬②	①∧④	③∧②	⑤∨⑥	①⊻②

(2)

p	q	$p \to q$	$q \to p$	$(p \to q) \wedge (q \to p)$	$p \leftrightarrow q$
T	T	T	T	T	T
T	F	F	T	F	F
F	T	T	F	F	F
F	F	T	T	T	T
①	②	③	④	⑤	⑥
		①→②	②→①	③∧④	①↔②

9. すべて含意命題の否定．つまり $p \to q = \neg p \vee q$ の否定だから $\neg(p \to q) = \neg(\neg p \vee q) = p \wedge \neg q$ となる点に注意する．
(a)「晴れて，かつ，ピクニックに行かない」．(b)「1限目の授業がないか，あるいは晴れて，かつ，徒歩でも自転車でも大学に行かない」．(c)「トラとライオンのどちらもが現れない，かつ，戦いに勝つことはできない」．

10. $p \to q, \neg r \to \neg q, r \to p \models r \to q$.
$(p \to q) \wedge (\neg r \to \neg q) \wedge (r \to p) \to (r \to q)$ がトートロジーであることを示せば十分（詳細は省略）．

第4章の章末問題　解答

1. (1) 関数（$A \times A$ の部分集合 f が関数 $f: A \to A$ であるには各 $a \in A$ が f の順序対の第一要素に現れるのがちょうど1回）．(2) 関数ではない（$2 \in A$ に対応する要素がない）．(3) 関数（集合の定義より，$f_3 = f_1$ であることより）．

2. (1) 関数ではない ($x=-1$ や $x=1$ で定義できない). (2) 全単射. (3) 関数ではない. (4) 全射. (5) 関数ではない. (6) 全単射. (7) 単射.

3. (1) 全射. (2) 全単射. (3) 関数ではない. (4) 単射. (5) 関数. (6) 関数ではない.

4. (1) 関数ではない. (2) 関数ではない. (3) 全単射. (4) 単射. (5) 関数ではない.

5. f：いずれの性質も持たない関数, g：関数ではない, h：全単射.

6. (1) 全射. (2) 関数ではない. (3) $n<m$ ならば関数ではない, $n=m$ のとき全単射, $n>m$ のとき単射となる.

7. (1) $2^3=8$ 個. (2) 0 個. (3) 全射にならないのは A の要素がすべて B の要素の一方 (x か y) に対応する 2 つの場合のみ. よって $8-2=6$ 個.

8. (1) $3^2=9$ 個. (2) A の 2 要素が B の同じ要素に対応づけられなければよいから $(1, x)$ のとき $(2, y)$ または $(2, z)$, $(1, y)$ のとき $(2, x)$ または $(2, z)$, $(1, z)$ のとき $(2, x)$ または $(2, y)$ の計 6 個. (3) 0 個.

9. (1) $(g \cdot f)(x)=(g \cdot f)(y)$, つまり $g(f(x))=g(f(y))$ とする. 今, g は単射から, $f(x)=f(y)$ が成り立つ. さらに今 f も単射だから, これは $x=y$ を意味する. 以上より, $(g \cdot f)(x)=(g \cdot f)(y)$ のときに $x=y$ が導出できたため, 合成写像 gf も単射であることが示された.
(2) $f: A \to B$, $g: B \to C$ とする. このとき $g \cdot f(A) \subset C$ を示せばよい. 写像の定義より, $g \cdot f(A) \in C$ が成立する. いま, 任意の $z \in C$ をとると, g が全射よりある $y \in B$ に対して $g(y)=z$. 次に f が全射よりある $x \in A$ に対して $f(x)=y$. よって $z=g(y)=g \cdot f(x) \subset g \cdot f(A)$ であり, $C \in g \cdot f(A)$. ゆえに, $g \cdot f(A)=C$ が示された.

10. (1) 逆関数をもつことを示すには, 関数が全単射であることをいえばよいことになる. 関数が狭義に単調であるとき, 4.5 節②より明らかに単射. よって単射かつ全射, つまり全単射.
(2) $f(x)=\begin{cases} 1-x & (0 \leq x < 1) \\ x & (1 \leq x \leq 2) \end{cases}$, $A=[0, 2]$, $B=(0, 2]$ や $g=\{(1, 2), (2, 3), (3, 4), (4, 5), (5, 1)\}$, $A=B=\{1, 2, 3, 4, 5\}$ など.

11. (1) $A=(-\pi/2, \pi/2)$ とすれば，$f(x)=\tan x : A \to \mathbb{R}$ は全単射．これは A と $\mathbb{R}$ の要素がもれなく 1 対 1 に対応づけられることを表し，このとき，定義 1-2 より，$|A|=|\mathbb{R}|$．
    (2) $B=(0, 1)$ とすれば，$g(x)=(2x-1)\pi/2 : B \to A$ は全単射．これは B と A の要素がもれなく 1 対 1 に対応づけられることを表し，このとき，定義 1-2 より，$|B|=|A|$．そして (1) から $|A|=|\mathbb{R}|$．よって $|B|=|\mathbb{R}|$．

12. (1) $(f \cdot g)(x) = f(g(x)) = f(e^x) = \log(e^x) = x$，よって $(f \cdot g)(1) = 1$．
    (2) $(g \cdot f \cdot h)(x) = g(f(h(x))) = g(f(x^2)) = g(\log x^2) = e^{\log x^2} = x^2$，よって $(g \cdot f \cdot h)(2) = 4$．
    (3) $(f \cdot h \cdot g)(x) = f(h(g(x))) = f(h(e^x)) = f(e^{2x}) = \log e^{2x} = 2x$，よって $(f \cdot h \cdot g)(3) = 6$．

第 5 章の章末問題　解答

1. (1) 偶数の集合を $2\mathbb{Z} = \{2n \mid n \in \mathbb{Z}\}$ とする．$\forall a, b, c \in 2\mathbb{Z}$ とすると，ある整数 m, n, l に対して $a=2m, b=2n, c=2l$ と書ける．$m+n \in \mathbb{Z}$ なので $a+b = 2(m+n) \in 2\mathbb{Z}$．よって，$2\mathbb{Z}$ は半群．
    (2) $\forall a, b \in \mathbb{Z} \setminus 2\mathbb{Z}$ とすると，ある整数 m, n に対して $a=2m+1, b=2n+1$ と書ける．$a+b = 2(m+n+1) \in 2\mathbb{Z}$，つまり $a+b \notin \mathbb{Z} \setminus 2\mathbb{Z}$．よって，代数系ではないので半群ではない．

2. $a, b \in \mathbb{N}$ とする．
    (1) $d_1 = \gcd(a, b), d = \gcd(d_1, c), d_2 = \gcd(b, c), d' = \gcd(a, d_2)$ とおき，$d = d'$ を示す．なぜならば，$d = \gcd(d_1, c)$ より「d は d_1 の約数」かつ「d は c の約数」．d は d_1 の約数なので $d_1 = \gcd(a, b)$ より，「d は a の約数」かつ「d は b の約数」．よって，「d は b の約数」かつ「d は c の約数」なので「d は $\gcd(b, c)$ の約数」．以上より，「d は a の約数」かつ「d は $\gcd(b, c)$ の約数」なので $d \leq d'$ が成り立つ．同様に $d' \leq d$ なので $d = d'$．
    (2) 演算の定義より $(a \cdot b) \cdot c = a \cdot c = a, a \cdot (b \cdot c) = a \cdot b = a$ なので $(a \cdot b) \cdot c = a \cdot (b \cdot c)$．ゆえに $\mathbb{N}$ は演算・に関して半群．

3. $S^3 = I, T^2 = I, ST = TS^2$ なので演算表は次のようになる．

	I	S	S^2	T	ST	S^2T
I	I	S	S^2	T	ST	S^2T
S	S	S^2	I	ST	S^2T	T
S^2	S^2	I	S	S^2T	T	ST
T	T	S^2T	ST	I	S^2	S
ST	ST	T	S^2T	S	I	S^2
S^2T	S^2T	ST	T	S^2	S	I

4. (1) $\forall x, y, z \in U$ とすると，ある実数 a, b, c, d, e, f, $a^2+b^2=c^2+d^2=e^2+f^2=1$ に対して $x=a+bi$, $y=c+di$, $z=e+fi$ と書ける．$(ac-bd)^2+(ad+bc)^2=(ac)^2-2acbd+(bd)^2+(ad)^2+2adbc+(bc)^2=a^2(c^2+d^2)+b^2(d^2+c^2)=a^2+b^2=1$ より $xy=(ac-bd)+(ad+bc)i\in U$. $U\subset\mathbb{C}$ より $x, y, z\in\mathbb{C}$ なので $(xy)z=x(yz)$．$1\in U$ より単位元．
$x'=\dfrac{a}{a^2+b^2}+\dfrac{-b}{a^2+b^2}i$ とし，$\left(\dfrac{a}{a^2+b^2}\right)^2+\left(\dfrac{-b}{a^2+b^2}\right)^2=\dfrac{1}{a^2+b^2}=1$

なので $x'\in U$ であり，$xx'=1=x'x$．$U\subset\mathbb{C}\backslash\{0\}$ かつ $\mathbb{C}\backslash\{0\}$ はアーベル群なので U はアーベル群．

(2) 巡回群の定義より $\langle i\rangle=\{i^n|n\in\mathbb{Z}\}$．また，$i^2=-1$, $i^3=-i$, $i^4=1$．$\mathbb{Z}\supset\{0, 1, 2, 3\}$ なので $\langle i\rangle\supset\{1, i, -1, -i\}$．また，$\forall i^n\in\langle i\rangle$ とすると，ある整数 $m, l(0\leq l<4)$ に対して $n=4m+l$ と書ける．このとき，$i^n=i^{4m+l}=(i^4)^m i^l=i^l$ より $i^l\in\{1, -1, i, -i\}$ なので $\langle i\rangle\subset\{1, -1, i, -i\}$．ゆえに，$\langle i\rangle=\{1, -1, i, -i\}$．$\langle-i\rangle=\{1, -1, i, -i\}$ も同様に示せる．

5. $M^l=\begin{pmatrix}\cos\dfrac{2}{7}\pi & -\sin\dfrac{2}{7}\pi \\ \sin\dfrac{2}{7}\pi & \cos\dfrac{2}{7}\pi\end{pmatrix}$ なので，$M^7=E=M^0$（E は単位行列）．

また，$i\neq j (i, j\in\{0, 1, \cdots, 6\})$ のとき $M^i\neq M^j$ が成り立つ．巡回群の定義より $\langle M\rangle=\{M^n|n\in\mathbb{Z}\}$．$\mathbb{Z}\supset\{0, 1, \cdots, 6\}$ なので $\langle M\rangle\supset\{M^l|l=0, 1, \cdots, 6\}$．また，$\forall M^n\in\langle M\rangle$ とすると，ある整数 $m, l(0\leq l<7)$ に対して $n=7m+l$ と書ける．このとき，$M^n=M^{7m+l}=(M^7)^m M^l=M^l\in\{M^l \mid l=0, 1, \cdots, 6\}$ なので $\langle M\rangle\subset\{M^l \mid l=0, 1, \cdots, 6\}$．よって，$\langle M\rangle=\{M^l \mid l=0, 1, \cdots, 6\}$．ゆえに，$\langle M\rangle$ は位数 7 の有限群．

6. $\left\{\begin{pmatrix} 1 & 2 & 3 \\ 1 & 2 & 3 \end{pmatrix}\right\}$, $\left\langle\begin{pmatrix} 1 & 2 & 3 \\ 2 & 1 & 3 \end{pmatrix}\right\rangle$, $\left\langle\begin{pmatrix} 1 & 2 & 3 \\ 3 & 2 & 1 \end{pmatrix}\right\rangle$, $\left\langle\begin{pmatrix} 1 & 2 & 3 \\ 1 & 3 & 2 \end{pmatrix}\right\rangle$, $\left\langle\begin{pmatrix} 1 & 2 & 3 \\ 2 & 3 & 1 \end{pmatrix}\right\rangle = \left\langle\begin{pmatrix} 1 & 2 & 3 \\ 3 & 1 & 2 \end{pmatrix}\right\rangle$

7. $G_1 \cap G_2$ が G_1 の部分群であることを示す．$\forall x, y \in G_1 \cap G_2$ とすると，$x, y \in G_1$ かつ $x, y \in G_2$．G_1, G_2 は群なので $xy \in G_1$ かつ $xy \in G_2$．ゆえに，$xy \in G_1 \cap G_2$．また，G_1, G_2 は群なので $x^{-1} \in G_1$ かつ $x^{-1} \in G_2$．ゆえに，$x^{-1} \in G_1 \cap G_2$．

8. 例えば，S_3 の次の 2 つの部分群 $G_1 = \left\langle\begin{pmatrix} 1 & 2 & 3 \\ 2 & 1 & 3 \end{pmatrix}\right\rangle$, $G_2 = \left\langle\begin{pmatrix} 1 & 2 & 3 \\ 3 & 2 & 1 \end{pmatrix}\right\rangle$ に対して $\begin{pmatrix} 1 & 2 & 3 \\ 2 & 1 & 3 \end{pmatrix} \in G_1$, $\begin{pmatrix} 1 & 2 & 3 \\ 3 & 2 & 1 \end{pmatrix} \in G_2$, $\begin{pmatrix} 1 & 2 & 3 \\ 2 & 1 & 3 \end{pmatrix}$。$\begin{pmatrix} 1 & 2 & 3 \\ 3 & 2 & 1 \end{pmatrix} \notin G_1 \cup G_2$ なので $G_1 \cup G_2$ は群ではない．

9. $a \in S$ とすると $a + (-a) \in S$ なので $0 \in S$．よって，$0, a \in S$ より $-a \in S$．また，$b \in S$ とすると $-b \in S$ なので $a + b = a + (-(-b)) \in S$ つまり S は代数系．$S \subset R$ なので加法に関して結合律，交換律が成り立つので S は $+$ に関してアーベル群．$S \subset R$ より S は乗法に関して半群であり，また，仮定より $1 \in S$ で $S \subset R$ なので分配律が成立する．ゆえに S は環．

10. $xy' \in G$, $x'y' \in G'$ なので，$(x, x')(y, y') = (xy, x'y') \in G \times G'$．$((x, x')(y, y'))(z, z') = (xy, x'y')(z, z') = ((xy)z, (x'y')z') = (x(yz), x'(y'z')) = (x, x')(yz, y'z') = (x, x')((y, y')(z, z'))$．$e, e'$ を G, G' の単位元とすると，$(x, x')(e, e') = (e, e')(x, x') = (x, x')$ なので (e, e') が単位元．$(x, x')(x^{-1}, x'^{-1}) = (x^{-1}, x'^{-1})(x, x') = (e, e')$ なので (x^{-1}, x'^{-1}) が (x, x') の逆元．ゆえに，$G \times G'$ は群．

11. $f((x, x')(y, y')) = f((xy, x'y')) = xy = f((x, x'))f((y, y'))$ なので f は準同型写像．

12. $\sum_{i=0}^{m} a_i x^i$, $\sum_{j=0}^{n} b_j x^j \in \mathbb{R}[x]$ とする．ここで，l は m と n の大きいほうとして，各 $i > m$ に対して $a_i = 0$，各 $i > n$ に対し $b_i = 0$ とする．すると，

$$f\left(\sum_{i=0}^{m}a_ix^i+\sum_{j=0}^{n}b_jx^j\right)=f\left(\sum_{i=0}^{l}(a_i+b_i)x^i\right)=\int_0^x\sum_{i=0}^{l}(a_i+b_i)t^idt$$
$$=\int_0^x\sum_{i=0}^{m}a_it^idt+\int_0^x\sum_{j=0}^{n}b_jt^jdt=f\left(\sum_{i=0}^{m}a_ix^i\right)+f\left(\sum_{j=0}^{n}b_jx^j\right)$$ なので，f は準同型写像．

第6章の章末問題　解答

1. $n=1$ のとき，$f^{(1)}(x)g(x)+f(x)g^{(1)}(x)={}_1C_0f^{(1)}(x)g^{(0)}(x)+{}_1C_1f^{(0)}(x)g^{(1)}(x)$ なので成立．$k\geq 1$ のとき $(f(x)g(x))^{(k)}=\sum_{i=0}^{k}{}_kC_if^{(k-i)}(x)g^{(i)}(x)$ と仮定する．p.155 の組合せの性質（定理 6-3）より ${}_kC_0={}_{k+1}C_0$, ${}_kC_k={}_{k+1}C_{k+1}$, $1\leq i\leq k$ のとき ${}_kC_{i-1}+{}_kC_i={}_{k+1}C_i$ なので次のように変形できる．

$$\left(\sum_{i=0}^{k}{}_kC_if^{(k-i)}(x)g^{(i)}(x)\right)^{(1)}=\sum_{i=0}^{k}{}_kC_i(f^{(k-i+1)}(x)g^{(i)}(x)+f^{(k-i)}(x)g^{(i+1)}(x))$$
$$={}_kC_0f^{(k+1)}(x)g^{(0)}(x)+\sum_{i=1}^{k}({}_kC_{i-1}+{}_kC_i)f(x)^{(k-i+1)}g^{(i)}+{}_kC_kf^{(0)}(x)g^{(k+1)}(x)$$
$$={}_{k+1}C_0f^{(k+1)}(x)g^{(0)}(x)+\sum_{i=1}^{k}{}_{k+1}C_if^{(k-i+1)}(x)g^{(i)}(x)$$
$$\qquad\qquad\qquad\qquad\qquad\qquad +{}_{k+1}C_{k+1}f^{(0)}(x)g^{(k+1)}(x)$$
$$=\sum_{i=0}^{k+1}{}_{k+1}C_if^{(k+1-i)}(x)g^{(i)}(x)$$

よって，$n=k+1$ のときも成立．ゆえに，任意の自然数 n に対して成立．

2. 表にまとめると次のようになる．

$n\backslash k$	0	1	2	3	4	5	6
1	1	1	0	0	0	0	0
2	1	2	1	0	0	0	0
3	1	3	3	1	0	0	0
4	1	4	6	4	1	0	0
5	1	5	10	10	5	1	0
6	1	6	15	20	15	6	1

3. $C = \{c_1, c_2, \cdots, c_k\}$, $1 \leq c_1 < c_2 < \cdots < c_k \leq k$ とする. C より大きい組合せは, 次の集合の和集合からなる.

   ・ $\{\{x_1, x_2, \cdots, x_k\} | c_1 < x_1,\ x_i < x_j (2 \leq i < j \leq k)\}$
   ・ $\{\{x_1, x_2, \cdots, x_k\} | c_1 = x_1,\ c_2 < x_2,\ x_i < x_j (3 \leq i < j \leq k)\}$
   $\vdots$
   ・ $\{\{x_1, x_2, \cdots, x_k\} | c_1 = x_1,\ c_2 = x_2,\ \cdots,\ c_{k-1} = x_{k-1},\ c_k < x_k\}$

   これらの集合は互いに素なので総数は $\sum_{i=1}^{k} {}_{n-c_i}C_{k-i+1}$ となる. したがって, ${}_nC_k - \sum_{i=1}^{k} {}_{n-c_i}C_{k-i+1}$ が C のランク.

4. 表にまとめると次のようになる.

$\{c_1, c_2\}$	${}_{6-c_1}C_2 + {}_{6-c_2}C_1$	ランク	$\{c_1, c_2\}$	${}_{6-c_1}C_2 + {}_{6-c_2}C_1$	ランク
$\{1, 2\}$	${}_{6-1}C_2 + {}_{6-2}C_1 = 14$	1	$\{2, 6\}$	${}_{6-2}C_2 + {}_{6-6}C_1 = 6$	9
$\{1, 3\}$	${}_{6-1}C_2 + {}_{6-3}C_1 = 13$	2	$\{3, 4\}$	${}_{6-3}C_2 + {}_{6-4}C_1 = 5$	10
$\{1, 4\}$	${}_{6-1}C_2 + {}_{6-4}C_1 = 12$	3	$\{3, 5\}$	${}_{6-3}C_2 + {}_{6-5}C_1 = 4$	11
$\{1, 5\}$	${}_{6-1}C_2 + {}_{6-5}C_1 = 11$	4	$\{3, 6\}$	${}_{6-3}C_2 + {}_{6-6}C_1 = 3$	12
$\{1, 6\}$	${}_{6-1}C_2 + {}_{6-6}C_1 = 10$	5	$\{4, 5\}$	${}_{6-4}C_2 + {}_{6-5}C_1 = 2$	13
$\{2, 3\}$	${}_{6-2}C_2 + {}_{6-3}C_1 = 9$	6	$\{4, 6\}$	${}_{6-4}C_2 + {}_{6-6}C_1 = 1$	14
$\{2, 4\}$	${}_{6-2}C_2 + {}_{6-4}C_1 = 8$	7	$\{5, 6\}$	${}_{6-5}C_2 + {}_{6-6}C_1 = 0$	15
$\{2, 5\}$	${}_{6-2}C_2 + {}_{6-5}C_1 = 7$	8			

5. ${}_7C_3 - {}_{7-c_1}C_3 \geq 30$ を満たす最小の c_1 は 3. ${}_7C_3 - {}_{7-3}C_3 - {}_{7-c_2}C_2 \geq 30$ を満たす最小の c_2 は 5. ${}_7C_3 - {}_{7-3}C_3 - {}_{7-5}C_2 - {}_{7-c_3}C_1 = 30$ を満たす c_3 は 7. ゆえに, ランク 30 の組合せは $\{3, 5, 7\}$.

6. 整数 5 の分割の総数は $p(5, 1) + p(5, 2) + p(5, 3) + p(5, 4) + p(5, 5)$. ここで $p(5, 1) = p(5, 5) = 1$. よって, $p(5, 2) = p(4, 1) + p(3, 2) = 1 + (p(2, 1) + p(1, 2)) = 2$, $p(5, 3) = p(4, 2) + p(2, 3) = (p(3, 1) + p(2, 2)) + 0 = 2$, $p(5, 4) = p(4, 3) + p(1, 4) = (p(3, 2) + p(1, 3)) + 0 = 2$. ゆえに, 整数 5 の分割の総数は 7.

第 7 章の章末問題　解答

1. K_n のサイズは $|E| = \left| \binom{V}{2} \right| = \dfrac{n(n-1)}{2}$.

2. 点集合を $V = V_1 \cup V_2$, $V_1 \cap V_2 = \emptyset$ とすると $K_{m,n}$ の位数は $|V| = |V_1 \cup V_2| = m+n$. また, サイズは $|E| = |\{\{x,y\} \mid x \in V_1, y \in V_2\}| = |V_1||V_2| = mn$.

3. $x, y, z \in V$ とする. (x) は長さ 0 の歩道なので, $x \sim x$. $(x, x_1, \cdots, x_n, y)$ を x から y への歩道とすると, $(y, x_n, \cdots, x_1, x)$ は y から x への歩道なので $y \sim x$. $(x, x_1, \cdots, x_n, y)$, $(y, y_1, \cdots, y_m, z)$ をそれぞれ x から y, y から z への歩道とすると $(x, x_1, \cdots, x_n, y, y_1, \cdots, y_m, z)$ は x から z への歩道なので $x \sim z$.

4. (1) $d(x, y)$ は x から y への歩道の長さなので 0 以上の値. $d(x, y) = 0$ とすると x から y への歩道の長さが 0 なので $x = y$. x から x への道の長さは 0 なので $d(x, x) = 0$. (2) x から y への長さ $d = d(x, y)$ の歩道を $(x, x_1, \cdots, x_{d-1}, y)$ とおく. $(y, x_{d-1}, \cdots, x_1, x)$ は y から x への歩道であり $d(y, x)$ は y から x への歩道の最小の長さなので $d(y, x) \leq d$. 同様に $d' = d(y, x)$ とすると $d(x, y) \leq d'$. ゆえに, $d(x, y) = d(y, x)$. (3) $d = d(x, y)$, $d' = d(y, z)$, とおく. $(x, x_1, \cdots, x_{d-1}, y)$, $(y, y_1, \cdots, y_{d'-1}, z)$ をそれぞれ x から y, y から z への歩道とすると $(x, x_1, \cdots, x_{d-1}, y, y_1, \cdots, y_{d'-1}, z)$ は x から z への長さ $d + d'$ の歩道となり $d(x, z)$ は x から z への歩道の最小の長さなので $d(x, z) \leq d + d' = d(x, y) + d(y, z)$.

5. $x_1 \in V$, $N(x_1) = \{x_2, x_3, x_4, x_5\}$, $\{x_2, x_3\}$, $\{x_3, x_4\}$, $\{x_4, x_5\}$, $\{x_5, x_2\} \in E$ とおく. すると $x_1, x_3, x_5 \in N(x_2)$. $x_4 \in N(x_2)$ とすると $N(x_2)$ の誘導部分グラフが 4 角形グラフにならないので $x_4 \in N(x_2)$. $N(x_2) = \{x_1, x_3, x_5, x_6\}$ と $\{x_3, x_6\}$, $\{x_5, x_6\} \in E$. $N(x_3) = \{x_4, x_1, x_2, x_6\}$ なので $\{x_4, x_6\} \in E$. すると, 各点 x_i に対して $N(x_i)$ の誘導部分グラフが 4 角形グラフ. このグラフは正 8 面体の頂点と辺からなるグラフに同型.

6. $n \leq 4$ ならば K_n は平面的グラフ. $m < 3$ または $n < 3$ ならば $K_{m,n}$ は平面的グラフ.

7. $V = \{1, 2, 3, 4, 5, 6\}$, $E_1 = \{\{1, 2\}, \{2, 3\}, \{3, 4\}, \{4, 5\}, \{5, 6\}, \{6, 1\}\}$, $E_2 = \{\{1, 2\}, \{1, 3\}, \{1, 5\}, \{1, 6\}, \{2, 4\}, \{3, 4\}, \{5, 6\}\}$, $E_3 = \{\{1, 2\}, \{1, 3\}, \{1, 4\}, \{1, 5\}, \{2, 3\}, \{2, 4\}, \{2, 6\}, \{5, 6\}\}$, $E_4 = \{\{1, 3\}, \{1, 4\}, \{1, 5\}, \{1, 6\}, \{2, 3\}, \{2, 4\}, \{2, 5\}, \{2, 6\}\}$, $E_5 = \{\{1, 2\}, \{1, 3\}, \{1, 4\}, \{1, 6\}, \{2, 3\}, \{2, 4\}, \{2, 5\}, \{3, 5\}, \{3, 6\}\}$, $E_6 = \{\{1, 2\}, \{1, 3\}, \{1, 4\}, \{1, 5\}, \{2, 3\}, \{2, 4\}, \{2, 6\}, \{3, 4\}, \{3, 5\}, \{4, 6\}\}$, $E_7 = \{\{1, 2\}, \{1, 3\}, \{1, 4\}, \{1, 6\}, \{2, 3\}, \{2, 4\}, \{2, 5\}, \{3, 4\}, \{3, 5\}, \{4, 5\}, \{5, 6\}\}$, $E_8 = \{\{1, 2\}, \{1, 3\}, \{1, 4\}, \{1, 6\}, \{2, 3\}, \{2, 4\}, \{2, 5\}, \{3, 5\}, \{3, 6\}, \{4, 5\}, \{4, 6\}, \{5, 6\}\}$ とするとき (V, E_i) $(i = 1, 2, \cdots, 8)$ が答え.

8. 各グラフは平面に表すと下のように,また位数,サイズ,領域数は以下の表のようになる.

r	位数	サイズ	領域数
4	4	6	4
6	8	12	6
8	6	12	8
12	20	30	12
20	12	30	20

第 8 章の章末問題　解答

1. すべて同じ論理関数を表す.

真理値表

x	y	z	関数値
0	0	0	1
0	0	1	1
0	1	0	1
0	1	1	1
1	0	0	1
1	0	1	1
1	1	0	1
1	1	1	0

ベイチ図表

	x		
1	1	1	1
1	1	1	1

| 解答 |

2. (1) 積和標準形：$\bar{x}\bar{y}z \vee \bar{x}yz \vee x\bar{y}z$.
   和積標準形：$(x \vee y \vee z)(x \vee \bar{y} \vee z)(\bar{x} \vee y \vee z)(\bar{x} \vee \bar{y} \vee z)(\bar{x} \vee \bar{y} \vee \bar{z})$.
   (2) 積和標準形：$\bar{x}\bar{y}\bar{z} \vee \bar{x}\bar{y}z \vee \bar{x}yz \vee x\bar{y}z \vee xyz$.
   和積標準形：$(x \vee \bar{y} \vee z)(\bar{x} \vee y \vee z)(\bar{x} \vee \bar{y} \vee z)$.

3. 最小項を真理値表から求める．あるいは，ド・モルガンの法則を用いて
$\overline{\bar{x} \vee y \vee z} = \overline{\overline{\overline{x} \vee \overline{y}z}} = \overline{(\bar{x} \vee y)}\bar{z} = \bar{x}\bar{z} \vee y\bar{z} = \bar{x}(y \vee \bar{y})\bar{z} \vee (x \vee \bar{x})y\bar{z} = \bar{x}y\bar{z} \vee \bar{x}\bar{y}\bar{z} \vee xy\bar{z}$ からでも求まる．最小項は $\bar{x}y\bar{z}$, $\bar{x}\bar{y}\bar{z}$, $xy\bar{z}$. ハミング距離は，$\bar{x}y\bar{z}$ と $\bar{x}\bar{y}\bar{z}$ は1，$\bar{x}y\bar{z}$ と $xy\bar{z}$ は2，$xy\bar{z}$ と $\bar{x}y\bar{z}$ は1．

4.

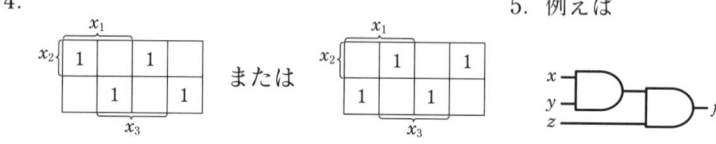

または

5. 例えば

6.

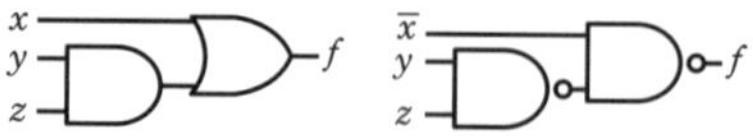

7. $x\bar{y}z = \overline{\overline{\overline{xyz}}} = \overline{\bar{x} \vee y \vee \bar{z}}$.

8. 入力を x, y, z とすると求める関数は $f = xy \vee yz \vee zx$.

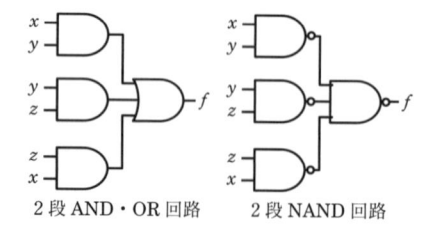

2段 AND・OR 回路　　　2段 NAND 回路

第 9 章の章末問題　解答

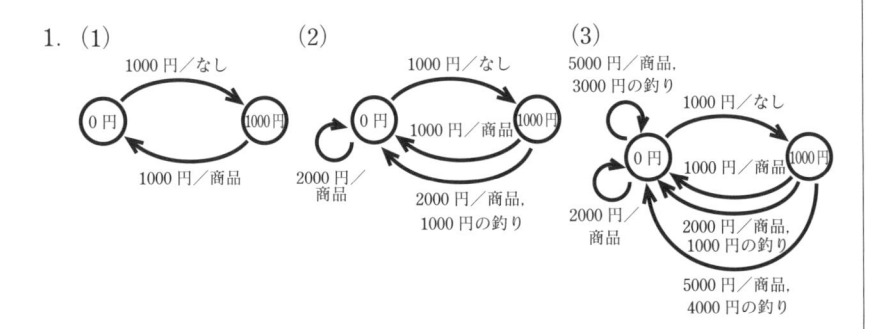

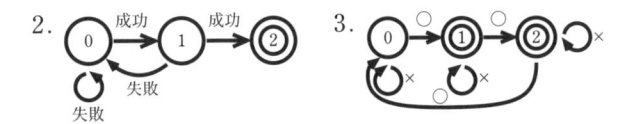

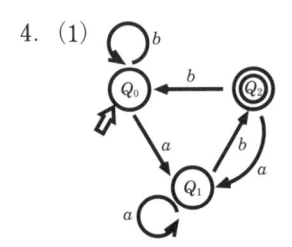

1. (1) [状態遷移図: 0円 と 1000円 の2状態。1000円/なし, 1000円/商品]

   (2) [状態遷移図: 0円 と 1000円。1000円/なし, 1000円/商品, 2000円/商品, 2000円/商品・1000円の釣り]

   (3) [状態遷移図: 0円 と 1000円。5000円/商品・3000円の釣り, 1000円/なし, 1000円/商品, 2000円/商品, 2000円/商品・1000円の釣り, 5000円/商品・4000円の釣り]

2. [状態遷移図: 0 →(成功) 1 →(成功) ②, 失敗のループ]

3. [状態遷移図: 0 → ① → ②, ○×のループ]

4. (1) [状態遷移図: Q_0 →(a) Q_1 →(b) Q_2, Q_0 に b のループ, Q_1 に a のループ, Q_2 →(b) Q_0, Q_1 →(a) 等]

   (2) "ab" で終わるような入力を受理するオートマトン．

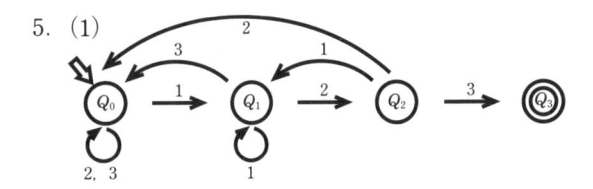

5. (1) [状態遷移図: Q_0 →(1) Q_1 →(2) Q_2 →(3) Q_3, Q_0 に 2,3 のループ, Q_1 に 1 のループ, 戻り矢印 2, 3, 1]

(2)

[図: $Q_0 \xrightarrow{1} Q_1 \xrightarrow{2} Q_2 \xrightarrow{1} Q_3$(受理状態), Q_0に2,3の自己ループ, Q_1に1の自己ループ, Q_1からQ_0へ3, Q_2からQ_0へ2,3]

(3)

[図: $Q_0 \xrightarrow{1} Q_1 \xrightarrow{1} Q_2 \xrightarrow{2} Q_3$(受理状態), Q_0に2,3の自己ループ, Q_1に1の自己ループ, Q_2からQ_0へ1, Q_1からQ_0へ2,3, Q_2からQ_0へ3]

6.

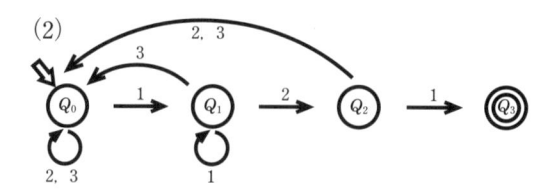

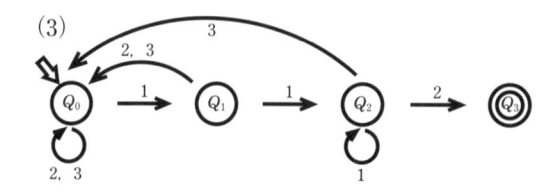

[図: $Q_0 \xrightarrow{成功} Q_2$(受理状態), Q_0に失敗の自己ループ, Q_2に成功の自己ループ, Q_2からQ_0へ失敗]

※ Q_2 は $\{Q_0, Q_1\}$ のラベル換えしたもの

7. (1) 0 回以上の ab と 0 回以上の bb がその順番に関係なく繰り返されたあとで最後に b をもって入力が終了するような入力.

(2) 任意の数の a, あるいは "0 回以上の a に続き 1 つの b, さらに 0 回以上の a に続き 1 つの b" の 0 回以上の繰り返しを持つ入力.

8. 遷移の全ケースについて初期状態 Q_0 から始めて内部状態を時系列で並べると各々以下のようになる. (1) $Q_0Q_1Q_2$, $Q_0Q_2Q_1$. 2 番目が受理状態であるため, 受理される. (2) $Q_0Q_1Q_2Q_0$, $Q_0Q_2Q_1Q_0$, $Q_0Q_2Q_1Q_1$. 受理状態で終了しないため, 受理されない. (3) 多くの遷移があるが, その中に $Q_0Q_1Q_0Q_2$ のように, 受理状態で終了するパターンがあるため, 受理される. (4) $Q_0Q_0Q_1Q_2Q_0$, $Q_0Q_0Q_2Q_1Q_1$, $Q_0Q_0Q_2Q_1Q_0$. 受理状態で終了しないため, 受理されない.

ブックガイド

　本書を読み進む上で参考になる，または，本書を読破した後にステップアップとして読んで頂くのに好適な著書を推薦図書としてリストアップしました．離散数学のさらなる深い理解に向けた秀作揃いです．

《離散数学の領域を広範にカバーするもの》
- 『やさしく学べる離散数学』，石村 園子，共立出版（2007）．…時に抽象的でイメージしづらい離散数学の分野をやさしく具体的に解説しています．イラストも多く，マスコットによるワンポイントアドバイスもあります．この分野の必要最低限の知識を5章にまとめています．
- 『はじめての離散数学』，小倉 久和，近代科学社（2011）．…離散数学の学習に必要な項目が網羅されていますので，はじめての人もはじめてでない人も教科書/参考書として重宝します．内容の補足や人物紹介が側注にあり，興味深く読み進むことができます．
- 『離散数学―コンピュータサイエンスの基礎数学（マグロウヒル大学演習）』，Seymour Lipschutz（著），成嶋 弘（訳），オーム社（1995）．…離散数学の大半の領域をB5版，300ページ弱ほどでカバーしているのが本書の特徴です．図や例題，演習問題も豊富で，情報系の学習者向けにもプログラミング課題など時折用意されています．
- 『離散数学への招待〈上〉』『同〈下〉』，J. マトウシェク（Jir'i Matousek）（著），J. ネシェトリル（Jaroslav Nesetril）（著），根上 生也（訳），中本 敦浩（訳），丸善（2012）．…グラフ理論を中心とした離散数学の内容となっています．関連した有限射影平面，確率，母関数，線形代数の応用といった内容もあります．木に関する章を参考にさせていただきました．
- 『Combinatorial Algorithms: Generation, Enumeration, and Search』，Donald L. Kreher, Douglas R. Stinson, CRC Press（1998）．…データ表現法とバックトラック法，ヒューリスティック探索法というアルゴリズムに関する内容からなります．組合せや木の同型判定の部分を参考にさせていただきました．アルゴリズムが明確に書かれており，プログラムを実際に組みたい人向けです．

≪離散数学の特定の領域をカバーするもの≫

- 『日本語から記号論理へ』, 齋藤 正彦, 日本評論社 (2010). … (3章) 論理 (学) はそもそも理系の学問に限ったものではなく, 我々の日常に存在しています. 本書は卑近な例を挙げ, 記号論理の基本を明快な説明と共に紹介しています. 日本語そして数学における表現を多数例示しています.
- 『代数学』(新数学講座) (朝倉復刊セレクション), 永尾 汎, 朝倉書店 (2019). … (5章) 群・環・体といった代数学を一通り勉強するのによい教科書です. 特に, 群論の部分が詳しく書かれています. 難しく感じた時は同じ著者の別の本も参考にしながら読むと良いかもしれません.
- 『グラフ理論』(増補改訂版), 恵羅 博, 土屋 守正, 産業図書 (2010). … (7章) 各章のはじまりは必ず道路網やネットワークなどの具体例ではじまるので, 自然とグラフ理論の各トピックに引き込まれてしまいます. グラフに興味がある人にお薦めできる本です.
- 『線形代数的グラフ理論』, 竹中 淑子, 培風館 (1989). … (7章) 理工系の必須科目である線形代数学を学んだあとに読むと行列, 行列式, 固有値といったことの有用性が感じられます. グラフの章で参考にさせていただきました.
- 『コンピュータサイエンスで学ぶ論理回路とその設計』, 柴山 潔, 近代科学社 (1999). … (8章) 論理回路の数学から組み合わせ回路と順序回路の設計・実現まで学べます. わかりやすく書かれていて多くの大学で論理回路の教科書として使われています.
- 『オートマトン・言語理論の基礎』, 米田 政明, 大里 延康, 広瀬 貞樹, 大川 知, 近代科学社 (2003). … (9章) オートマトンならびにその応用としての言語理論の基礎について, 簡単な例から徐々に昇華させ, チューリング機械の動作まで言及が及んでいます. 図が多く, 難解な内容を平易な表現で説明しています.

INDEX

ア行

IC	214
握手の補題	172
アーベル群	120
RSA 暗号	253
アルゴリズム	133, 180
アレフ（ℵ）	027
アレフゼロ（$\aleph_0$）	021
暗号	253
AND	069, 214, 244
位数	119, 164
1 対 1	091
一般項	148
一般線形群	137
上への写像	093
裏（命題）	079
XOR	071, 251
NFA	235
NOR	217
n 角形グラフ	167
n 項関係	034
演算	112
演算子	074
演算表	113
OR	069, 214, 244
OR ゲート	214
オイラー回路	185
オイラー関数	254
オイラーグラフ	185
オイラーの定理	255
オートマトン	224, 257
重み（関数）	166

カ行

開区間	086
階乗	153
回路	169
下界	139
可換環	131
可換群	120
可換体	132
可逆	096
拡張ユークリッドの互除法	134
下限	139
加減算回路	250
可算集合	022
画素	259
画像	259
可付番集合	022
加法群	120
環	131
含意	073
関係	032, 074, 246
関係行列	034
関係データベース	246
関数	087
関数型プログラミング	248
完全グラフ	167
完全系	216
完全 2 部グラフ	167
簡単化	207
カントールの対角線論法	026
木	173
偽	062, 078
奇関数	101
帰納的定義	148
逆（命題）	079
逆関係	037
逆元	119
逆三角関数	103
既約多項式	136
吸収律	010, 078
距離	169
偶関数	101
空グラフ	167
空集合	007, 010
区間	086
組	246
組合せ	152
組合せ回路	196

299

| さくいん |

グラフ ... 164
群 ... 119
結合 ... 164, 247
結合行列 ... 175
結合律 ... 010, 078, 119
決定性有限オートマトン ... 235, 258
結論 ... 072
ゲート ... 214
元 ... 002
検索 ... 244
弧 ... 166
公開鍵暗号 ... 253
交換律 ... 010, 078, 120
後件 ... 072
恒真命題 ... 076
合成 ... 037, 106, 249
恒等関係 ... 033
恒等写像 ... 099
コッホ曲線 ... 256
小道 ... 169
固有多項式 ... 192
固有値 ... 191
コントラディクション ... 076

● サ行

最小元 ... 138
最小項 ... 202
最小全域木 ... 174
サイズ ... 164
最大元，最小元の存在 ... 139

最大項 ... 202
最短経路 ... 180
サーキットグラフ ... 167
差集合 ... 008
差分 ... 261
三段論法 ... 081
自己双対 ... 011
シーザー暗号 ... 253
辞書式順序 ... 057
次数 ... 135, 171
自然言語 ... 258
実数体 ... 132
始点 ... 168
写像 ... 087
周期 ... 102
周期関数 ... 102
集合 ... 002
集合族 ... 018
集合代数 ... 009, 202
集積回路 ... 214
従属変数 ... 088
終点 ... 168
述語 ... 003, 065
出力集合 ... 226
順（命題） ... 079
巡回群 ... 125
順序回路 ... 196
順序関係 ... 053
順序機械 ... 196, 229
順序対 ... 019
準同型写像 ... 128
順列 ... 152
商 ... 133, 247

上界 ... 139
上限 ... 139
条件命題 ... 004, 072
商集合 ... 051
状態集合 ... 226
状態遷移図 ... 228
乗法に関する逆元の存在 ... 132
射影 ... 246
証明 ... 082
真 ... 062, 078
真部分集合 ... 006
真理値 ... 004, 062
真理値表 ... 004, 199
推移閉包 ... 045
推移律 ... 041
数学的帰納法 ... 144
すべての（∀） ... 004
整除関係 ... 033
整数環 ... 132
生成関数 ... 159
生成元 ... 125
正則グラフ ... 171
積項 ... 202
積集合 ... 008
積和標準形 ... 202, 204
接続 ... 164
接続行列 ... 175
節点 ... 164
全域木 ... 174
全域部分グラフ ... 168
全加算器 ... 251
漸化式 ... 148

選言	069	
前件	072	
全射	093	
全順序	054	
全称記号（∀）	004, 062	
全称命題	063	
全体集合	008, 010	
選択	247	
全単射	095	
像	086	
双対原理	011	
束	139	
属性	246	
存在する（∃）	004	
存在記号（∃）	004, 062	
存在命題	063	

タ行

体	132
対偶（命題）	079
ダイクストラ法	180
対合律	010, 068, 078
対称群	126
対称閉包	045
対称律	041
代数系	114
代表元	050
互いに素	008
多重辺	165
単位元	116, 131
単射	091
単純グラフ	166
単調関数	100

端点	164
値域	086
置換	126
頂点	164
直積（集合）	019, 246
定義域	086
点	164
同型	166
同型写像	128
同値	048, 067
同値関係	048
同値類	050
特殊線形群	137
独立変数	088
閉じている	115
トートロジー	076
ドメイン	063
ド・モルガンの法則	010, 078, 248

ナ行

NAND	216
2進	207, 249
2段 AND・OR 回路	215
2段 NAND 回路	218
2段 NOR 回路	219
2段 OR・AND 回路	215
入力集合	226
任意の（∀）	004
濃度	012
NOT 演算	067, 214

ハ行

葉	173
排他的選言	071
排他的論理和	071
背理法	080
ハッセ図	138
ハミルトングラフ	186
ハミルトン閉路	186
ハミング距離	207
林	173
半開区間	086
半加算器	251
半群	116
反射閉包	045
反射律	041, 045
半順序	053
半順序集合	053
反対称律	041
反例	063
比較可能	054
比較不可能	054
非決定性有限オートマトン	235, 258
ピーターソングラフ	167
ビット	250
否定	067
微分画像	261
標準形	201
ヒルベルトの無限ホテル	022
非連結グラフ	169
フィボナッチ数列	149

301

| さくいん |

フェルマーの定理 ... 255
複合命題 ... 074
複素数体 ... 132
部分グラフ ... 168
部分群 ... 122
部分集合 ... 005
普遍集合 ... 008
フラクタル ... 255
ブール代数 ... 139, 200
プログラミング
　　　　　　　... 245, 248, 250
分割 ... 051
分配律 ... 010, 078, 139
文法 ... 258
閉区間 ... 086
ベイチ図表 ... 209
閉包 ... 045
平面（的）グラフ ... 188
閉路 ... 169
べき集合 ... 018
べき等律 ... 010, 078
辺 ... 164
ベン図 ... 009
法 ... 048
包含関係 ... 005
包除原理 ... 014
母関数 ... 159
補元律 ... 010, 078, 139
補集合 ... 009
補数 ... 250, 252
歩道 ... 168

● マ行

道 ... 169
ミーリー型機械 ... 229
ムーア型機械 ... 229
無限集合 ... 012
無向グラフ ... 166
無向辺 ... 166
矛盾命題 ... 076
命題 ... 003, 062
命題関数 ... 065
命題代数 ... 077, 202
文字 ... 201
モジュール間連結 ... 249
mod ... 048
モニック ... 135
モノイド ... 116
森 ... 173
もれなく1対1 ... 021

● ヤ行

有限オートマトン
　　　　　　　... 231, 258
有限集合 ... 012
有向グラフ ... 166
有向辺 ... 166
誘導部分グラフ ... 168
有理数体 ... 132
ユークリッドの互除法
　　　　　　　... 134
要素 ... 002

● ラ行

ランク ... 157
乱列 ... 017
リテラル ... 201
領域 ... 063
リレーショナルデータベース ... 246
隣接 ... 164
隣接行列 ... 175
ループ ... 165
零元 ... 131
連結グラフ ... 169
連言 ... 069
論法 ... 079
論理回路 ... 196
論理関数 ... 197
論理式 ... 067, 201
論理積 ... 067, 069
論理代数 ... 199
論理否定 ... 067
論理変数 ... 197
論理和 ... 067, 069

● ワ行

和項 ... 202
和集合 ... 008
和積標準形 ... 205

●著者紹介

宮崎佳典（みやざき よしのり）／博士（工学），筑波大学
1993年 筑波大学第三学群情報学類卒業
1998年 筑波大学大学院工学研究科博士課程電子・情報工学専攻単位取得満期退学
現在，静岡大学学術院情報学領域教授

新谷　誠（あらや まこと）／博士（理学），大阪市立大学
1992年 北海道教育大学函館分校教育学部中学校課程卒業
1994年 弘前大学大学院理学研究科修士課程情報科学専攻修了
1997年 大阪市立大学大学院理学研究科後期博士課程数学専攻修了
現在，静岡大学学術院情報学領域教授

中谷広正（なかたに ひろまさ）／工学博士，大阪大学
1974年 大阪大学基礎工学部情報工学科卒業
1976年 大阪大学大学院基礎工学研究科物理系専攻情報工学分野前期課程修了
静岡大学名誉教授　現在，静岡理工科大学および常葉大学で非常勤講師

造本・装幀　岡 孝治

理工系のための離散数学　　　　　　　　　Printed in Japan

2013年4月25日　第1刷発行　　　　Yoshinori Miyazaki
2020年3月10日　第2刷発行　　　　© Makoto Araya　　　　2013
　　　　　　　　　　　　　　　　　　Hiromasa Nakatani

著　者　宮崎佳典，新谷　誠，中谷広正
発行所　東京図書株式会社
〒102-0072　東京都千代田区飯田橋 3-11-19
振替 00140-4-13803　電話 03(3288)9461
http://www.tokyo-tosho.co.jp

ISBN 978-4-489-02152-7